U0396173

学术前沿研究文库
Library for the Frontier of Academic Research

"百部好书"扶持项目
GUANGDONG PUBLISHING

麦羟硅钠石的制备、改性及应用

Preparation, Modification and Application of Magadiite

戈明亮◎著

华南理工大学出版社
SOUTH CHINA UNIVERSITY OF TECHNOLOGY PRESS

·广州·

图书在版编目(CIP)数据

麦羟硅钠石的制备、改性及应用/戈明亮著.—广州:华南理工大学出版社,
2018.12

(学术前沿研究文库)

ISBN 978 - 7 - 5623 - 4820 - 7

Ⅰ.①麦… Ⅱ.①戈… Ⅲ.①硅酸钠 - 化学合成 - 研究 Ⅳ.①TQ177.4

中国版本图书馆 CIP 数据核字(2018)第 040107 号

麦羟硅钠石的制备、改性及应用

戈明亮 著

出 版 人:卢家明

出版发行:华南理工大学出版社

(广州五山华南理工大学 17 号楼,邮编 510640)

http://www. scutpress. com. cn E-mail:scutc13@ scut. edu. cn

营销部电话:020 - 87113487 87111048 (传真)

总 策 划:卢家明

策划编辑:袁 泽

责任编辑:王荷英 袁 泽

印 刷 者:广州市新怡印务有限公司

开 本:787mm×1092mm 1/16 印张:18.25 字数:389 千

版 次:2018 年 12 月第 1 版 2018 年 12 月第 1 次印刷

定 价:68.00 元

学术前沿研究文库

编 审 委 员 会

前　言

麦羟硅钠石是一种二维层状硅酸盐材料。当代研究表明，麦羟硅钠石具有许多特殊的性能，如离子交换性、热稳定性、吸附性、生物相容性等，在纳米复合、环境保护、催化、沸石分子筛等领域能够发挥重要作用。为了集中反映当今国内外在麦羟硅钠石的研究和利用方面的新成果，著者总结了麦羟硅钠石制备及应用方面的研究成果，收集了大量资料，写成此书，以供各位同行参阅。

本书主要包括麦羟硅钠石的结构与性质、制备、改性以及在纳米复合、吸附材料、催化剂载体、沸石分子筛和其他方面的应用等内容，涉及矿物学、化学合成、无机化学、有机化学、材料性能测试与表征、环境污染与治理、病理学、生物学等多方面的基础知识。所以麦羟硅钠石的制备、改性及应用研究是一门综合性极强的边缘交叉学科。因此，在编写过程中参阅了大量国内外期刊文献，并结合作者及其课题组成员的研究工作实践，尽可能较全面地反映当前科研工作者对于麦羟硅钠石的研究现状。目前对于麦羟硅钠石的研究还不够成熟，存在一定的局限性，若将来能够在生产实践中得到应用，其前景将十分广阔。

本书是作者团队研究成果的总结，相关研究成果获得了广东省自然科学基金项目（2016A030313520）、广东省水利科技创新项目（2017 - 24）、中山大学聚合物复合材料及功能材料教育部重点实验室开放基金（PCFM - 2017 - 02）、广东省教育厅特色创新类项目（2017KTSCX007）的支持。参与本书相关课题研究及资料整理的有朱彩萍、曹罗香、王雁武、陈萌、杜明艺、汤微、王旭斌和席壮壮等，在此一并表示感谢！

在撰写本书的过程中，借鉴和引用了前人的一些研究成果，在此，对原作者表示感谢！由于作者水平有限，书中疏漏或不足之处在所难免，恳请各位读者不吝斧正。

作　者
2018 年 2 月

目　录

1 概述

麦羟硅钠石(magadiite)是一种水合硅钠石,它属于层状硅酸盐一类的黏土矿物,结构式为 $Na_2Si_{14}O_{29} \cdot nH_2O$。水合硅钠石在自然界中分布较广,自二十世纪六七十年代被发现以来,目前已知的水合硅钠石主要种类有多水硅钠石(makatite,也称为马水硅钠石)[1]、magadiite[2]、水羟硅钠石(kenyaite,也称为斜水硅钠石)[3]、水硅畬石(kanemite)[4]和伊利石(ilerite)等。纯的水合硅钠石由硅、氧和钠元素组成,一般不含其他元素,晶化较好的水合硅钠石微观结构大多为规则的片层状结构。最早是 Schwieger 等[5]给出的结构模型(图 1-1),可以看出其主要是由[SiO_4]四面体组成的层状结构构成。

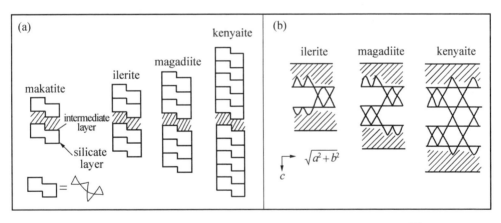

图 1-1 水合硅钠石的(001)晶面[SiO_4]四面体排列结构模型图[5]

1.1 麦羟硅钠石的发现及分布

magadiite 首次被发现于北美的一个碱湖,当时并没有对它进行识别及命名,直到 1967 年,Eugster[2]在肯尼亚的马加迪(Magadi)湖的湖床中再次发现了它,并将其命名为"Magadiite"。magadiite 沉积在马加迪湖的地质意义是非常重要的,由于 magadiite 的化学组成及其地层持久性,Eugster 认为麦羟层可能是马加迪湖的碱性卤水化学沉淀物。

自从 magadiite 被发现以来,人们陆陆续续地在更多的地点发现了该物质的存在。目前已知的 magadiite 的分布地主要有肯尼亚的马加迪湖、肯尼亚裂谷带边缘的博戈里亚湖、非洲中北部的乍得湖、美国俄勒冈州的碱湖海滩、加拿大的魁北克等地。

1.2　麦羟硅钠石的地质成因

magadiite 出现于肯尼亚马加迪湖流域的岩石沉积物中是在地质时代第三纪或更早以前,该盐湖中的卤水蒸发后析出沉淀物(magadiite)。美国俄勒冈州的一个碱性盐湖中发现白色燧石状纹理的 magadiite,其纹理边缘有 10 ~ 30 cm 宽,超出湖床沉积物几厘米。表面纹理似坚硬的、白色的瓷器状物质,易于碎裂成小的碎片。纹理可达 1000 m 长,50 m 宽,有时也呈 1 ~ 3 m 宽的矩形。白色燧石状纹理的 magadiite 的形成与干盐湖的水文化学和它含盐成分的沉积物有关[6]。

最新生成的 magadiite 沉积物为塑料状的白色糊状物,然而,一旦对它进行干燥和脱水,它便迅速地失去原有的塑料糊状性质,变成坚硬的固态物质,且不可恢复。它的表面有小的棱状裂缝,被裂纹所分开,像干枯的裂缝。盐碱湖含有浓度较高的碳酸钠和碳酸氢钠而缺乏氧化铝,pH 超过 10,二氧化硅的水溶液浓度达到 2700 mg/L,在这样的环境下,Eugster[7] 认为当雨水进入的时候,环境内平衡发生变化,雨水与湖水界面间形成 magadiite 沉淀,开始为疏松层状结构,随时间变化慢慢堆积晶化完善为玫瑰花瓣状的微观结构,形成较为坚硬的岩石(图 1 - 2),整个过程需要经历上千年。

图 1 - 2　magadiite 岩石

1.3 麦羟硅钠石的结构参数与性能对比

晶化较好的 magadiite 的微观结构主要为片层状结构。最早是由 Schwieger 等[5] 发现其结构主要是由[SiO_4]四面体组成的层状结构。在用 X 射线衍射手段对其进行研究的过程中，发现 magadiite 的片层非常薄而平整，具有近正交性，晶体聚集在一起形成球晶。其晶胞参数为：$a = 7.22(5)$，$b = 15.70(5)$，$c = 6.91(5)$，$\beta = 95.54(5)°$。它的 X 射线粉末衍射图谱数据为：15.41(100)，3.44(80)，3.146(50)，3.30(35)，5.18(19)，4.46(18)，5.01(16)。化学组成如表 1 - 1 所示。在之后的研究中，发现 magadiite 从属于单斜晶系，且 magadiite 的层板是一种带孔结构，具有较好的吸附性和负载性，层板带负电荷，层间有可交换的钠离子来维持电荷平衡。层板间可以容纳小到质子、大到高分子链等客体，具有较好的膨胀性[9]。为了研究层板结构构成，2004 年 Wang[8] 提出了 magadiite 层板具有三种可能的结构：一个四面体与两个倒转的四面体形成一个六元环；一个与沸石结构类似的五元环组合结构；硅氧四面体链组成的五元环和六元环。后来又有研究者提出 magadiite 是有五元环和六元环并存的硅酸盐骨架。但在目前的研究中，magadiite 的层板一般认为是由硅氧四面体和硅氧八面体周期排列组成，整体带负电，层间有带正电的游离 Na^+ 以保持电中性。

表 1 - 1   magadiite 的化学组成

成 分	样品一	样品二	$NaSi_7O_{13}(OH)_3$
SiO_2	77.62	77.78	76.38
TiO_2	0.6	微量	—
Al_2O_3	0.79	0.20	—
Fe_2O_3	0.55	0.12	—
MnO	0.01	0.01	—
MgO	0.26	0.44	—
GaO	0.14	0.12	—
Na_2O	5.55	5.74	5.63
K_2O	0.35	0.10	—
H_2O^+	5.28	5.96	—
H_2O^-	9.32	9.46	—
H_2O	—	—	17.99
总计	99.93	99.92	100.00

注：样品一来自肯尼亚马加迪湖；样品二来自美国俄勒冈州碱湖海滩，样品三为 $NaSi_7O_{13}(OH)_3 \cdot 4H_2O$。

　　magadiite 的韧性与油灰相近，硬度低，密度为 $2.25\ g/cm^3$。外观为白色呈半透明至不透明状，折光率为 1.48。magadiite 单个片层较厚（1.12 nm），结构稳定性好。与 magadiite 类似的材料主要有黏土类（以蒙脱土为代表）、碳类纳米材料（有纳米碳纤维、碳纳米管、石墨烯、富勒烯等，以碳纳米管为代表）。magadiite 具有明显的综合优势，各项性能指标的比较如表 1－2 所示。另外，它能够人工合成，控制合成工艺可以得到高纯度的产物，且原材料价格低廉，工业应用前景较好。

表 1－2　magadiite 与类似材料性能指标比较

比较项目	蒙脱土	碳纳米管	magadiite
工艺性能	自然状态时含量低，杂质多，需提纯及后处理，工艺复杂	合成工艺复杂，成本高	水热法合成，工艺简单，分离容易，纯度高，成本低
离子交换性能	层间主要是钙离子，离子交换性能一般	无	层间含有丰富钠离子，离子交换性能好
有机插层性能	一般需要用钠化处理，插层性能一般	无	阳离子交换量大于蒙脱土，插层较易
与有机物相容性	有机改性后与有机物相容性改善	有机处理后与有机物相容性提高	片层上丰富的羟基团有利于功能化改性，与有机物相容性好
分散性能	一般，有团聚现象	一般	较好
耐热性能	有机化的蒙脱土耐热性差	耐热性好	单个片层较厚，结构稳定，耐热性好
重金属离子吸附性能	主要是离子吸附，吸附能力一般	主要是静电吸附，吸附能力一般	存在离子交换作用、表面络合作用、物理吸附作用，吸附能力较好
对聚合物力学性能的改善	对聚合物的力学性能有一定的提升	对聚合物的力学性能有较大提升	对聚合物的力学性能有较大提升
来源	自然存在，不可再生资源	人工合成	自然存在，也可人工合成
成本	成本一般，有一定优势	成本高，无优势	成本低廉，优势明显

　　magadiite 作为一种新型的层状硅酸盐材料，具有可剥离的层板结构和可调控的层间距，可作为组装制备多功能复合材料的基础材料。总之，材料的结构影响着材料性能，材料性能进而决定了其应用。正因为 magadiite 结构的特异性，使得

magadiite 的性能相比其他矿物黏土有不可比拟的优势，magadiite 更具体的结构和性能会在第二章说明。

1.4 麦羟硅钠石的合成

magadiite 可以人工合成，制备工艺简单，操作便利，价格低廉，环境友好，易于工业化。1975 年 Lagaly 等[10]在 100℃下，以 9 mol 的 SiO_2、2 mol 的 NaOH 和 75 mol 的 H_2O 的配比，水热反应 4 周时间，在实验室成功合成出 magadiite。经结构表征，确定产物为纯相 magadiite，其化学组分原子个数比为 $N(Na):N(Si):N(H_2O)=2.02:14:11.3$，和天然的 magadiite 矿物的化学组分十分接近。

在实验室条件下首次成功合成出 magadiite 后，国外许多学者对 magadiite 的合成进行了广泛的研究，取得了许多有意义的研究成果，合成方法也日渐成熟。1983 年 Beneke 等[11]探究了反应物 SiO_2、NaOH 的原料比例对产物的物相影响，结果发现当 $n(SiO_2)/n(NaOH)>8$ 时，首先生成 magadiite，随反应时间延长转化为水羟硅钠石；当 $n(SiO_2)/n(NaOH)>16$ 时，直接生成水羟硅钠石。Kwon 等[12]采用了一种新的合成途径以沉淀白炭黑浆料（PPS）为硅源，进行了 magadiite 合成的研究。在 70℃条件下，选用酒石酸、草酸、氟硅酸、盐酸、硫酸和碘酸等无机酸和有机酸，按一定的比例与 PPS 搅拌均匀，再加入 H_2O 和 NaOH，充分混合后在无需搅拌的条件下放入反应釜中在 150℃下反应 2 天，得到单一产物 magadiite；反应时间延长至 4 天，一部分 magadiite 转化成水羟硅钠石。

1.5 麦羟硅钠石的改性

作为一种天然水合硅酸盐材料，一般需要将 magadiite 改性后，使其获得更好的性能，扩展它的应用范围，并且在现有的研究中，一般都是利用 magadiite 的电负性和离子交换特性来进行改性，包括无机改性、有机柱撑改性、酸化处理等。

1）无机分子改性

Ko 等[13]通过离子交换法将 Co^{2+} 引入到 magadiite 骨架结构内，研究发现 Co^{2+} 存在于 magadiite 四面体骨架结构中，Co^{2+} 的存在改变了 magadiite 晶格间的对称性，产生了新的酸性位点；Guilherme[14]等通过水热合成法将高浓度铝原子插层进入 magadiite 层间，改变传统的层状硅酸盐的合成路线，通过改变反应条件，可以使不同数量的铝原子进入 magadiite 结构骨架中，得到高纯度 Al - magadiite，这种方法称为"铝诱导结晶法（AIC）"，铝原子进入到 magadiite 硅氧四面体骨架内，扩大了 magadiite 的层间距。

2）有机柱撑改性

Macedo 等[15]通过用不同杂环胺（吡啶、2 - 甲基吡啶、3 - 甲基吡啶、4 - 甲基吡啶和2,6－二甲基吡啶)对 magadiite 进行插层柱撑，研究发现杂环胺成功插层进入 magadiite 层间，改性后的 magadiite 层间距被扩大，这是由于 magadiite 中的硅羟基与杂环胺中的碱性氮原子发生了反应，是一个典型的碱性插层反应；吡啶的插层量最高，达到(7.13 ± 0.01)mmol/g，2－甲基吡啶的插层量最低，为(3.03 ± 0.04)mmol/g，这是由甲基的空间位阻效应引起的，2,6－二甲基吡啶的插层量为(4.67 ± 0.07)mmol/g；固液表面的热力学数据表明，插层反应为自发进行的熵增反应。Peng 等[16]用氨基阳离子铵盐对 magadiite 进行插层改性，magadiite 层间距在一定范围内随阳离子添加量的增加而增大。Kooli 等[17]用十六烷基三甲基铵盐对 magadiite 进行插层柱撑，碱性环境下柱撑效果和其稳定性较好，酸性条件下效果较差。Park 等[18]用正辛基三乙氧基硅烷(OTES)对 magadiite 进行改性，并且研究了改性后 magadiite 的结构变化，实验结果表明：十二烷胺作为甲基烷基化催化剂扩大了 magadiite 层间距，减去了插层前预柱撑的步骤，这一方法为制备新型功能纳米材料提供了较好的思路。

迄今为止，对 magadiite 进行有机改性的研究已经非常广泛，偶氮苯[19]、脂肪醇[20]、三乙基氯硅烷等作为有机改性剂，均可以成功插入 magadiite 的层间。

3)酸化处理

Steudel 等[21]用硫酸对 magadiite 进行酸化处理，magadiite 层间距由 1.32nm 扩大到 1.56nm，且其骨架结构和玫瑰花瓣状的微观结构并没有发生明显改变，红外光谱分析表明 Si—O—Si 拉伸振动峰和 Si—O—Si、O—Si—O 弯曲振动峰变弱，这表明，酸活化处理可使一部分 Si—O 键发生断裂。研究还发现，酸活化处理过的 magadiite 的表面积明显增加，层间距也得到扩大，这为大分子插层组装、分子筛的合成、催化剂的制备等反应提供了一种较好的预处理方法。

1.6　麦羟硅钠石的应用

magadiite 作为一种可人工合成的二维层状水合硅酸盐材料，在多孔材料、纳米复合材料、催化材料和生物材料等领域有着广泛的应用。

1)在多孔材料方面的应用

无机多孔材料作为材料科学的一个重要分支，对我们的科学研究、工业生产以及日常生活等方面均具有极其重要的意义。广义的多孔材料是指具有大比表面积、低密度、低热导率、低相对密度、高孔隙率等特点的，富含孔结构的材料。无机多孔材料，无论是从微孔、介孔到大孔，在工业催化、吸附分离、离子交换、主客体化学等领域都得到了广泛的研究和应用，尤其是作为高效催化剂及催化剂载体，它们引导了石油化工领域的巨大进步。无机多孔材料被广泛用作工业催化剂以及催化剂载体、分离剂、吸附剂、保温隔热材料、污水和废气处理材料、液体和气体(甚至细菌)过滤介质、轻质建筑材料、大气中 NO_x 和 SO_2 等汽车尾气的处理材料、宇

宙飞船中消除 CO_2 和水的材料等，在农业上还可用来改良土壤，另外还可以用作水泥、橡胶、塑料和造纸工业中的填料和色谱中的固定相等。与此同时，随着各学科间的相互交叉渗透，无机多孔材料的功能化应用已经延伸到微电子学、分子器件学、光学器件学、药学、生物学等高新技术领域。

magadiite 具有层状结构和较大比表面积，是制备多孔材料很好的原料，沸石分子筛是其中一种主要的多孔材料。magadiite 制备的分子筛具有较高的水热稳定性和适宜的酸性等性质，也满足当今发展绿色、节能、高效材料技术的主流趋势。开发无机多孔材料在光、电、磁以及催化领域的应用已成为科研工作者的重要任务[22]，magadiite 的应用为此提供了更多发展机会。

2）在聚合物纳米复合中的应用

聚合物/层状硅酸盐纳米复合材料被广泛应用于汽车、纺织、建材、家电、航空航天等领域，归因于其具有高强度、高模量、高耐热、高气体阻隔和低膨胀系数等优点[23]，其研究发展一直是人们关注的热点。但目前此类材料的市场化程度比较低，主要是因为层状硅酸盐的种类单一。目前层状硅酸盐主要选择的是蒙脱土，主要来源于自然界的膨润土，其纯度低，提纯将导致其成本增加；且膨润土矿物难以再生，过度开采还会带来生态破坏和环境污染；关键是蒙脱土片层表面基本没有功能性基团，使得蒙脱土的功能化改性受到制约。

magadiite 作为一种较新型的层状硅酸盐材料，逐渐被人们应用于聚合物纳米复合材料中。Wang 等[24]分别用水和四氢呋喃做溶剂，用十六烷基二甲基氯化铵改性 magadiite 后，再与聚苯乙烯共混制得聚苯乙烯/改性 magadiite 复合材料，四氢呋喃做溶剂改性的 magadiite 对聚苯乙烯的性能提升效果更加明显。Costache 等[25]通过熔融共混制备了聚对苯二甲酸乙二醇酯（PET）/改性 magadiite 复合材料，改性剂为十六烷基喹啉溴化物。相比于蒙脱土和水辉石，PET/改性 magadiite 复合材料的峰热释放率最低，阻燃效果更好。国内外文献报道的纳米复合材料主要还有环氧树脂/magadiite、聚己内酯/magadiite 等。

3）在催化方面的应用

magadiite 与蒙脱土相比具有更大的层间距、比表面积和更好的离子交换性，是一种理想的催化剂载体。Park 等[26]以十二烷基胺为模板剂将正硅酸乙酯插入到质子化的 magadiite 层间，高温去除模板剂后将改性 magadiite 层间的正硅酸乙酯进行水解，制备了高度有序的介孔硅柱撑的 magadiite（SPM），SPM 在 $700 \sim 800℃$ 时还具有很好的热稳定性，将 SPM 作为载体与 Ni 进行反应，制备了催化剂 Ni/SPM，它对甲烷的部分氧化具有非常好的催化效果，且在 750℃ 高温下加热 100h 结构依然保持稳定。李光文与孙建军[27]通过离子交换法合成了以 magadiite 为载体的 Ag - AgBr/magadiite 可见光复合光催化剂，结果表明 AgBr 纳米颗粒很好地分散固定到 magadiite 片层上，使其光催化性能得到提高。

4）在吸附领域的应用

与蒙脱土等传统的硅酸盐相比，magadiite 的离子交换能力更强[28]，而硅酸盐材料的吸附能力与其离子交换能力息息相关，一般离子交换能力越大，对离子的吸附能力也就越大，因此 magadiite 有良好的吸附能力。Jeong 等[29]研究了 magadiite 对水溶液中 Cd^{2+} 和 Cu^{2+} 的吸附，温度提高有利于 magadiite 对离子的吸附，magadiite 对 Cd^{2+} 吸附能力大于 Cu^{2+}。Fujita 等[30]用十二烷基三甲基溴化铵对 magadiite 进行改性，再用硅烷偶联剂进行偶联，制备出了甲基硅烷化的 magadiite，它对正己醇的选择性吸附较强。

5）在其他领域的应用

超细的固体颗粒可用作水包油或油包水型乳化剂，这类乳状液有时被称为 Pickering 乳状液，用作乳化剂的固体粉末有黏土、二氧化硅、金属氢氧化物、石墨、炭黑等。对 magadiite 进行改性，调节其亲水性后，它可以用作 Pickering 乳液的乳化剂，制备稳定的 Pickering 乳液。该乳液相比于传统的表面活性剂稳定的乳液，有许多的优点：稳定 Pickering 乳液所需要的胶体粒子只需要千分之几，甚至万分之几，降低了乳化剂的用量，能够节约成本；传统的表面活性剂，多半采用的是一些大分子（如司盘、吐温等），对人体具有一定的毒副作用，而 magadiite 对人体无毒害作用。因此 magadiite 制备的 Pickering 乳液在化妆品、食品加工、生物医药、石油工业、农业及环境保护等领域均有着重要的应用前景[31]。随着对 magadiite 研究的不断深入，其应用领域也在不断拓展中。

参 考 文 献

[1] Sheppard R A, Gude A J, Hay R L. Makatite, a new hydrous sodium silicate from Lake Magadi, Kenya[J]. American Mineralogist, 1970, 55: 358 – 566.

[2] Eugster H P. Hydrous sodium silicates from Lake Magadi, Kenya: precursors of bedded chert [J]. Science, 1967, 157: 1177 – 1180.

[3] Eugster H P, Jones B F, Sheppard R A. New hydrous sodium silicates from Kenya, Oregon and California: possible precursors of chert [R]. New Orleans: Geological Society of America, Program Annual Meeting, 1967.

[4] Johan Z, Maglione G F. Nouveau silicates de sodium hydrate de neoformation [J]. Bull Soc Franc Mineralog Cristallogr, 1972, 95: 371 –382.

[5] Schwieger W, Heidemann D, Bergk K H. High-resolution solid-state silicon-29 nuclear magnetic resonance spectroscopic studies of synthetic sodium silicate hydrates [J]. Revue Chemie Minerale, 1985, 22: 639 –650.

[6] Thomas P. Magadiite from Alkali Lake, Oregon [J]. American Mineralogist, 1969, 54: 1034 – 1043.

[7] Eugster H P. Inorganic bedded cherts from the Magadi area, Kenya[J]. Contrib Mineral Petrol, 1969, 22: 1 –31.

[8] Wang D Y. Polystyrene magadiite nanocomposites[J]. Polymer Engineering & Science, 2004, 44 (6): 1122 – 1131.

[9] Thiesen P H, Beneke K, Lagaly G. Silylation of a crystalline silicic: an MAS NMR and porosity study [J]. Journal of Material Chemistry, 1985, 22: 639 – 650.

[10] Lagaly G, Beneke K. Magadiite and H-magadiite: sodium magadiite and some of its derivatives [J]. American Mineralogist, 1975, 60: 642 – 649.

[11] Beneke K, Lagaly G. Kenyaite-synthesis and properties [J]. American. Mineralogist, 1983, 68: 818 – 826.

[12] Kwon O Y, Jeong S Y, Suh J K, et al. Hydrothermal syntheses of Na-magadiite and Na-kenyaite in the presence of carbonate[J]. Bulletin of the Korean Chemical Society, 1995, 16 (8): 737 – 741.

[13] Ko Y, Kim M H, Kim J K, et al. Synthesis of Co-Silicalite-1 from a layered silicate[J]. Korean Journal of Chemical Engineering, 2001, 18(3): 392 – 395.

[14] Superti G B, Oliveira E C, Pastore H O, et al. Aluminum magadiite: an acid solid layered material[J]. Chemistry of Materials, 2007, 19: 4300 – 4315.

[15] Macedo T R, Airoldi C. Host lamellar silicic acid magadiite for some heterocyclic amine inclusions and quantitative calorimetric data [J]. Microporous and Mesoporous Materials, 2006, 94: 81 – 88.

[16] Peng S, Gao Q, Du Z, et al. Precursors of TAA-magadiite nanocomposites [J]. Applied Clay Science, 2006, 31: 229 – 237.

[17] Kooli F, Liu Y. Thermal stable cetyltrimethylammonium-magadiites: influence of the surfactant solution type[J]. Journal of Physical Chemistry C, 2009, 113: 1947 – 1952.

[18] Park K W, Jong H J, Kim S K, et al. Interlamellar silylation of magadiite by octyl triethoxysilane in the presence of dodecylamine[J]. Applied Clay Science, 2009, 46: 251 – 254.

[19] Ogawa M, Ishii T, Miyamoto N, et al. Photocontrol of the basal spacing of azobenzene-magadiite intercalation compound[J]. Advanced Material, 2001, 13(14): 1107 – 1109.

[20] Mitamura Y, Komori Y, Hayashi S, et al. Interlamellar esterification of H-magadiite with aliphatic alcohols[J]. Chemistry of Materials, 2001, 13: 3747 – 3753.

[21] Steudel A, Batenburg L F, Fischer H R, et al. Alteration of non-swelling clay minerals and magadiite by acid activation[J]. Applied Clay Science, 2009, 44: 95 – 104.

[22] 王晓方. 无机多孔材料的制备及功能化研究[D]. 长春: 吉林大学, 2012.

[23] Sanchez C, Belleville P, Popalld M, et al. Applications of advanced hybrid organic-inorganic nanomaterials: from laboratory to markets[J]. Chemical Society Reviews, 2011, 40: 696 – 753.

[24] Wang D Y, Jiang D D, Pabst J, et al. Polystyrene magadiite nanocomposites[J]. Polymer Engineering and Science, 2004, 44: 1122 – 1131.

[25] Costache M C, Heidecker M J, Manias E, et al. Preparation and characterization of poly (ethylene-terephthalate)/clay nanocomposites by melt blending using thermally stable surfactantsy [J]. Polymers for Advanced Technologies, 2006, 17: 764 – 771.

[26] Park K W, Jung J H, Seo H J, et al. Mesoporous silica-pillared kenyaite and magadiite as

catalytic support for partial oxidation of methane [J]. Microporous and Mesoporous Materials, 2009, 121: 219 – 225.

[27] 李光文, 孙建军. 银 – 溴化银/magadiite 可见光催化剂的制备及其光催化性能[J]. 化学研究, 2014, 25(4): 411 – 416.

[28] 蔡子达. 大分子在层状硅酸盐中的模板效应研究[D]. 大连: 大连理工大学, 2012.

[29] Jeong S Y, Lee J M. Removal of heavy metal ions from aqueous solutions by adsorption on magadiite [J]. Bulletin of the Korean Chemical Society, 1998, 19: 218 – 222.

[30] Fujita I, Kuroda K, Ogawa M. Adsorption of alcohols from aqueous solutions into a layered silicate modified with octyltrichlorosilane[J]. Chemistry of Materials, 2005, 17: 3717 – 3722.

[31] 刘浩. 基于壳聚糖的新型 Pickering 乳液及相应功能材料的制备和应用[D]. 广州: 华南理工大学, 2014.

2 麦羟硅钠石的结构、性质与表征

2.1 层状硅酸盐结构概述

层状硅酸盐材料因其层间具有大的比表面积和二维纳米空间，有着广泛的应用，如用作吸附剂、催化剂/催化剂载体、离子交换剂和填料等。许多层状硅酸盐材料可以通过各种相互作用适应各种客体插入层间。根据层状硅酸盐材料的层间带电类型，可以分为以下三类：①阳离子交换层状硅酸盐材料，天然的有蒙脱石、蛭石等，人工合成的有 magadiite、水羟硅钠石等层状黏土矿物、金属氧化物、金属硅酸盐，它具有负电荷的层板，层间具有可交换阳离子；②阴离子交换层状硅酸盐材料，如水滑石(LDH)、类水滑石等，它具有正电荷的层板，层间域具有可交换阴离子；③中性层状硅酸盐材料，如石墨、高岭石和层状硫属化物，层间域为空的或具有水分子，结构层间以氢键或分子键连接。凹凸棒石、蒙脱土等硅酸盐矿物黏土，由于具有一定离子交换容量、大的比表面积及膨胀性，被广泛应用于石油、化工、建材、涂料、钻井泥浆等方面，被称为万能土[1]。人们对层状硅酸盐矿物进行了大量的研究，尤其是有机改性硅酸盐矿物与阳离子交换硅酸盐材料。

层状硅酸盐的层间具有硅烷醇基团，负电荷位点源于 Si—O 基团，而黏土矿物的负电荷位点来自于同晶取代，例如层内二价离子对三价离子的替代。在黏土矿物中，除了一些阴离子黏土(LDH)外，替代位点的确切位置是很难界定的；但层状硅酸盐的 Si—OH/Si—O 的顺序，即阳离子交换位点，可以在它们晶体结构的基础上准确确定。

层状硅酸盐的二维平面结构特征为以四面体和八面体相间排列配置形成的层状结构(图 2-1)，分为 TO 型和 TOT 型，前者为四面体片(T)和八面体片(O)配置形成，如埃洛石和蛇纹石；后者为两个四面体片与八面体片配置形成，如 magadiite 和蒙脱土。以 magadiite 结构为例，桥氧将上下两层的四面体片和中间的一层八面体片相联结构成层板，垂直方向上层板重复堆叠，形成 2∶1 型层状硅酸盐[2]。几种常见层状硅酸盐矿物的结构特征如表 2-1 所示。

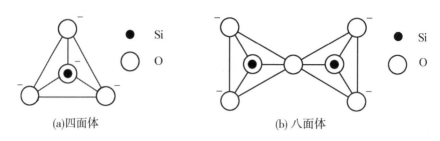

(a)四面体　　　　　　　　　　　　(b) 八面体

图 2 - 1　层状硅酸盐的二维平面结构特征

表 2 - 1　层状硅酸盐的结构特征

结构层型	矿物	膨胀性	层间物质	交换性
TO 型	高岭石	不膨胀	无	无
TO 型	埃洛石	不膨胀	水分子	无
TOT 型	滑石	不膨胀	无	无
TOT 型	水滑石	膨胀	阴离子	有
TOT 型	蒙脱土	膨胀	阳离子	有
TOT 型	magadiite	膨胀	阳离子	有

2.2　麦羟硅钠石的结构

正如上所述，magadiite 为 TOT 型的结构层型，即由四面体片与八面体片配置而成。但在实验室合成过程中，由于水热反应条件差异，晶体结构中的硅氧四面体排列方式会产生不同晶体结构的硅酸盐[3]，如表 2 - 2 所示。目前，kenyaite[4]、makatite[5] 和 kanemite[6] 的结构已经被广泛研究，且 makatite、kanemite 的晶体结构已经确定，它们的硅酸盐骨架仅由 $Q^3[(O/HO)Si(OSi)_3]$ 六元环组成，硅酸盐层只有单层的硅氧四面体。

表 2 - 2　典型的层状硅酸盐类型

化学组成	矿物名称
$Na_2Si_{22}O_{45} \cdot nH_2O$	kenyaite（水羟硅钠石）
$Na_2Si_{14}O_{29} \cdot nH_2O$	magadiite（麦羟硅钠石）
$Na_2Si_8O_{17} \cdot nH_2O$	octosilicate（八面体硅酸盐）

续表 2 – 2

化学组成	矿物名称
$Na_2Si_4O_9 \cdot nH_2O$	makatite（多水硅钠石）
$NaHSi_2O_5 \cdot 3H_2O$	kanemite（水硅畲石）
$NaHSi_2O_5 \cdot H_2O$	水合二硅酸氢钠
$\alpha\text{-}Na_2Si_2O_5$	α-晶态二硅酸钠
$\beta\text{-}Na_2Si_2O_5$	β-晶态二硅酸钠
$\gamma\text{-}Na_2Si_2O_5$	γ-晶态二硅酸钠
$\delta\text{-}Na_2Si_2O_5$	δ-晶态二硅酸钠
$\kappa\text{-}Na_2Si_2O_5$	κ-晶态二硅酸钠
$C\text{-}Na_2Si_2O_5$	C-晶态二硅酸钠

　　magadiite 与其他层状硅酸盐的结构对比模型如图 2 – 2 所示，makatite、ilerite（伊利石）、magadiite、kenyaite 层板都由硅氧四面体层组成，四个四面体分别和两个、三个硅酸盐单层形成 ilerite 和 magadiite，而五个四面体和四个硅酸盐层形成 kenyaite。另外，kenyaite 的层间距远大于 iterite 和 magadiite。层状硅酸盐也可以人工合成，比如层状 octosilicate、$\alpha\text{-}Na_2Si_2O_5$、$\beta\text{-}Na_2Si_2O_5$、$\gamma\text{-}Na_2Si_2O_5$ 可作为合成 kanemite 的前驱体。另外，含有除了 Na^+ 以外其他阳离子如 K^+、Li^+、Cs^+ 的层状硅酸盐，骨架一般由 $Q^3[(O/HO)Si(OSi)_3]$ 和 $Q^4[Si(OSi)_4]$ 组成。

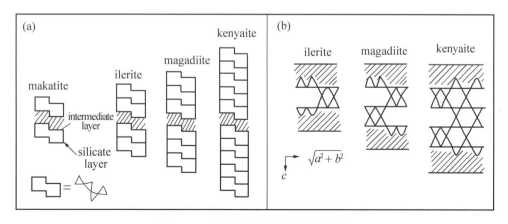

图 2 – 2　层状硅酸盐结构排列模型[7]

magadiite($Na_2Si_{14}O_{29} \cdot nH_2O$)是一种天然矿物，1967 年 Eugster[4]在肯尼亚的马加迪湖中首次发现，1975 年，Lagaly 等[9]成功地制备出纯相 magadiite。通常认为，天然 magadiite 是某种碱性盐水溶液的沉淀产物，此种水溶液含大量的 SiO_2 和少量的 Al_2O_3，而 Al_2O_3 的缺失对 magadiite 层状结构的形成起到了决定性的作用。一方面，Al_2O_3 的缺失有助于形成成分均一的完全由 SiO_2 组成的层板结构；另一方面，Al_2O_3 的缺失有助于形成成分均一、高度相近的层间域。magadiite 是一种结构规整的层状硅酸盐，层板结构介于沸石和黏土之间，层板中带有数量不多的小孔，单层板由带负电的[SiO_4]四面体组成，层板内外表面有大量的硅羟基，层间域只有水合 Na^+，用于中和层板所带负电荷[10]。理想情况下，层间距（ d_{001} 值）约为 1.56nm，而实际上层间距随 n 值的变化在一定范围内变化。当水合 Na^+ 完全被 H^+ 取代时，层间距减小为 1.32nm。进一步对 H-magadiite 加热脱水，层间距减小为 1.12nm[11]。关于 magadiite 的层板结构，Garces 等[12]曾提出一个模型，他们认为层板是由层板中间的硅氧五边形连接两层板表面的两个硅氧六边形亚层组成的，2004 年 Wang[19]提出了 magadiite 层板具有三种可能的结构：一个四面体与两个倒转的四面体形成一个六元环；一个与沸石结构类似的五元环组合结构；硅氧四面体链组成的五元环和六元环。再后来，研究者通过实验研究提出 magadiite 是有五元环和六元环并存的硅酸盐骨架，它的内外表面有很多硅羟基（Si—OH）。在目前的研究中，magadiite 的层板一般认为是由硅氧四面体和硅氧八面体周期排列组成，整体带负电，层间有带正电的游离 Na^+ 以保持电中性。基于光谱学技术，magadiite 的三维结构示意图如图 2 - 3 所示[13]。

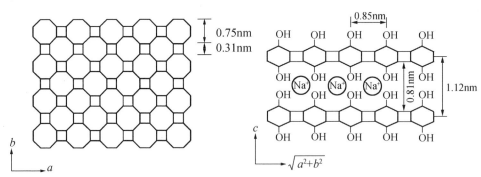

图 2 - 3　　magadiite 三维结构

如图 2 - 4 所示，magadiite 的结构框架包含两个不同的[SiO_4]四面体，其中每个框架关联三个[SiO_4]单元和一个[$BO_2(OH)_2$]四面体。这些四面体形式的片状和平面平行，并且这些片状物和[$NaO_2(OH)_4$]八面体晶体结构连接在一起。

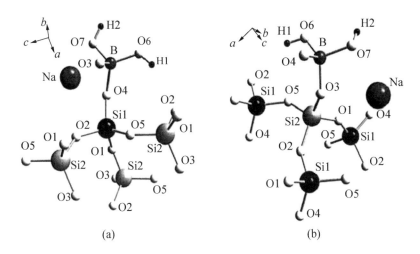

图2-4 magadiite的结构框架

magadiite的理想化学式为$Na_2Si_{14}O_{29} \cdot nH_2O(n = 8 \sim 10)$，对magadiite进行了多次$^{29}Si$ MAS NMR(魔角旋转磁共振)的研究，结果表明，magadiite的层状结构是由$HOSi^*(OSi)_3$、$NaOSi^*(OSi)_3$和$Si^*(OSi)_4$的四面体与层板之间的钠离子和水分子组成的，当magadiite是由硼作为媒介合成的情况下，这些阶段将出现更高度有序的形式。另外，magadiite微观形貌呈玫瑰花瓣形，其形成过程如图2-5所示。

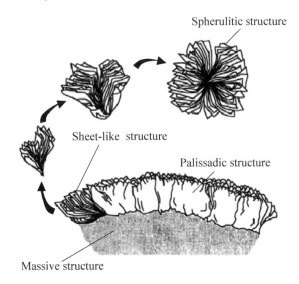

图2-5 magadiite的微观形貌形成

2.3　麦羟硅钠石的性质

　　magadiite 的活性 Si—OH 位于层间的表面上，一方面有利于它的功能化改性，另一方面显著提高了层间电荷密度，进而提高了其离子交换能力。magadiite 通过改性，可以在层间引入具有不同功能的生物分子，其层间不仅可以有效地保护生物分子，而且层状的骨架不会堵塞生物信号的传输，最重要的是 magadiite 是纯硅体系，具有很好的生物相容性。基于 magadiite 的结构特点，其具有以下性质：

　　（1）magadiite 层间含有可交换的阳离子，层板具有一定层间距，比表面积很大，所以具有很好的吸附性能，可以作为吸附剂。

　　（2）magadiite 易吸水膨胀，能够分散在水中形成胶体，具有较好的膨胀性，可容纳离子、分子、有机官能团等多种客体，其层间硅羟基可以和有机硅烷化试剂（如 γ-氨丙基三甲氧基硅烷等）的功能基团以共价键方式键合发生接枝反应[14]。

　　（3）magadiite 层板仅由硅氧四面体组成，组成单一，不含有容易水解的铝，因而具有较好的耐酸性和热稳定性，可作为一类良好的催化剂载体。

　　（4）magadiite 层间有维持点和平衡的层间离子，且层间作用力较弱，因此具有较高的离子交换能力（约 100mmol/100g），远远大于蒙脱土等传统主体的阳离子交换能力。水和 Na^+ 可以被质子、其他阳离子或大的季铵盐阳离子取代[15]，稀土离子、ZnO 等无机物都可以通过离子交换较容易地进入 magadiite 层间。

　　（5）由于层与层之间作用力较弱，选用一定的插层剥离剂可将其分散成一片一片的晶层，这一特性为层状硅酸盐纳米复合材料的合成提供了基础。magadiite 与聚合物形成的纳米复合材料展现出更好的物理、化学稳定性，更低的溶剂吸收性，可以调控的生物降解性，可以作为生物包装材料。

　　（6）水合硅酸钠盐 magadiite 属于不含铝的层状硅酸盐，因而具有良好的生物相容性，在生物酶固定、生物传感以及药物缓释等方面具有潜在的应用价值。

2.4　麦羟硅钠石的表征

　　采用 D8 ADVANCE 型 X 射线衍射仪对最佳晶化条件下制备的 magadiite 进行物相分析，测试条件为 Cu 靶作金属靶，管电压和管电流分别为 40 kV 和 40 mA，设定的扫描步长为 0.02°，扫描速率为 6°/min，扫描范围为 3°～60°。纯相 magadiite 的 X 射线衍射（XRD）曲线见图 2-6，层间距为 1.52 nm，对应的 2θ 为 5.809°。magadiite 的（001）（002）（003）特征衍射峰在 $2\theta = 5 \sim 20$°处，在 $2\theta = 24 \sim 30$°处的五指峰为 magadiite 的特征峰。

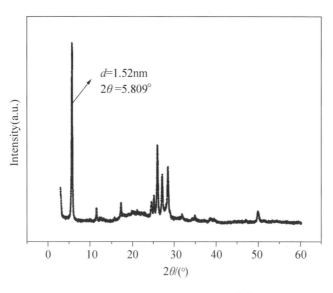

图 2 - 6　magadiite 的 XRD 曲线[16]

采用 Nova Nano SEM 430 型环境扫描电子显微镜(SEM)对最佳晶化条件下制备的 magadiite 的形貌进行分析，样品用导电胶粘在样品台上并进行喷金处理，喷金次数为 2 次，操作电压为 10～20 kV。magadiite 的形状为玫瑰花瓣状的片状结构组成的球形颗粒，扫描电子显微镜图片见图 2 -7。

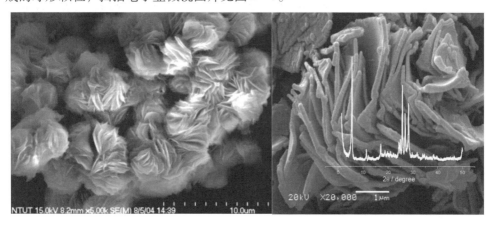

图 2 - 7　magadiite 的扫描电子显微镜图片[16]

采用 STA449 C 型同步热分析仪对最佳晶化条件下制备的 magadiite 进行热重分析，测试条件为：氮气气氛，气流速度为 40mL/min，升温速率为 10℃/min，升温范围为室温至 800℃。magadiite 的热稳定性在 250℃以下。magadiite 的失重分为两步，第一步为 30～250℃，是一个吸热过程，失重为 12.04%，为脱除吸附水和结合水阶段；第二步在 250℃以上，是一个吸热过程，失重为 1.92%，这部分的失重可能是由羟基的缩合反应造成的，这也可能是 magadiite 结构发生改变的原因[17]。magadiite 热失重(TG - DTG)曲线如图 2 - 8 所示。

使用 NEXUS 670 型傅里叶变换红外光谱仪对最佳晶化条件下制备的 magadiite 进行分析，分析测试前，将 KBr 粉末和 magadiite 样品进行红外干燥处理，并进行研磨，研细后在 $5 \times 10^7 \sim 10 \times 10^7$ Pa 压力范围下压片，制片厚度为 0.1 ~ 1 mm。光谱扫描范围为 400 ~ 4000 cm^{-1}，分辨率为 2 cm^{-1}，扫描次数为 32 次。图 2 - 9 为最佳晶化条件下制备

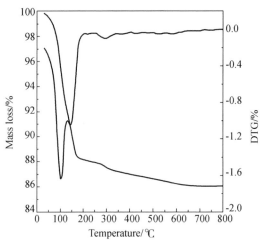

图 2 - 8　magadiite 的 TG - DTG 曲线

的 magadiite 的红外光谱图，其中：3662 cm^{-1} 和 3418 cm^{-1} 处的吸收峰对应缔合 O—H 键的伸缩振动；1627 cm^{-1} 处的吸收峰对应 O—H 的弯曲振动；1237 cm^{-1} 处的吸收峰为 Si—O—Si 的反对称伸缩振动吸收峰，该峰表明 magadiite 结构中存在五元环[18]。1080 cm^{-1} 处的特征吸收峰属于 Si—O 四面体的对称伸缩振动；784 cm^{-1} 和 618 cm^{-1} 处的峰是由于双环的振动，在 452 cm^{-1} 处的峰表明 magadiite 中包含着硅氧六元环。此外，在 461 cm^{-1} 和 800 cm^{-1} 处的峰，是 magadiite 结构中 Si—O—Si 的弯曲振动和 Si—O 四面体的反对称伸缩振动。

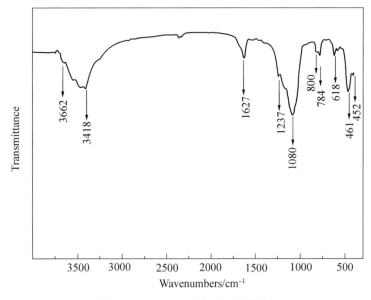

图 2 - 9　magadiite 的红外光谱图

采用 Axios PW4400 型 X 射线荧光光谱仪对最佳晶化合成条件下制备的 magadiite 进行化学组分分析，测试采用熔融法制样，熔剂为 $Li_2B_4O_7$，X 光管功率为 3.6 kW，最大电流为 150 mA，最高管电压为 60 kV，最大扫描速度为 200°/min。合成的 magadiite 的理想化学组成为 $Na_2Si_{14}O_{29} \cdot nH_2O$（$n = 8 \sim 10$，吸附水的含量随处理方法不同而不同）。

magadiite 层间存在可交换的水合钠离子，这些水合钠离子可以与其他的阳离子如 H^+ 等发生离子交换反应，离子半径较大的 Na^+ 被 H^+ 交换出来，从而使 magadiite 的层间距变小。采用 XRD 对 magadiite 和 H-magadiite 进行表征，结果如图 2 - 10 所示。当与 H^+ 交换后，magadiite 的衍射峰向大角度偏移，层间距从 1.52 nm 缩短到 1.23 nm。

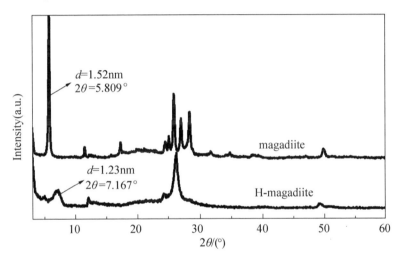

图 2 - 10 magadiite 和 H-magadiite 的 XRD 图[16]

参考文献

[1] 姚铭. 层状材料合成和环境应用研究[D]. 杭州：浙江大学，2005.

[2] 杜旭杰. 硅酸钠层柱材料的制备及特性研究[D]. 淄博：山东理工大学，2010.

[3] 王雅洁. 层状硅酸钠改性材料的合成与特性研究[D]. 太原：太原理工大学，2009.

[4] Eugster H P. Hydrous sodium silicates from Lake Magadi, Kenya：precursors of bedded chert[J]. Science, 1967, 157, 1177 - 1180.

[5] Sheppard R A, Gude A J, Hay R L. Makatite, a new hydrous sodium silicates from Lake Magadi, Kenya[J]. Am. Mineral, 1970, 55：358 - 566.

[6] Johan Z, Maglione G F. Nouveau silicates de sodium hydrate de neoformation[J]. Bull Soc Franc Mineralog Cristallogr, 1972, 95：371 - 382.

[7] Brandt A, Schwieger W, Bergk K H. Development of a model structure for the sheet silicatehydrates

ilerite, magadiite and kenyaite[J]. Crystal Research and Technology, 1988, 23(9): 1201 – 1203.

[8] McCulloch L. A new highly silicious soda-silica compound[J]. Am. Chem. Soc., 1952, 74: 2453 – 2456.

[9] Lagaly G, Beneke K. Magadiite and H-magadiite: sodium magadiite and some of its derivatives [J]. Am. Mineral., 1975, 60: 642 – 649.

[10] Thiesen P H, Beneke K, Lagaly G. Silylation of a crystalline silicic acid: an MAS NMR and porosity study[J]. J. Mater. Chem., 2002, 2: 3010 – 3015.

[11] Brindley G W. Unit cell of magadiite in air, in vacuo and under other conditions[J]. Am. Mineral., 1969, 54: 1583 – 1591.

[12] Garces J M, Rocke S C, Crowder C E, et al. Hypothetical structures of magadiite and sodium octosilicate and structural relationships between the layered alkali metal silicates and the mordenite and pentasil-group zeolites[J]. Clays and Clay Minerals, 1988, 36: 409 – 418.

[13] Peng S, Gao Q, Wang Q, et al. Layered structural heme protein magadiite nanocomposites with high enzyme-like peroxidase activity[J]. Chem. Mater., 2004, 16: 2675 – 2684.

[14] Wang S, Lin M, Shieh Y, et al. Organic modification of synthesized clay-magadiite[J]. Ceram. Int., 2007, 33: 681 – 685.

[15] Kooli F, Li M, Alshahateet S F, et al. Characterization and thermal stability properties of intercalated Na-magadiite with cetyltrimethylammonium (C_{16}TMA) surfactants [J]. J. Phys. Chem. Solids, 2006, 67: 926 – 931.

[16] 陈萌. 层状硅酸盐的制备、改性及应用[D]. 广州: 华南理工大学, 2014.

[17] Kwon O Y, Jeong S Y, Suh J K, et al. Hydrothermal syntheses of Na-magadiite and Na-kenyaite in the presence of carbonate[J]. Bulletin of the Korean Chemical Society, 1995, 16(8): 737 – 741.

[18] Huang Y, Jiang Z, Schwieger W. Vibration srectroscopic studies of layered silicates[J]. Chemistry of Materials, 1999, 11(5): 1210 – 1217.

[19] Wang D Y. Polystyrene magadiite nanocomposites[J]. Polymer Engineering & Science, 2004, 44 (6): 1122 – 1131.

3 麦羟硅钠石的制备

早在1952年，有关magadiite的合成研究就已经开始了，早期的magadiite主要通过水热合成法制备，化学试剂作为制备原料，大大增加了其合成成本，限制了其大规模应用的前景，不仅如此，合成周期较长也是其重要缺点。因此，大量的科研工作者将其工作重心放在了高效、廉价的magadiite合成方法开发中，开发来源广泛、成本低的magadiite合成原料。近年来，科研工作者们尝试了将大量不同的化学试剂作为硅源来合成magadiite，比如，以沉淀白炭黑浆料（PPS）、水玻璃、沉淀法SiO_2、硅藻土、硅胶为硅源，天然硅酸盐矿物的主要成分是二氧化硅，而且其具有来源广泛、价格低廉等优点，同时，经过对其活化和调变化学成分可以得到相当数量的微孔化合物，在限制生产成本和缩短合成周期方面取得了较好的效果。此外，许多科研工作者还探究了原料配比、反应温度、反应时间等对合成产物的影响，对合成条件进行优化，在合成高纯度、高结晶度材料的同时降低反应温度、缩短反应时间。比如在反应体系中加入一定量的Na_2CO_3或加入成核剂能加快晶体的生长，缩短反应时间，从而降低能耗、减少成本。笔者优化出的magadiite的最佳合成条件为：原料配比$n(SiO_2)/n(NaOH + Na_2CO_3) = 5$，反应温度为160℃，反应时间为30h。当然，最佳合成条件会因原料的不同而不同。

由XRD标准卡片可知，magadiite的XRD图谱包括三个特征峰，分别位于$2\theta = 5.711°$，$d_{001} = 1.5462$ nm；$2\theta = 25.833°$，$d_{001} = 0.3446$ nm；$2\theta = 28.309°$，$d_{001} = 0.315$ nm。kenyaite的XRD图谱也包括三个特征峰，分别位于$2\theta = 4.482°$，$d_{001} = 1.97$ nm；$2\theta = 8.898°$，$d_{001} = 0.993$ nm；$2\theta = 17.832°$，$d_{001} = 0.497$ nm处，如图3-1所示。所以可以通过对合成产物进行X射线衍射分析来判断合成产物的种类及结晶情况。

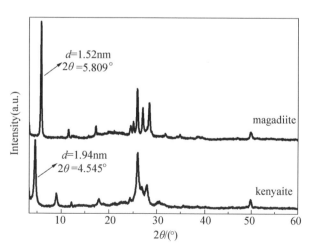

图 3-1　magadiite 和 kenyaite 的 XRD 图谱

3.1　麦羟硅钠石的首次合成

magadiite 的首次人工合成是在 1952 年。1975 年 Lagaly 等[1] 在反应温度为 100℃，配比为 9 mol SiO_2、2 mol NaOH 和 75 mol H_2O 的条件下水热反应 4 周，成功合成出了纯相 magadiite。

表 3 - 1 是人工合成与自然界不同地区的 magadiite 的组成成分对比，由表可知人工合成的 magadiite 中 $n(Na)/n(Si)$ 与自然界形成的很接近，在 1.94 到 2.06 之间变化，但是水含量比之前报道的要高 $[n(H_2O)/n(Si) = 8.8 \sim 9.6/14]$，这可能是干燥方式的不同导致的。

表 3 - 1　自然界与人工合成 magadiite 主要化学成分分析[1]

Sample	w/%			Atomic ratios		
	Na_2O	SiO_2	H_2O	Na	Si	H_2O
synthetic magadiite [a]	5.58	74.9	18.19	2.02	14	11.3
magadiite from Trinity County [a]	5.84	75.8	18.36	2.09	14	11.3
magadiite from Magadi Lake [b]	5.56	77.6	14.60	1.94	14	8.8
magadiite from Alkali Valley, Oregon[c]	5.74	77.78	15.42	2.01	14	9.26
magadiite from Trinity County, California[c]	5.82	76.13	13.98	2.06	14	8.51
magadiite from Trinity County, California[c]	5.61	77.36	15.17	1.97	14	9.16
synthetic magadiite[d]	5.9	78.0	16.10	2.05	14	8.77

注：[a] this study[1]；[b] Eugster, 1967[2]；[c] McAtee, House and Eugster, 1968[3]；[d] McCulloch, 1952[4]。

随着反应温度的变化，magadiite 的结构发生改变，转变成不同的相，详见表 3 - 2。随着温度的升高，magadiite 脱水干燥，形成石英和鳞石英。温度上升到 450℃时，自由水消失，当温度在 500 ~ 600℃范围内时，失去结合水，继续升温到 700℃的过程中，magadiite 内部结构发生变化生成新的产物石英，接着随着温度的进一步升高转化为鳞石英。

表 3 - 2　不同加热温度下生成不同的 SiO_2 相[1]

		Phases after Heating to				
Interlayer Cation		500℃	600℃	700℃	800℃	1000℃
Na+	Magadiite	——→	←— quartz ——→		←— tridymite ——	——→
Organic Cations	Magadiite	——→			quartz ——	——→
H+	←—— a new form of silica: $SiO_2 \cdot 0.1H_2O$ ——→					

3.2 不同硅源合成麦羟硅钠石

合成 magadiite 的硅源有多种不同的选择，如二氧化硅、白炭黑、硅藻土、水玻璃、硅胶等。反应物的物质的量之比、反应温度、晶化时间等都是影响层状硅酸盐合成的重要因素。

3.2.1 以 PPS 为硅源合成麦羟硅钠石

以沉淀白炭黑浆料（PPS）为硅源是人工合成 magadiite 的又一大创新，Kwon 等[5]经过不断的研究将合成时间进一步缩减。具体研究过程如下：

在 70℃ 的条件下按一定的比例将不同的无机酸、有机酸与 PPS 搅拌均匀后加入 H_2O 和 NaOH，其中各个成分的物质的量之比为 $n(SiO_2):n(NaOH):n(H_2O)=1:0.2:20$，充分混合后在无需搅拌的条件下放入反应釜中在 150℃ 下反应。经过 2 天的反应后 magadiite 是唯一的产物，随着反应时间延长至 4 天，一部分 magadiite 转化成 kenyaite。实验结果见表 3-3。采用此方法合成出的 magadiite 的晶胞组成为 $Na_{1.95\sim2}Si_{20\sim22}O_{40\sim43}\cdot8\sim10H_2O$。

表 3-3 不同酸反应的产物（PPS 作为硅源）[5]

酸源	反应时间/h	产物[a]
氟硅酸	48	magadiite
	96	kenyaite（高度结晶）
硫酸	48	magadiite
	96	magadiite（占大部分）；10% kenyaite[b]
盐酸	48	magadiite
	96	kenyaite
磷酸	48	magadiite
	96	kenyaite；10% magadiite
乙酸	48	magadiite
	96	kenyaite
草酸	48	magadiite
	96	
酒石酸	48	magadiite = kenyaite
	96	magadiite
市售 SiO₂	96	magadiite = kenyaite magadiite

注：[a] 通过 X 射线粉末衍射鉴定；[b]10% 表示通过所用分析方法的矿物的最小检测限。

在其实验过程中，酒石酸、草酸、氟硅酸、盐酸、硫酸和碘酸作为无机酸和有机酸使用。不同酸源合成产物的 SEM 图见图 3 - 2。采用此方法合成的 magadiite 的晶粒尺寸小于化学试剂合成的 magadiite。PPS 的颗粒尺寸要远远小于化学试剂的颗粒大小，较小的颗粒尺寸可以加速溶液中 $Si(OH)_4$ 的生成，从而减少晶体生长所需的时间，缩短合成 magadiite 的时间。

图 3 - 2　不同酸源的合成产物[5]

注：a、b、c、d 的产物为 magadiite，e、f 的产物为 kenyaite。

其中，各实验所用酸源：a 为盐酸，b 为硫酸，c 为酒石酸，d 为市售 SiO_2，e、f 为氟硅酸。

3.2.2　以水玻璃为硅源合成麦羟硅钠石

水玻璃是 magadiite 合成的又一重要的硅源，俗称泡花碱，是一种水溶性硅酸盐，其水溶液俗称水玻璃，用途非常广泛，其作为硅源不仅降低了合成的成本，而且对其工业化进程的推动也做出了巨大贡献。

Wang 等[6]通过考察初始物料组成、晶化温度、反应时间对合成的影响，优化出了最佳反应条件，物料摩尔组成的最佳配比为 $n(H_2O)/n(NaOH + Na_2CO_3) = 100$，$n(SiO_2)/n(NaOH + Na_2CO_3) = 5$ 或 7，发现在晶化温度为 150℃ 的条件下需反应 24h，在晶化温度为 170℃ 条件下需反应 9h。所以，晶化温度是 magadiite 合成的重要影响因素，magadiite 的合成温度一定要低于 170℃，在温度高于 170℃ 的条件下会有 kenyaite 生成。随着反应时间的延长，magadiite 的结晶强度显著增加，当反应时间超过 15 h 后会有少量 kenyaite 生成，同时其结晶强度也开始减小。通过 SEM 观察到，在不同的反应温度条件下合成的 magadiite 的晶体形貌均为玫瑰花形，在反应温度为 150℃ 和 170℃ 条件下晶体尺寸分别为 5～7 μm 和 2～3 μm。其反应条件、初始物料比和实验结果均列于表 3–4 中。

表 3–4　不同条件下的合成产物（水玻璃作为硅源）[6]

序号	温度/℃	时间/h	原料物质的量之比				产物
			H_2SiO_3	H_2O	NaOH	Na_2CO_3	
1	150	18	3.85	100	1/3	2/3	A
2	150	24	3.85	100	1/3	2/3	A, M
3	150	30	3.85	100	1/3	2/3	M
4	150	36	3.85	100	1/3	2/3	M
6	150	18	5	100	1/3	2/3	A, M
7	150	24	5	100	1/3	2/3	M
8	150	30	5	100	1/3	2/3	M
9	150	18	7	100	1/3	2/3	A
10	150	21	7	100	1/3	2/3	A, M
11	150	24	7	100	1/3	2/3	M
12	150	30	7	100	1/3	2/3	M
13	150	36	7	100	1/3	2/3	M
14	170	18	5	100	1/3	2/3	M
15	170	9	7	100	1/3	2/3	M
16	170	12	7	100	1/3	2/3	M
17	170	15	7	100	1/3	2/3	M
18	170	18	7	100	1/3	2/3	M
19	170	24	7	100	1/3	2/3	M
20	180	12	7	100	1/3	2/3	M
21	180	15	7	100	1/3	2/3	M
22	180	18	7	100	1/3	2/3	M, K, C
23	180	24	7	100	1/3	2/3	M, K, C

注：A 表示 amorphous silica（无定形硅石），M 表示 magadiite，K 表示 kenyaite，C 表示 cristobalite（方石英）。

　　Wang 等[6]探究了 $n(SiO_2)/n(NaOH + Na_2CO_3) = 3.85$，反应温度为 150℃ 时，反应时间的变化对合成 magadiite 的影响。图 3–3 是合成产物随反应时间变化的

XRD 图谱。晶化时间为 18 h 时，样品刚刚开始晶化；当晶化时间为 24 h 时，开始出现较小的特征峰，合成的样品开始出现 magadiite 的结晶；当晶化时间达到 30h 时，样品结晶峰强度增强，晶化已经完成；当晶化时间延长至 36 h 时，magadiite 的特征峰进一步增强得到纯相的 magadiite。

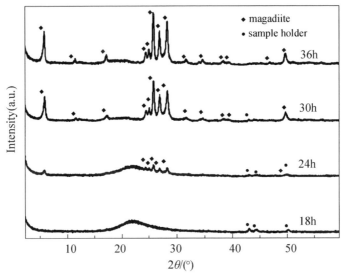

图 3-3　$n(SiO_2)/n(NaOH + Na_2CO_3) = 3.85$ 时不同反应时间下产物的 XRD 曲线图[6]

反应温度为 150 ℃，反应时间为 24 h 的条件下，探究初始物料比对 magadiite 合成的影响，确定初始 $n(H_2O)/n(NaOH + Na_2CO_3) = 100$，图 3-4 是不同物料比下合成产物的 XRD 图谱，其中曲线 a 物料比 $n(SiO_2)/n(NaOH + Na_2CO_3) = 3.85$，

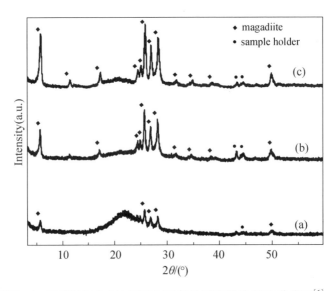

图 3-4　反应时间为 24 h 时不同物料比下产物的 XRD 曲线图[6]

曲线 b 物料比 $n(SiO_2)/n(NaOH + Na_2CO_3) = 5$，曲线 c 物料比 $n(SiO_2)/n(NaOH + Na_2CO_3) = 7$。当物料比 $n(SiO_2)/n(NaOH + Na_2CO_3)$ 从 3.85 增加到 7 的过程中，magadiite 的特征峰逐渐增强，并且 kenyaite 的峰没有出现，直到物料比 $n(SiO_2)/n(NaOH + Na_2CO_3) = 7$ 时特征峰最强，效果最好。

图 3 – 5 为合成温度为 170℃，初始物料比为 $n(SiO_2)/n(NaOH + Na_2CO_3) = 7$ 和 $n(H_2O)/n(NaOH + Na_2CO_3) = 100$，反应时间分别为 9、12、15、18 和 24 h 时合成产物的 XRD 图谱，当反应时间从 9 h 增加到 15 h 时，magadiite 的特征峰逐渐增强，但当反应时间增加到 18 h 时，反应特征峰发生变化，反应生成 kenyaite 和 cristobalite（方石英）。

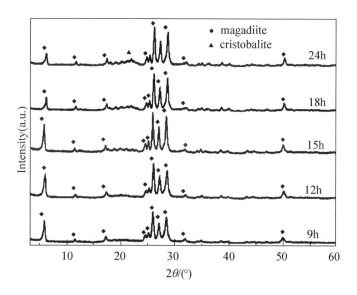

图 3 – 5 不同反应时间下产物的 XRD 图[6]

Wang 等[6] 还研究了反应初始物料比不变，为 $n(SiO_2)/n(NaOH + Na_2CO_3) = 7$ 和 $n(H_2O)/n(NaOH + Na_2CO_3) = 100$ 时，反应温度和时间变化对 magadiite 合成的影响，其 XRD 结果如图 3 – 6 所示。当反应时间为 18h，反应温度为 150 ℃ 时，反应未晶化，没有生成 magadiite；当反应温度为 170℃，得到晶化完全的 magadiite；当反应温度增加到 180℃ 时，开始出现 kenyaite 的结晶峰；当反应温度为 180℃，反应时间增加到 24h 时，出现了 kenyaite 和 cristobalite 的特征峰。所以，当物料比为 $n(SiO_2)/n(NaOH + Na_2CO_3) = 7$ 和 $n(H_2O)/n(NaOH + Na_2CO_3) = 100$，反应温度为 170℃，反应时间为 18 h 时，可得到纯相的 magadiite 晶体。

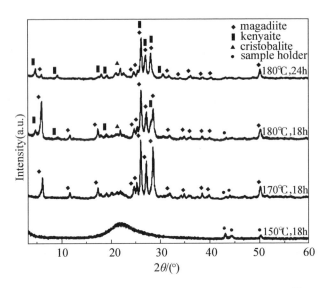

图 3 - 6　不同反应温度和反应时间下产物的 XRD 图[6]

图 3 - 7 为不同反应温度和时间条件下合成的 magadiite 的电镜图，图 3 - 7a、图 3 - 7b 分别代表150℃下反应 24h 和 170℃下反应 9h 合成的 magadiite，合成产物 magadiite 呈玫瑰花状结构，花瓣直径大小为 5～7 μm。

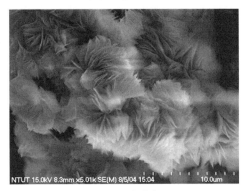

(a) 150℃下反应24 h　　　　　　　　(b) 170℃下反应9 h

图 3 - 7　不同条件下合成的 magadiite 的电镜图[6]

3.2.3　以沉淀 SiO_2 为硅源合成麦羟硅钠石

沉淀 SiO_2 俗称白炭黑，又称水合硅酸、轻质二氧化硅，化学表达式一般写成 $mSiO_2 \cdot nH_2O$，外观为白色高度分散的无定型粉末，也有加工成颗粒状作为商品的。其用途很广，在合成橡胶、消防产品、农药等方面都有不同的用途。笔者以沉

淀 SiO_2 为硅源做了大量的系列化研究，分别探究了晶化时间、晶化温度、H_2O 含量和 SiO_2 含量对合成 magadiite 的影响，具体研究如下。

1）晶化时间对制备 magadiite 的影响

采用水热合成法以沉淀 SiO_2（93% SiO_2，7% H_2O）、NaOH（分析纯）、Na_2CO_3（分析纯）、去离子水为原料制备 magadiite，其反应条件、初始物料比和实验结果均列于表 3 – 5 中。按表 3 – 5 中 4 种初始物料的物质的量之比（固定 NaOH 与 Na_2CO_3 的物质的量之比为 1/2）称取原料并混合搅拌，然后转移至聚四氟乙烯内衬的不锈钢反应釜中，150 ~ 170℃ 下晶化反应 18 ~ 48 h。待反应釜冷却到室温后，将产物抽滤、水洗至 pH = 7 ~ 8，80℃烘干 4 h 即得到样品。

表 3 – 5　反应条件与合成产物（以沉淀 SiO_2 为硅源）

样品编号	温度/℃	时间/h	原料物质的量之比			产物
			SiO_2	（NaOH + Na_2CO_3）	H_2O	
S1	160	18	7	1	100	A，M
S2	160	24	7	1	100	A，M
S3	160	36	7	1	100	M，K
S4	160	48	7	1	100	M，K
S5	150	48	7	1	100	M
S6	170	48	7	1	100	M，K
S7	160	36	5	1	100	M
S8	160	36	5	1	150	A，M，K
S9	160	36	5	1	200	A，M，K
S10	170	24	3	1	100	M
S11	170	24	5	1	100	M，K
S12	170	24	7	1	100	M，K

注：NaOH 与 Na_2CO_3 物质的量之比为 1/2；A 表示 amorphous silica（无定形硅石），M 表示 magadiite，K 表示 kenyaite。

当初始物料比 $n(SiO_2):n(NaOH + Na_2CO_3):n(H_2O) = 7:1:100$，晶化温度为 160 ℃时，研究不同晶化时间对合成 magadiite 的影响，结果发现 magadiite 会随着晶化时间的延长不断地向 kenyaite 转化，所以晶化时间的延长不利于 magadiite 的晶化。结果如图 3 – 8 所示。晶化时间为 18h 时，样品 S1 出现较弱的 magadiite 的特征峰，表明结构开始晶化。当晶化时间为 24h 时，样品 S2 的特征峰有所加强，但样品晶化尚未完成。当晶化时间达到 36h 时，样品 S3 晶化已经完成，但样品中开始出现 kenyaite 的特征峰，magadiite 向更稳定的 kenyaite 转化。当晶化时间延长至 48h 时，样品 S4 中 kenyaite 的特征峰进一步增强。

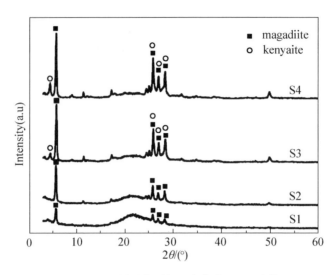

图 3 - 8　不同晶化时间下产物的 XRD 图谱

2) 晶化温度对制备 magadiite 的影响

晶化温度是影响 magadiite 合成的主要因素。笔者探究了物料比 $n(SiO_2)$: $n(H_2O)$: $n(NaOH + Na_2CO_3)$ = 7 : 100 : 1，晶化时间为 24 h 时，不同晶化温度对合成 magadiite 的影响，其 XRD 图谱见图 3 - 9。当晶化温度为 150℃时，合成的样品 S5 为 magadiite，此时样品晶化已基本完成，层间距为 1.52 nm。当晶化温度为 160℃时，合成的样品 S4 中开始有 kenyaite 产生。晶化温度增加到 170℃时，合成

的样品 S6 中仅含有少量的 magadiite，尽管晶化温度只增加了 10℃，但反应产物却发生了剧烈的变化。Beneke 等[7]的研究也表明，当晶化温度高于 160℃时，magadiite 开始向 kenyaite 转化，且随着晶化温度的升高，转化速率不断增加，因此，晶化温度的升高不利于单一晶相 magadiite 的制备。

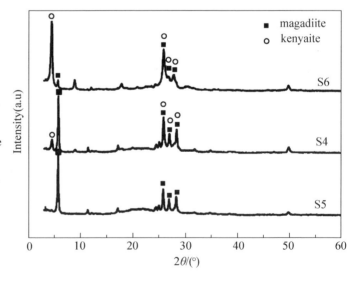

图 3 - 9　不同晶化温度下产物的 XRD 图谱

3）H_2O 含量对制备 magadiite 的影响

初始物料中 H_2O 含量的增加会阻碍单一晶相 magadiite 的生成。笔者探究了在温度为 160℃，晶化时间为 36 h，初始物料中 SiO_2 和（$NaOH + Na_2CO_3$）含量固定的情况下，H_2O 含量不同时对合成样品的影响，其 XRD 图谱见图 3 – 10。当 $n(SiO_2)$：$n(NaOH + Na_2CO_3)$：$n(H_2O) = 5$：1：100 时，合成的样品 S7 为麦羟硅钠石。当 $n(SiO_2)$：$n(NaOH + Na_2CO_3)$：$n(H_2O) = 5$：1：150 时，合成的样品 S8 中开始产生杂质 kenyaite。随着 H_2O 含量的增加，magadiite 结晶成核的阻力也不断增加，会导致反应产物向层间距更大也更稳定的 kenyaite 转化。当 $n(SiO_2)$：$n(NaOH + Na_2CO_3)$：$n(H_2O)$ =5：1：200 时，合成的样品 S9 中 magadiite 的含量小于杂质 kenyaite 的含量。

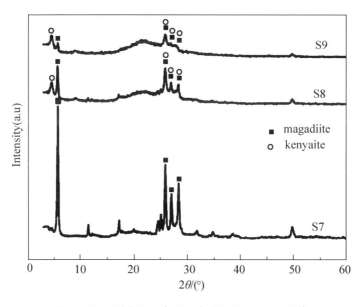

图 3 – 10　不同 H_2O 含量下合成样品的 XRD 图谱

4）SiO_2 含量对制备 magadiite 的影响

在晶化温度和时间分别为 170℃ 和 24 h，初始物料中（$NaOH + Na_2CO_3$）和 H_2O 含量固定的条件下，SiO_2 含量不同时，合成的 magadiite 样品的 XRD 图谱见图 3 – 11。当物料物质的量之比 $n(SiO_2)$：$n(NaOH + Na_2CO_3)$：$n(H_2O) = 3$：1：100 时，合成的样品 S10 为单一晶相 magadiite。当 SiO_2 的含量增加，即 $n(SiO_2)$：$n(NaOH + Na_2CO_3)$：$n(H_2O) = 5$：1：100 时，合成的样品 S11 中出现少量杂质 kenyaite。SiO_2 含量数进一步增加，$n(SiO_2)$：$n(NaOH + Na_2CO_3)$：$n(H_2O) = 7$：1：100 时，合成的样品 S12 中 magadiite 的含量减小。这是因为随着温度的升高，无定形硅首先逐渐溶解在碱性溶液中，然后层状硅酸盐才逐渐结晶成核。当硅含量较高时，在反应开始就会有大量的硅溶解在碱溶液中，由于 kenyaite 分子结构中硅含量比

magadiite 大，因此在硅浓度高时 kenyaite 更易结晶成核。所以 SiO_2 含量的增加不利于 magadiite 的晶化。

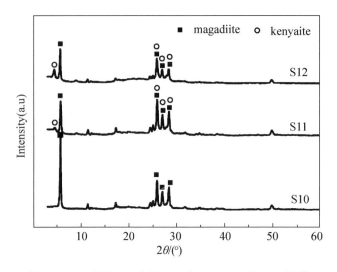

图 3 – 11　不同 SiO_2 含量下合成 magadiite 的 XRD 图谱

3.2.4　以硅藻土为硅源合成麦羟硅钠石

硅藻土的主要化学成分中含有大量的二氧化硅，是一种应用极为广泛的工业矿物。硅藻土具有高孔隙度、大比表面积、强吸附性以及耐高温、耐酸性等多种优异的物化性能，因而被广泛用于化工生产中的催化剂载体、涂料、橡胶、造纸中的填料，食品工业中的过滤、漂白剂、隔热、隔声材料以及石油精炼、陶瓷、玻璃、钢铁、冶金热处理等。我国是硅藻土资源丰富的国家之一，其中吉林长白的年产硅藻土可以在万吨以上，考虑到 magadiite 合成的成本问题，王瑜[8]选取了价格低廉的硅藻土作为合成 magadiite 的主要原料，研究了 magadiite 的合成情况。

实验所用硅藻土其化学组成如表 3 – 6 所示，其中二氧化硅的质量分数为 96%。其晶相分析 X 射线衍射图谱如图 3 – 12 所示。实验所用水玻璃的主要成分为 SiO_2(26.81%)、Na_2O(8.36%)、H_2O(64.83%)。

表 3 – 6　硅藻土的主要化学组成[8]

组成(氧化物)	SiO_2	Al_2O_3	K_2O	MgO	Na_2O	Fe_2O_3
质量分数/%	96.7	1.0	0.2	0.1	0.1	0.7

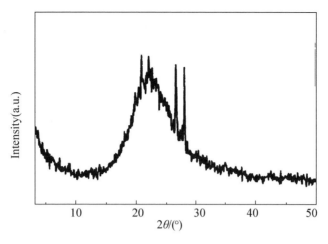

图 3-12　硅藻土 X 射线衍射图谱[8]

　　王瑜[8]运用水热合成法合成 magadiite，并考察了反应体系碱度、晶化时间以及晶化温度对 magadiite 结晶的影响，得到了纯相、结晶度高的 magadiite。合成 magadiite 的方法为将水玻璃、水和硅藻土混合在室温下搅拌均匀，然后转移到自制不锈钢反应釜中在 160℃的恒温箱中静态晶化 42h，冷却，洗涤抽滤至滤液为中性，100℃下烘干即得产品。

　　1）体系碱度对合成 magadiite 的影响

　　实验晶化温度为 160℃，反应时间为 42h，首先固定 $n(Na_2O)/n(SiO_2)$ 为 0.15，考察不同 $n(H_2O)/n(Na_2O)$ 对产物的影响；其次，固定 $n(H_2O)/n(Na_2O)$ 为 28.15，考察不同 $n(Na_2O)/n(SiO_2)$ 对产物的影响，实验结果见表 3-7。由表可得，合成体系的 $n(H_2O)/n(Na_2O)$ 应该控制在 28.15 ～ 32.15 之间，$n(Na_2O)/n(SiO_2)$ 应该控制在 0.15 ～ 0.18 之间，才能生成纯相 magadiite，否则产品中会混有杂相，影响产物的纯度。

表 3-7　初始凝胶组成和合成条件对产物的影响[8]

序号	影响因素				产物
	温度/℃	时间/h	$n(H_2O)/n(Na_2O)$	$n(Na_2O)/n(SiO_2)$	
1	160	42	26.15	0.15	m + M
2	160	42	27.15	0.15	m
3	160	42	32.15	0.15	m
4	160	42	33.15	0.15	m + M
5	160	42	28.15	0.13	m + M
6	160	42	28.15	0.14	m

续表 3 - 7

序号	影响因素				产物
	温度/℃	时间/h	$n(H_2O)/n(Na_2O)$	$n(Na_2O)/n(SiO_2)$	
7	160	42	28.15	0.17	m
8	160	42	28.15	0.18	m + M
9	160	42	28.15	0.15	m
10	160	38	28.15	0.15	m
11	160	44	28.15	0.15	m + M
12	150	42	28.15	0.15	m
13	170	42	28.15	0.15	m + M

注：m 表示 magadiite；M 表示丝光沸石（MOR）。

2）晶化时间和晶化温度对合成 magadiite 的影响

图 3 - 13 显示了在 160℃下不同晶化时间的合成结果。当固定晶化温度为 160℃，初始反应组成 $n(H_2O)/n(Na_2O)$ 为 28.15，$n(Na_2O)/n(SiO_2)$ 为 0.15 时，探讨晶化时间对合成 magadiite 的影响。由图可知，晶化时间为 38h 时，体系开始晶化；随着晶化时间的延长，体系进一步晶化，当晶化时间达到 42h 时，晶化已基本完全。当继续延长反应时间，有杂相生成。

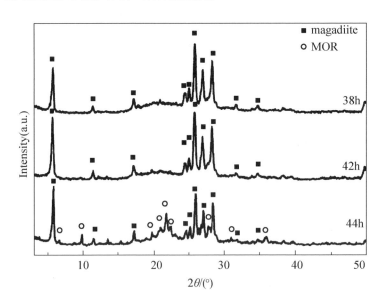

图 3 - 13　不同晶化时间下样品的 XRD 图[8]

图 3-14 显示了晶化温度对合成 magadiite 的影响，其中固定晶化时间为 42h。晶化温度为 150℃，有 magadiite 出现，但结晶不完全；随着晶化温度升高为 170℃，有杂相生成。由图可知，合成的最佳晶化温度为 160℃。

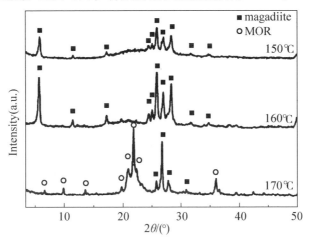

图 3-14 不同晶化温度下产物的 XRD 图[8]

在表 3-7 中，产物编号为 2、3、6、7、9、12 的样品均能生成纯相的 magadiite，通过 SEM 和热重分析(TG)观察它们的形貌和热重曲线，如图 3-15 和图 3-16 所示。它们的形貌均为玫瑰花形，失重曲线也相似，进一步证明了纯相 magadiite 的生成。

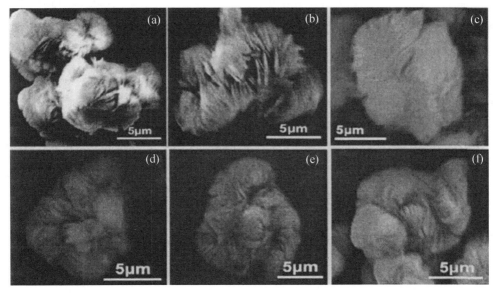

图 3-15 不同样品的 SEM 图[8]

注：图 a~f 的样品依次对应表 3-7 中序号为 2、3、6、7、9、12 的样品。

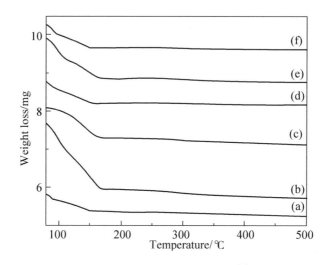

图 3 - 16　不同样品的 TG 曲线[8]

注：图中曲线 a ~ f 的样品依次对应表 3 - 7 中序号为 2、3、6、7、9、12 的样品。

3.2.5　以硅胶为硅源合成麦羟硅钠石

以天然矿物为硅源虽然降低了成本，但是其中含有相当数量的杂质，这些杂质在 magadiite 的晶化过程中可能会起到不利的诱导作用进而影响产品性能和可重复性，而且，利用其合成微孔化合物的工艺程序相对复杂，工艺参数很难控制，这些弊端会导致合成出的产品性能比利用纯化学试剂合成出的产品性能要差很多。magadiite 已经展现出了在应用领域的巨大前景，这也就迫切需要解决其在大规模工业化生产过程中的产品稳定性和可重复性问题。硅胶，别名硅酸凝胶，是一种高活性吸附材料，其主要成分为非晶态二氧化硅，不燃烧，不溶于水和任何溶剂，无毒无味，化学性质稳定，除强碱、氢氟酸外不与任何物质发生反应。Kosuge 等[9]使用高纯度的硅胶作为硅源，在 150℃下反应 48h，得到了 magadiite。采用硅溶胶作为硅源来稳定、高效地合成 magadiite 已经成为一种不可逆转的趋势。

Kwon 等[10]用硅胶作为硅源研究了 SiO_2 - NaOH - Na_2CO_3 - H_2O 体系下 magadiite 的合成。重点讨论了反应温度、反应时间以及初始物料组成对合成的影响，结果如表 3 - 8 所示。

表 3-8 $SiO_2 - NaOH - Na_2CO_3 - H_2O$ 体系在不同条件下的合成产物[10]

Run No.	Temp. /℃	Time/h	Molar ratio of starting materials		Product[b]
			$n(SiO_2)/n(B)$ [a]	$n(H_2O)/n(B)$ [a]	
1	150	72	3	100	M
2	160	72	3	100	M
3	150	48	3	150	M
4	150	72	3	150	M > K
5	150	96	3	150	M > K
6	160	48	3	150	M > K
7	160	72	3	150	K < Q
8	170	24	3	150	M > K
9	170	72	3	150	Q
10	150	72	3	200	K
11	150	96	3	200	K
12	160	72	3	200	K
13	160	96	3	200	K > Q
14	170	72	3	200	K < Q
15	170	96	3	200	Q
16	150	10	5	100	A, M
17	150	24	5	100	M
18	150	48	5	100	M
19	150	72	5	100	M
20	150	96	5	100	M
21	160	48	5	100	M > K
22	160	72	5	100	K
23	160	96	5	100	K > Q
24	170	24	5	100	M
25	170	41	5	100	M > K
26	170	50	5	100	M < K
27	170	55	5	100	K
28	170	60	5	100	K > Q
29	170	72	5	100	K > Q

Run No.	Temp. /℃	Time/h	Molar ratio of starting materials		Product[b]
			$n(\mathrm{SiO_2})/n(\mathrm{B})^{\mathrm{a}}$	$n(\mathrm{H_2O})/n(\mathrm{B})^{\mathrm{a}}$	
30	160	72	10	100	K
31	180	48	20	200	A，K
32	180	64	20	200	A，K
33	180	96	20	200	K

注：[a]$B = NaOH + Na_2CO_3$（NaOH 与 Na_2CO_3 的物质的量之比是 1/2）；[b]M 表示 Na-magadiite，K 表示 Na-kenyaite，A 表示无定形硅石，Q 表示 α – 石英，M > K 表示 Na-magadiite 的生成量大于 Na-kenyaite 的生成量，其他类似情况同理。

　　当初始物料组成为 $n(\mathrm{SiO_2})/n(\mathrm{NaOH} + \mathrm{Na_2CO_3}) = 5$，$n(\mathrm{H_2O})/n(\mathrm{NaOH} + \mathrm{Na_2CO_3}) = 100$，反应温度为 150℃，反应时间为 10 h 时，可得到 magadiite，其晶化强度随着时间的延长而增大；当晶化时间为 48 h 时，结构开始晶化，出现较弱的特征峰；晶化时间为 72 h 时，特征峰的强度有所加强，但样品尚未完成晶化；当晶化时间达到 96 h 时，样品已经完成晶化，晶化完全后样品呈玫瑰花瓣状结构。但是当反应时间延长至 96h 后，magadiite 玫瑰花形的晶体形貌遭到破坏，同时有 kenyaite 生成，继续延长反应时间，产物为石英。

　　在配比为 $n(\mathrm{SiO_2})/n(\mathrm{NaOH} + \mathrm{Na_2CO_3}) = 5$，$n(\mathrm{H_2O})/n(\mathrm{NaOH} + \mathrm{Na_2CO_3}) = 100$，反应温度为 170℃时，考察不同的晶化时间对产物的影响。当晶化时间为 24h 时，得到晶化完全的 magadiite；晶化时间为 41 h 时，合成样品的特征峰有所加强，但 magadiite 向更稳定的 kenyaite 转化；当晶化时间达到 50 h 时，样品中 kenyaite 晶化已经接近完成，而 magadiite 含量较低；当晶化时间延长至 55h 时，样品中 kenyaite 的特征峰进一步增强；当晶化时间延长至 72h 时，样品中 kenyaite 晶化完成。

　　可见，magadiite 会随着晶化时间的延长不断地向 kenyaite 转化，因此晶化时间的延长不利于 magadiite 的晶化。

　　magadiite 的合成除了受到晶化时间的影响之外，还受到原料配比的影响。在反应温度为 160℃、晶化时间为 72h 的条件下，产物会随着 $n(\mathrm{SiO_2})/n(\mathrm{NaOH} + \mathrm{Na_2CO_3})$ 和 $n(\mathrm{H_2O})/n(\mathrm{NaOH} + \mathrm{Na_2CO_3})$ 配比的变化而变化。当 $n(\mathrm{H_2O})/n(\mathrm{NaOH} + \mathrm{Na_2CO_3}) = 100$，$n(\mathrm{SiO_2})/n(\mathrm{NaOH} + \mathrm{Na_2CO_3}) = 3$ 时，可得到结晶完全的 magadiite；当 $n(\mathrm{H_2O})/n(\mathrm{NaOH} + \mathrm{Na_2CO_3}) = 100$，$n(\mathrm{SiO_2})/n(\mathrm{NaOH} + \mathrm{Na_2CO_3}) = 5$，10 时，得到结晶完全的 kenyaite。在反应温度为 150℃、晶化时间为 72h 的条件下，当 $n(\mathrm{SiO_2})/n(\mathrm{NaOH} + \mathrm{Na_2CO_3}) = 3$，$n(\mathrm{H_2O})/n(\mathrm{NaOH} + \mathrm{Na_2CO_3}) = 150$ 时，得到的是

kenyaite 和 magadiite 的混合晶体；当 $n(SiO_2)/n(NaOH + Na_2CO_3) = 3$，$n(H_2O)/n$ $(NaOH + Na_2CO_3) = 200$ 时，得到的是完全结晶的 kenyaite 晶体。固定反应温度为 $150 \sim 160℃$，反应时间为 72 h，物料比 $n(SiO_2)/n(NaOH + Na_2CO_3) = 5$，当 n $(H_2O)/n(NaOH + Na_2CO_3)$ 的值从 100 增大到 200 时，magadiite 开始向 kenyaite 转化，$n(H_2O)/n(NaOH + Na_2CO_3)$ 的比值越高越容易生成 kenyaite。

此外，温度也是影响合成的重要因素之一，当初始物料组成固定，反应时间为 $18 \sim 72 h$ 时，反应的最佳温度为 $150 \sim 170℃$。

图 3 - 17 是 Na-magadiite 与 Na-kenyaite 的 TG 曲线。magadiite 和 kenyaite 的失重都分为两个阶段，第一阶段为 $30 \sim 300℃$，是一个吸热过程，为脱除吸附水和结合水阶段；第二阶段在 $300℃$ 以上，这一个阶段可能是 magadiite 内部结构发生变化，层状结构坍塌引起的。所以 magadiite 和 kenyaite 的热稳定性约在 $300℃$。

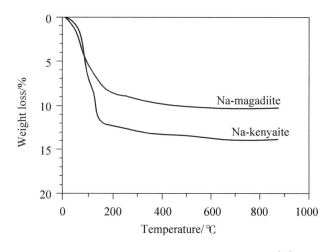

图 3 - 17　Na-magadiite 与 Na-kenyaite 的 TG 曲线[10]

表 3 - 9 列出了 kenyaite 和 magadiite 分子中元素的组成，由此可得出单元晶格中的元素组成：magadiite 为 $Na_{2.06}Si_{14}O_{29.03} \cdot 5.35H_2O$，kenyaite 为 $Na_{2.06}Si_{20}O_{41.03} \cdot 10.43H_2O$。

表 3 - 9　magadiite 与 kenyaite 化学结构分析[10]

Sample	w%			Atomic ratios		
	Na_2O	SiO_2	H_2O	Na	Si	H_2O
synthetic Na-magadiite 1	6.4	83.9	9.6	2.06	14	5.35
synthetic Na-magadiite 2	6.3	87.0	8.9	1.96	14	4.35
synthetic Na-kenyaite	4.4	82.7	12.9	2.06	20	10.43

3.3　不同工艺对麦羟硅钠石合成的优化

3.3.1　PEG 作为模板剂合成麦羟硅钠石

层状硅酸盐的合成通常是在大于 100℃ 的条件下反应超过一天进行的，为了得到更纯的反应产物，缩短反应时间，采用模板剂和结构导向剂是一个很好的方法。Feng 等[11] 利用聚乙二醇 200（PEG 200）为模板剂制备出了 magadiite。

首先利用 X 射线衍射仪、扫描电子显微镜和傅里叶变换红外光谱考察了 kenyaite、magadiite 和 octosilicate 在特征峰、外观形貌以及红外光谱吸收峰等方面的区别。

图 3 - 18 分别为 kenyaite、magadiite 和 octosilicate 的 XRD 曲线图，从图中可看出 magadiite 特征峰和 kenyaite 与 octosilicate 特征峰的区别。图 3 - 19 为 kenyaite、magadiite 和 octosilicate 的电镜图，三者在外观上并没有明显区别，都是玫瑰花瓣状结构。

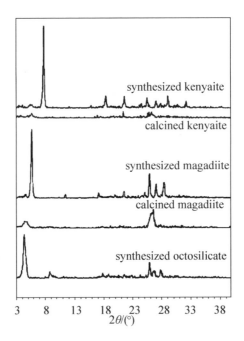

图 3 - 18　kenyaite、magadiite 和 octosilicate 的 XRD 曲线图[11]

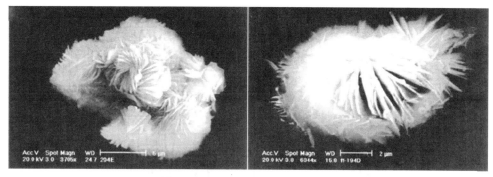

(a) kenyaite   (b) magadiite

(c) octosilicate

图 3-19　kenyaite、magadiite 和 octosilicate 的 SEM 图[11]

图 3-20 为 kenyaite、magadiite 和 octosilicate 的红外图谱，三种晶体的振动峰是相似的，magadiite 的曲线 3670 cm⁻¹ 处可能是自由的羟基团振动，3445 cm⁻¹ 处的峰是 OH 基团振动引起的，1238 cm⁻¹ 处的振动峰表示基团 Si—O—Si 的不对称振动，可以推测出五元环的存在，1081 cm⁻¹ 和 1057 cm⁻¹ 处的振动峰代表 Si—O 的拉伸振动，出现在 452 cm⁻¹ 处的振动表示 Si—O 四面体中六元环的存在，PEG 中 CH_2 的振动峰出现在 2923 cm⁻¹ 和 2850 cm⁻¹ 处。

Feng 等[11]研究了在以 PEG 200 作为模板剂的条件下，使用不同的硅源来制备 magadiite，详细考察了 PEG 的聚合度、硅源、碱源、反应温度和反应时间对合成的影响。结果表明，150℃ 为 magadiite 生成的最佳温度，在反应温度为 180℃ 的条件下，kenyaite 为主要的产物，在反应温度为 90℃ 的条件下，octosilicate 是主要产物。选择白炭黑、正硅酸乙酯、正硅酸甲酯、硅胶为硅源，固定反应温度为 150℃，在此条件下合成出的产物均为 magadiite，而当选择硅酸为硅源时，其主要产物为 kenyaite。晶化速率(v)与硅源种类有着紧密的关系，其速率快慢为 v(正硅酸甲酯) > v(硅胶) > v(白炭黑) > v(正硅酸乙酯)(不同硅源改变了溶液的黏稠度可

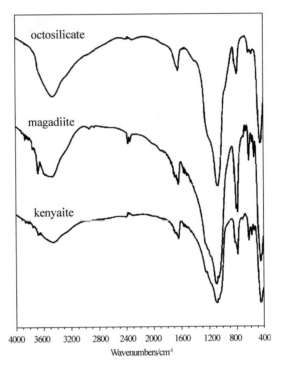

图 3 - 20　kenyaite、magadiite 和 octosilicate 的红外图谱[11]

能是导致这一现象的直接原因），而由不同的硅源合成出的 magadiite 的层间距和形貌并没有显著差别。

　　表 3 - 10 为反应温度为 180℃时，不同影响因素对反应产物的影响，选择 KOH、RbOH 和 CsOH 作为碱源的条件下并没有合成出 magadiite，然而使用 NaOH 作为碱源可以合成出 magadiite，说明 NaOH 是适宜 magadiite 合成的碱源。当使用 PEG 200 时主产物为 magadiite，而使用 PEG 300 时其产物中有痕量的 kenyaite，这说明 PEG 的聚合度影响了 magadiite 的合成。

表 3 - 10　反应温度为 180℃时不同影响因素对反应产物的影响[11]

Reaction parameters				Product(s)
Alkaline source	Silica source	Template	t/d	
LiOH			3.5	amorphous
NaOH			2	kenyaite
KOH	Fumed silica	PEG 200	1	kenyaite
RbOH			2	kenyaite
CsOH			3	amorphous

续表 3 - 10

Reaction parameters				Product(s)
Alkaline source	Silica source	Template	t/d	
NaOH	Fumed silica	PEG 200	2	kenyaite
	TEOS		1	magadiite
	TEOS		1	magadiite + kenyaite
	Ludox - AS 40		0.75	magadiite + kenyaite
	Colloidal silica		1	kenyaite
	Silica gel		2	kenyaite
	Silica acid		1.5	magadiite + kenyaite
NaOH	Fumed silica	PEG 200	2	kenyaite
		PEG 300	0.75	kenyaite
NaOH	Fumed silica	PEG 300	2	quartz
			1	magadiite + kenyaite
			0.75	kenyaite

结合图 3 - 21，从反应时间上来看，当用硅胶作为硅源时，反应 4 天得到纯相的 kenyaite，反应 3 天得到纯相的 magadiite，当反应时间在 3.5 天时得到 magadiite 和 kenyaite 的混合产物，反应 7 天以上得到的产物为 quartz(石英)。所以，随着反应时间的增加，反应产物的转化顺序为 magadiite→kenyaite→quartz。

3.3.2　不同反应条件对麦羟硅钠石合成的优化

magadiite 的合成受很多条件的影响，不同的反应物对反应条件的要求也是不同的，本书前面也提到过原料对反应产物的影响，接下来系统地讨论反应温度、时间、离子、成核剂等对 magadiite 合成的影响。

3.3.2.1　反应温度的影响

杜旭杰[12]采用水玻璃作为硅源，将原料置于反应釜内，分别于 130℃、140℃、150℃、160℃、170℃和 180℃条件下反应 48h，考察不同反应温度对制备 magadiite 的影响。

图 3 - 22 ～图 3 - 27 为不同温度下(130～180℃)反应 48h 所得产物的 XRD 图。130℃时，图谱中虽然出现有 magadiite 的特征峰，但强度较低，而且含有很多杂峰(图 3 - 22)，表明所得产物为含有少量结晶度较差的 magadiite 混合物。图 3 - 23 ～图 3 - 25 中均存在较为明显的 magadiite 的特征峰，表明当反应时间为 48h 时，反应温度介于 140℃至 160℃之间有 magadiite 生成，且随着反应温度的升高，XRD 图

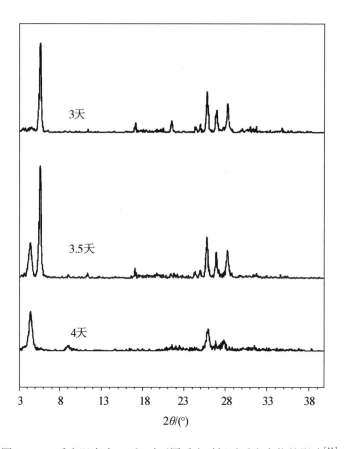

图 3 - 21　反应温度为 150℃时不同反应时间对反应产物的影响[11]

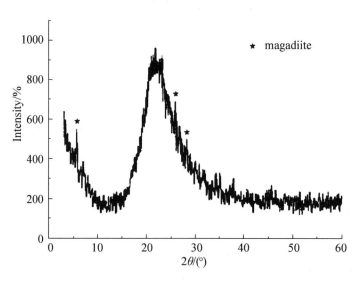

图 3 - 22　130℃条件下所得产物的 XRD 图[12]

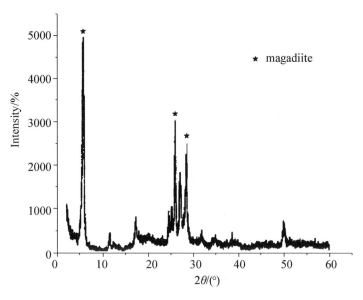

图 3 – 23　140℃条件下所得产物的 XRD 图[12]

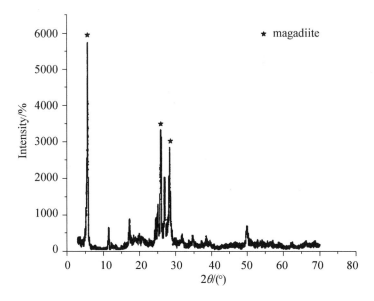

图 3 – 24　150℃条件下所得产物的 XRD 图[12]

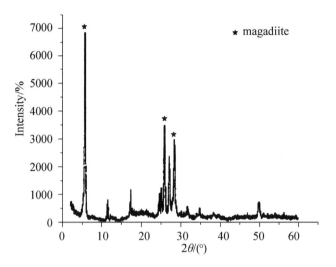

图 3 – 25　160℃条件下所得产物的 XRD 图[12]

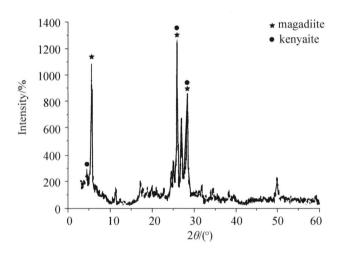

图 3 – 26　170℃条件下所得产物的 XRD 图[12]

谱中 magadiite 特征峰的衍射强度逐渐增加。当反应温度为 170℃ 时，反应产物除了存在 magadiite 外还出现 kenyaite（图 3 – 26），主要是因为 kenyaite 比 magadiite 有更高的热稳定性，以及生成 magadiite 后原料中 SiO_2 和 NaOH 物质的量之比发生变化，有利于 kenyaite 的生成。温度继续升高，达到 180℃ 时，生成热稳定性更好的 SiO_2（图 3 – 27）。

　　根据反应产物的不同，可以把反应温度粗略地分为 3 个阶段：第一阶段，反应温度低于 140℃ 时，产物为少量的 magadiite 和大量的未反应的无定形 SiO_2。第二阶段，反应温度介于 140℃ 至 160℃ 之间时，magadiite 为主要产物。第三阶段，反应

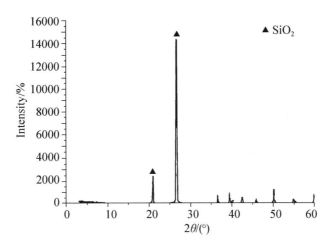

图 3 – 27　180℃条件下所得产物的 XRD 图[12]

温度介于 160℃至 180℃之间时，产物中 magadiite 的含量逐渐减少，而 kenyaite 的含量逐渐增多；当反应温度为 180℃时，产物为结晶度较好且较纯的 SiO_2 相。

3. 2. 2. 2　反应时间的影响

1）反应温度为 130℃时，反应时间对制备 magadiite 的影响

图 3 – 28 和图 3 – 29 是在反应温度为 130℃的条件下，反应不同时间所得产物的 XRD 图谱。反应 48h 时，产物中仅含有极少量的 magadiite；当反应时间延长至 96h 时，XRD 图谱中 magadiite 特征峰的强度仍然没有明显的增强。故作者认为，反应温度为 130℃时，需要相当长的时间才能生成 magadiite[12]。

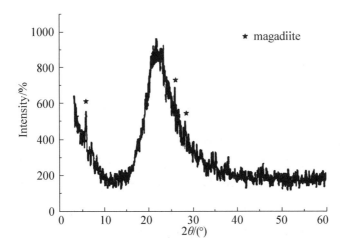

图 3 – 28　130℃下反应 48h 时反应产物的 XRD 图[12]

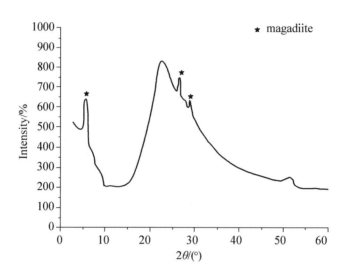

图 3 - 29   130℃下反应96h时反应产物的 XRD 图[12]

2）反应温度为 140℃时，反应时间对制备 magadiite 的影响

如表 3 – 11 所示，当反应温度为 140℃，反应时间为 24h 时，有 magadiite 生成，但结晶度较低，随着反应时间的延长，magadiite 的结晶度逐渐增加。当反应时间为 48h 时，产物已经结晶完全，达到最大结晶度。

表 3 – 11   140℃时反应时间对产物的影响[12]

序号	反应温度/℃	反应时间/h	原料配比 $[n(SiO_2) : n(NaOH) : n(H_2O)]$	主要产物
1	140	24	4∶1∶20	magadiite
2	140	36	4∶1∶20	magadiite
3	140	48	4∶1∶20	magadiite

3）反应温度为 160℃时，反应时间对制备 magadiite 的影响

当反应温度为 160℃时，由于反应温度较高，导致 magadiite 的生成速度较快，即使反应时间为 12 h 时，XRD 图谱中也没有明显的杂峰出现（图 3 – 30）。随着反应时间的延长，产物中 magadiite 的含量及 magadiite 的结晶度不断提高。当反应时间为 24h 时，产物 XRD 图谱中无定形区的面积较大且衍射峰有明显的重叠现象（图 3 –31）。而当反应时间为 48 h 时，产物为结晶良好且较纯的 magadiite 相（图 3 – 32）。

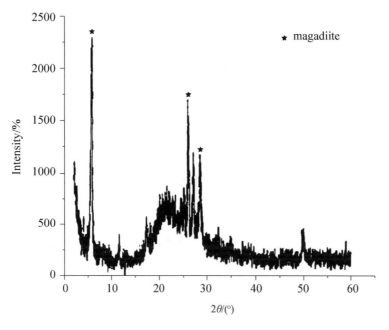

图 3 - 30 160℃下反应 12h 时反应产物的 XRD 图[12]

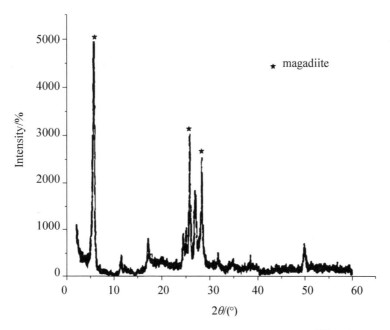

图 3 - 31 160℃下反应 24h 时反应产物的 XRD 图[12]

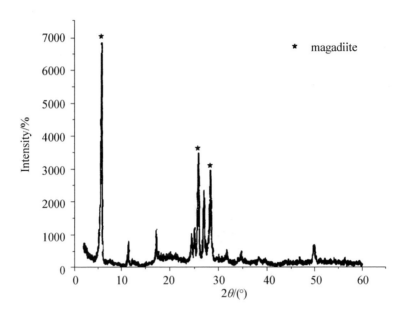

图 3 - 32　160℃下反应48h时反应产物的 XRD 图[12]

4)反应温度为170℃时,反应时间对制备 magadiite 的影响

表 3 - 12 为170℃下反应不同时间(9 ~ 72h)所对应的反应产物。当反应温度为170℃,反应时间为9h时,反应产物为 magadiite;反应时间由 24 h 增长至 48 h,有部分的 magadiite 转化为 kenyaite;当反应时间为 72 h 时,反应产物为 kenyaite。

表 3 - 12　170℃时反应时间对产物的影响[12]

序号	反应温度/℃	反应时间/h	原料配比 $[n(\mathrm{SiO_2}):n(\mathrm{NaOH}):n(\mathrm{H_2O})]$	主要产物
1	170	9	4 : 1 : 20	magadiite
2	170	24	4 : 1 : 20	magadiite > kenyaite
3	170	48	4 : 1 : 20	magadiite < kenyaite
4	170	72	4 : 1 : 20	kenyaite

图 3 - 33 为170℃时反应产物随反应时间变化的趋势图。magadiite 向 kenyaite 转化的途径主要有:提高反应温度、延长反应时间、提高原料中 $\mathrm{SiO_2}$ 与 NaOH 物质的量之比。

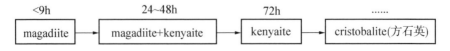

图 3 - 33　170℃时反应产物随反应时间变化的趋势图[12]

3.2.2.3 阴离子的影响

到目前为止，关于阴离子的存在对制备 magadiite 的影响，学术界尚未有统一的观点，甚至有些观点截然相反，这可能与制备条件有很大关系。Iler 等[13] 用 NaCl 取代 2/3（物质的量之比）的 NaOH，所得反应产物的 XRD 图谱如图 3 - 34 所示。

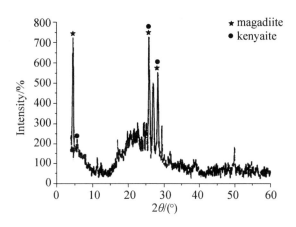

图 3 - 34　Cl⁻ 存在时所得产物的 XRD 图[13]

当 Cl⁻ 存在时，反应产物为 kenyaite 和 magadiite 的混合物，且前者的含量远大于后者。对于此种现象，科学界虽然尚无法给出具体的解释，但通常认为与阴离子的半径、元素的电负性等因素有关。也有人认为 Cl⁻ 的存在有助于含硅量较高的产物的生成［magadiite 中 $n(Si)/n(Na) = 7$，kenyaite 中 $n(Si)/n(Na) = 11$］，故 Cl⁻ 的存在有助于 kenyaite 的生成。但是，当用 KOH 代替 NaOH 作为碱源时，情况却发生了改变。有报道称，以 KOH 为碱源时，不断增加 Cl⁻ 的浓度可促进 magadiite 的生成。阴离子的存在不仅影响产物的种类，同时也影响产物的结晶度。

3.2.2.4 阳离子的影响

Beneke 等[7] 研究表明 Na⁺ 与 K⁺ 相比更有利于具有较大层间距的层状结构的形成。杜旭杰[12] 用等物质的量的 KOH 取代 NaOH 作为碱源，研究了 K⁺ 的存在对制备 magadiite 的影响。图 3 - 35 为 K⁺ 存在时所得产物的 XRD 图谱。反应产物为 magadiite 和 kenyaite 的混合物，且前者的含量远大于后者；相

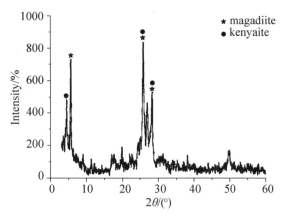

图 3 - 35　K⁺ 存在时所得产物的 XRD 图[12]

比之下，Na$^+$的存在更有助于 magadiite 的形成。与阴离子对产物种类的影响不同，阳离子对产物种类的影响似乎无规律可循，即产物种类与离子半径等原子自身条件无明显联系。

除以上因素外，其他因素也有可能影响 magadiite 的制备，如溶剂的种类、搅拌的速度等。

综上所述，反应温度、反应时间、阴离子种类及阳离子种类等反应条件均能够影响 magadiite 的生成，其中 magadiite 对反应温度的变化最为敏感。

3.2.2.5　异相成核的影响

层状硅酸盐的结晶过程与小分子类似，也包括晶核的形成和晶粒的生长两个步骤，因此，结晶速度应该包括成核速度、结晶生长速度和由它们共同决定的结晶总速度。magadiite 的反应晶化过程就是结晶的过程，结晶的成核过程有均相成核和异相成核两种。均相成核作用是在过饱和溶液中，组成沉淀物质的离子由于静电作用而缔合，自发形成晶核。一般而言，均相成核的能力（形成晶核的数目）是随着溶液过饱和程度的增大而增大的。异相成核是指分子被吸附在固体杂质表面或熔体中存在的未破坏的晶种表面而形成的晶核的过程。简言之，异相成核的结晶过程发生在相界面，或者在杂质表面。异相成核剂可以降低成核反应所需的自由能，让成核反应所需要的条件降低，所以在同等反应条件下异相成核可以降低反应温度。

笔者加入不同的成核剂，采用水热法制备 magadiite，具体反应条件和实验结果列于表 3 – 13 中。加入物料 SiO$_2$、NaOH、Na$_2$CO$_3$ 和 H$_2$O 混合搅拌 15 min，然后加入成核剂（玻璃珠或瓷珠），将搅拌好的物料加入到聚四氟乙烯内衬不锈钢反应釜中在 140～170℃ 的温度下晶化反应 24～48h，将产物抽滤、水洗至 pH = 7～8，80℃ 下烘干 4h 即得样品。

表 3 – 13　反应条件和反应产物

组别	成核剂种类	晶化温度/℃	晶化时间/h	产物
1	玻璃珠	140	30	A，M
2	玻璃珠	140	36	A，M
3	玻璃珠	145	36	M
4	瓷珠	140	30	A，M
5	瓷珠	140	36	A，M
6	无	140	48	A，M
7	玻璃珠	150	24	A，M
8	玻璃珠	150	30	M
9	玻璃珠	155	30	M
10	瓷珠	150	24	M

组别	成核剂种类	晶化温度/℃	晶化时间/h	产物
11	无	150	36	M
12	玻璃珠	160	24	M
13	一半玻璃珠	160	24	A，M
14	2 倍玻璃珠	160	24	M
15	玻璃珠	160	27	M
16	瓷珠	160	24	M
17	一半瓷珠	160	24	A，M
18	2 倍瓷珠	160	24	M
19	无	160	30	M
20	玻璃珠	170	18	A，M
21	玻璃珠	170	21	A，M，K
22	瓷珠	170	18	M，K
23	无	170	24	M，K

注：A 表示 amorphous silica（无定形二氧化硅），M 表示 magadiite，K 表示 kenyaite。

在温度相同的条件下，成核剂会提高 magadiite 的晶化速率，从而缩短晶化时间。瓷珠与玻璃珠相比所需晶化时间更短，其催化效果更佳。

笔者在不同的晶化温度下测试了瓷珠和玻璃珠两种成核剂对晶化时间的影响，发现随着晶化温度的升高，成核剂的成核作用逐渐变小，这是因为当反应温度升高时，控制结晶反应速率的是结晶生长速度而不是成核速率，所以温度越高，成核剂对整个 magadiite 晶化效果的优化作用越小。

图 3 – 36 是在 140℃下加入不同的成核剂晶化不同时间所得产物的 XRD 图谱。未加成核剂时，晶化 48 h 与加入瓷珠后晶化 30 h 的 X 射线特征峰强度相同，表明加入成核剂瓷珠，在晶化温度为 140℃时可以缩短 18 h。当加入玻璃珠后晶化 30 h 时，magadiite 的特征峰较弱，只有隐约的一点，大部分是未晶化的或者是未晶化完全的 magadiite，当晶化时间延长到 36 h 时，其 X 射线衍射峰与未加成核剂晶化 48 h 时的 X 射线特征峰强度相同，说明加入玻璃珠，在晶化温度为 140℃时可以缩短 12 h。所以，瓷珠的成核催化效果较玻璃珠的好。

同样，在反应温度为 150℃时，加入不同的成核剂，观察合成 magadiite 的 XRD 图谱。可得出这样的结果：加入瓷珠作为成核剂，与不加成核剂相比晶化时间可以缩短 12 h，加入玻璃珠作为成核剂，晶化时间可以缩短 6 h；在反应温度为 160℃时，加入成核剂瓷珠，晶化时间可以缩短 6 h，加入玻璃珠，晶化时间可以缩短 3 h，均表明瓷珠的成核催化效果较玻璃珠的好。

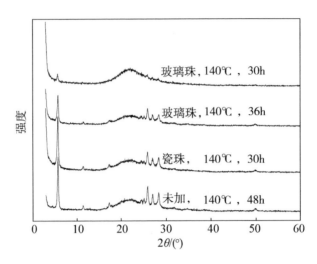

图 3-36　140℃时不同条件下合成产物的 XRD 图

　　图 3-37 是在反应温度为 170℃时，加入不同成核剂晶化不同时间所得产物的 XRD 图谱。未加成核剂时，晶化 24 h 与加入瓷珠后晶化 18 h 的 X 射线特征峰强度相同（同时产生有 kenyaite 的特征峰），说明加入瓷珠后，在晶化温度为 170℃时晶化时间可以缩短 6 h。加入玻璃珠后，晶化时间为 18 h 时，magadiite 的特征峰较弱，大部分是未晶化的或者是未晶化完全的 magadiite，当时间延长至 21 h 后，其 X 射线衍射峰与未加成核剂晶化 24 h 时的 X 射线特征峰强度相同，说明加入玻璃珠作为成核剂，在晶化温度为 170℃时晶化时间可以缩短 3 h。这也表明瓷珠的成核催化效果较玻璃珠的好。

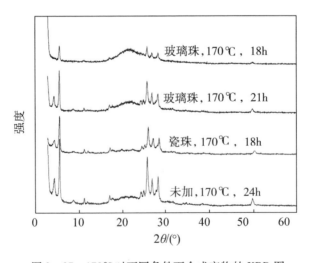

图 3-37　170℃时不同条件下合成产物的 XRD 图

在相同的晶化时间下，加入成核剂可以降低晶化温度，其中玻璃珠降低成核温度的效果要弱于瓷珠。由于瓷珠的表面粗糙度大于玻璃珠，其为反应物提供更大的接触面积，故其促进成核效果要好于玻璃珠。

图3-38 是当晶化时间为36h时，加入成核剂瓷珠与未加成核剂分别在140℃和150℃下合成产物的 XRD 图谱。图中二者衍射特征峰的强度相同，说明当晶化时间统一为36h时，加入瓷珠作为成核剂可以将晶化温度由150℃降低到140℃，晶化温度降低了10℃。

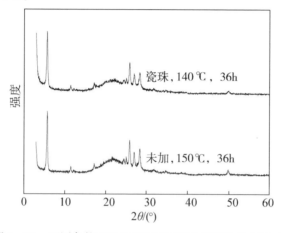

图3-38   不同条件下反应相同的时间合成产物的 XRD 图

图3-39 是晶化时间为36 h时，未加成核剂晶化温度为150℃和玻璃珠作为成核剂分别在145℃和140℃下反应产物的 XRD 图谱的对比。未加成核剂时产物的衍射特征峰强度与玻璃珠作为成核剂时145℃下产物的衍射特征峰强度相同，比玻璃珠作为成核剂时140℃下的衍射特征峰强度高，说明当晶化时间为36 h时，加入玻璃珠作为成核剂可以将晶化温度由150℃降低到145℃，晶化温度降低了5℃。

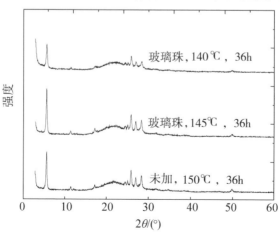

图3-39   不同条件下反应相同的时间合成产物的 XRD 图

同样，将晶化时间固定为 30h 时，加入瓷珠作为成核剂可以将晶化温度由160℃降低到150℃，即晶化温度降低 10℃；而加入玻璃珠作为成核剂可以将晶化温度由160℃降低到155℃，即晶化温度降低 5℃。

此外，成核剂的量对产物也有一定的影响。图 3 – 40 和图 3 – 41 分别是以不同量的瓷珠和玻璃珠作为成核剂时合成产物的 XRD 图谱。相同条件下 magadiite 衍射峰的强度随瓷珠成核剂的量的增加有小幅的增加，而随玻璃珠的量的增加而大幅增加，这主要是由于同等条件下，瓷珠的成核效果要好于玻璃珠的成核效果，瓷珠对magadiite 的成核作用已经使 magadiite 接近晶化完全，所以瓷珠的量对 magadiite 的成核作用的效果影响较小。

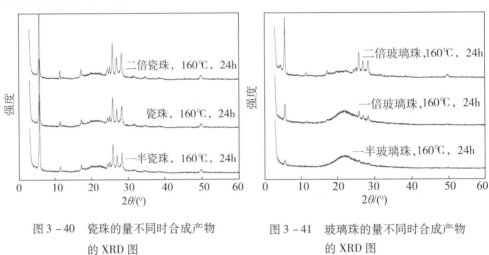

图 3 – 40　瓷珠的量不同时合成产物
　　　　　 的 XRD 图

图 3 – 41　玻璃珠的量不同时合成产物
　　　　　 的 XRD 图

图 3 – 42a 和图 3 – 42b 分别为玻璃珠作为成核剂在 140℃、36h 下和瓷珠作为成核剂在 140℃、36h 下反应产物的 SEM 图，图 3 – 42c 和图 3 – 42d 分别为玻璃珠作为成核剂在 145℃、36h 下和瓷珠作为成核剂在 145℃、36h 下反应产物的 SEM图，图 3 – 42e 和图 3 – 42f 分别为玻璃珠作为成核剂在 160℃、27h 下和瓷珠作为成核剂在 160℃、24h 下反应产物的 SEM 图。结合 X 射线衍射峰，从图中可以看出，图 3 – 42a 和图 3 – 42b 为 magadiite 初步形成的未定型状态，图 3 – 42c 和图 3 – 42d为 magadiite 开始晶化的层状结构，图 3 – 42e 和 3 – 42f 为 magadiite 晶化完全的状态，可以看出为清晰的玫瑰花瓣状结构。

(a) 玻璃珠，140℃，36h　　　　　　　(b)，瓷珠，140℃，36h

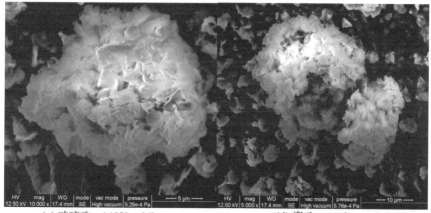

(c) 玻璃珠，145℃，36h　　　　　　　(d) 瓷珠，145℃，36h

(e) 玻璃珠，160℃，24h　　　　　　　(f) 瓷珠，160℃，27h

图 3 - 42　不同反应条件下产物的 SEM 图

参 考 文 献

[1] Lagaly G, Beneke K. Magadiite and H-magadiite: I. Sodium magadiite and some of its derivatives [J]. American Mineralogist, 1975, 60: 642 – 649.

[2] Eugster H P. Hydrous sodium silicates from Lake Magadi, Kenya: precurous of bedded chert[J]. Science, 1967, 157: 1177 – 1180.

[3] McAtee J L, House R, Eugster H P. Magadiite from Trinity County, California[J]. American Mineralogist, 1968, 53: 2061 – 2069.

[4] McCulloch L. A new highly silicious soda-silica compound [J]. Am. Chem. Soc., 1952, 74: 2453 – 2456.

[5] Kwon O Y, Park K W. Synthesis of layered silicates from sodium silicate solution[J]. Bulletin of the Korean Chemical Society, 2004, 25(1): 25 – 26.

[6] Wang Y R, Wang S F, Chang L C. Hydrothermal synthesis of magadiite[J]. Appl. Clay. Sci., 2006, 33(1): 73 – 77.

[7] Beneke K, Lagaly G. Kenyaite-synthesis and properties[J]. American Mineralogist, 1983, 68: 818 – 826.

[8] 王瑜. magadiite 的合成及其转晶制备沸石分子筛研究[D]. 大连: 大连理工大学, 2010.

[9] Kosuge K, Tsunashima A, Otsuka R. Special articles on technology and its characterization for synthesis of inorganic materials[J]. The Chemical Society of Japan, 1991, 10: 1398 – 1401.

[10] Kwon O Y, Jeong S Y, Suh J K, et al. Hydrothermal syntheses of Na-magadiite and Na-kenyaite in the presence of carbonate [J]. Bulletin of the Korean Chemical Society, 1995, 16 (8): 737 – 741.

[11] Feng F, Balkus K J. Synthesis of kenyaite, magadiite and octosilicate using poly(ethylene glycol) as a template[J]. Journal of Porous Materials, 2003, 10: 5 – 15.

[12] 杜旭杰. 硅酸钠层柱材料的制备及特性研究[D]. 淄博: 山东理工大学, 2010.

[13] Iler P K. The chemistry of silica: solubility, polymerization, colloid and surface properties, and biochemistry[M]. New York: John Wiley and Sons, 1979.

4 麦羟硅钠石的改性

4.1 概述

  magadiite 是一种粒度小的天然黏土矿物，特殊的晶体结构赋予了 magadiite 许多特性，如膨胀性、吸附性、离子交换性、分散性、悬浮性和黏结性等。天然的 magadiite 本身可作为天然的功能材料发挥作用，但是直接将其应用在工业上的范围还非常有限，为满足其在不同应用领域的需求，往往需要对它进行改性柱撑处理以提高它的使用性能，扩大应用领域。利用改性 magadiite 的层间域这一特殊的化学反应场所，实现对其结构和性能分子水平的设计和裁剪，提高 magadiite 的热稳定性，增大其孔径大小和比表面积等。可将其作为吸附剂、漂白剂、离子交换剂、催化剂和催化剂载体应用于催化[1~3]、吸附[4~8]等领域。

  magadiite 的层板是一种带孔的结构，其层板结构处于黏土和沸石的骨架之间，单层板厚度约 1.12 nm，由一个或者多个硅氧四面体构成，其内外表面有很多硅羟基(Si—OH)，层板带有负电荷，并通过层间的钠离子和氢离子等阳离子来平衡电荷[9]。作为一种阳离子型层状硅酸盐，它的层间域具有可交换阳离子，具有一定离子交换容量，且有大的比表面积，层板间有一定的层间距，具有膨胀性，可以引入有机分子或无机分子对 magadiite 进行插层组装改性。

  水合硅酸钠盐 magadiite 通过水热合成的方法可以较容易地在实验室制得。其层板仅由硅氧四面体组成，组成单一，不含有容易水解的铝，因而具有较好的耐酸性和热稳定性，可作为良好的催化剂载体。magadiite 具有较高的离子交换能(100mmol/100g)，远远大于蒙脱土等传统主体的阳离子交换量，因此水和钠离子可以被质子、其他阳离子或大的季铵盐阳离子取代。magadiite 层状结构规整，具有较好的膨胀性，其层间硅羟基可以和有机硅烷化试剂的功能基团以共价键方式键合发生接枝反应。magadiite 的这些性质都为其作为主体材料制备改性黏土提供了可能性。

  水合硅酸钠盐 magadiite 中的钠离子容易被质子交换形成 H-magadiite，其表面会存在大量硅羟基，这些硅羟基可以和大量的有机化合物的功能基团以共价键方式键合形成插层配合物以对 magadiite 进行有机柱撑，这些插层配合物也可以作为前驱体，引入其他有机/无机离子进而制备无机柱撑 magadiite 材料。

  对 magadiite 进行改性大概可分为四大类：有机酯化改性、烷基一元胺改性、季铵盐和季磷盐改性、硅烷改性以及其他改性。醇类和层状硅酸盐 magadiite 的硅醇基团反应发生酯化反应，从而达到对 magadiite 改性的目的，有的醇类(如甲醇)能直接插层硅酸盐的层间，而有的醇类(如丁醇)则不能直接插层，要通过有机铵盐插层，使层间距增大后，插层反应才能进行。烷基铵离子可通过离子交换进入magadiite 的片层，片层表面被烷基长碳链覆盖，从而使其表面由亲水性变为亲油性，增加了 magadiite 与有机相的亲和性。同时较长的烷基分子链在片层以一定的方式排列，可使层间距增加，有利于聚合单体或大分子插层到片层中。当然，也可不直接用长链季铵盐，而用长链或短链脂肪胺对 magadiite 进行改性。烷基铵盐还可与其他成分配合成为多组分的改性剂。在适当的条件下偶联剂利用其表面的有机官能团可在 magadiite 表面进行化学吸附或化学反应，覆盖于粒子的表面，以增加其润湿性，进行改性，常用的偶联剂为硅烷偶联剂。无机物分子由于其自身体积较小，在一定条件下通过与层状硅酸盐 magadiite 发生相互作用，可插层 magadiite，形成具有更优良的物理和化学特性的新型硅酸盐材料。

4.2　酯化改性麦羟硅钠石

许多的有机物被用来改性层状硅酸盐，如有的有机物是通过离子交换插入层间，有的是极性有机分子吸附于层间达到插层的目的，还有的是形成有机派生物。通过醇类对硅醇基团进行酯化是另外一种改变硅酸盐材料性能的方法。

甲醇、含重氢的甲醇和乙醇酯化改性质子化的 magadiite：把酯化混合物在各自醇类的沸点下与 H-magadiite 回流反应 48 h，得到的产物离心分离，低压下 390K 干燥得到酯化衍生物(改性的 magadiite)。丁醇、戊醇、己醇、辛醇、壬醇和 2 - 甲基 - 2 - 丙醇酯化改性 magadiite 时，H-magadiite/N - 甲基甲酰胺(NMF)在不同醇类的沸点下回流反应 48 h，对产物进行离心分离，用己醇洗涤之后在 390K 干燥，得到酯化衍生物。十四醇和十六醇酯化改性 magadiite 时，把醇溶于苯中和 H-magadiite/NMF 回流反应 48 h，得到酯化衍生物。之后用 X 射线衍射、核磁共振图谱(NMR)和红外光谱对产物结构进行分析。Mitamura 等[10]对酯化改性质子化 magadiite 进行了 XRD 和核磁共振图谱分析。与质子化的 magadiite (H-magadiite)相比，用甲醇、丁醇处理过的 H-magadiite 的层间距上升至 1.35 nm、1.40 nm，在 ^{13}C HD/MAS NMR 图谱中有两个甲氧基团的碳原子的特征峰，分别为 52.5×10^{-6} 和 49.6×10^{-6}，两个信号峰的强度分别为 55% 和 45%。在 CP(交叉极化)图谱中，两信号峰变为 52.7×10^{-6} 和 50.2×10^{-6}，强度分别为 73% 和 27%。比起在 50×10^{-6} 处，甲氧基团在 53×10^{-6} 处有更好的 CP 效率，信号峰为 53×10^{-6} 的甲氧基团与 H-magadiite 有更强的相互作用，因此其流动性比较大，但其精确的结构仍然未知。

丁醇不是直接地插入到 H-magadiite 中，它是用 H-magadiite/NMF 作为中间物，然后再插入丁醇。丁醇处理过的 H-magadiite 的层间距为 1.40nm，比 H-magadiite 的要大，但比 H-magadiite/NMF(1.63nm) 的要小。

丁氧基团的[13]C 自旋 - 晶格弛豫时间(T_1)如表 4 - 1 所示，在 295K 时，离氧原子最近的碳原子的 T_1 值为 1.1s，离氧原子越远，碳原子的 T_1 值越大，温度升高，T_1 值也逐渐增加。

表 4 - 1　丁醇处理过的 H-magadiite 的[13]C 自旋 - 晶格松弛时间[10]

Temperature/K	T_1/s			
	α	β	γ	δ
295	1.1	2.0	2.4	2.7
315	1.8	2.6	2.7	3.3
335	2.0	3.2	3.8	4.2
345	2.6	4.0	4.8	5.2

丁醇处理过的 H-magadiite 的化学组成式为 $(C_4H_9)_{1.0}H_3Si_{14}O_{30}\cdot 0.31NMF$。丁醇处理过的 H-magadiite 其结构未被破坏，能很好地分散在甲苯中，而 H-magadiite 则不能。如图 4 - 1 所示，酯化后的 H-magadiite 能稳定地分散于有机溶剂如甲苯中，并且能在玻璃基底上涂覆形成透明的薄膜(图 4 - 1c)。

(a)丁醇处理过的H-magadiite分散于甲苯中

(b)H-magadiite分散于甲苯中

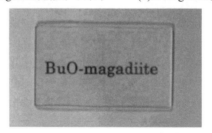
(c)丁醇处理过的H-magadiite涂覆成膜

图 4 - 1　酯化前后的 H-magadiite 分散于甲苯中的图片[10]

表 4 - 2 为不同脂肪族醇类酯化改性 H-magadiite 后的层间距，层间距并不随着脂肪族醇类链长的增加而增加，说明烷基链插层并不全是垂直插入。

表 4 - 2　不同脂肪族醇类酯化改性质子化 magadiite 后的层间距[10]

Alcohols	Basal spacing/nm	Amount of alkoxyl groups per $Si_{14}O_{30}$/mol
CH_3OH	1.35	0.30
CH_3CH_2OH	1.39	0.93
$CH_3(CH_2)_3OH$	1.40	0.96
$CH_3(CH_2)_4OH$	1.38	0.85
$CH_3(CH_2)_5OH$	1.37	0.40
$CH_3(CH_2)_7OH$	1.39	0.41
$CH_3(CH_2)_8OH$	1.37	0.27
$CH_3(CH_2)_{13}OH$	1.38	0.22
$CH_3(CH_2)_{15}OH$	1.38	0.20
$(CH_2)_3COH$	1.55	0.66

4.3　烷基胺改性麦羟硅钠石

在水溶液中，结晶 Na-magadiite 层间具有吸附极性有机分子的能力，并且呈现出一些较好的性能，有机胺插层层状 magadiite 材料制备有序的无机/有机纳米结构组装材料是对 magadiite 进行改性的一个有效的方法。Petruceli[11]等用不同链长的烷基一元胺插层改性 magadiite，脂肪族正氨基烷基链(烷基链长为碳原子数，2～7个)插层 magadiite 时是在(298 ±1) K 恒温水浴中进行，每种不同的胺溶解于水中形成溶液，再与 H-magadiite 混合搅拌，得到不同链长插层的产物。

用 XRD 图谱和红外光谱图对改性后产物的结构进行分析，乙基、丙基、丁基、戊基、己基和庚基胺烷基一元胺插入 magadiite，使层间距分别增加至 1.36nm、1.38nm、1.39nm、1.41nm、1.43nm 和 1.47nm。插层后的层间距 d 取决于插层胺的长度，该行为与水合碳链的碳原子数目(n_C)有关，可参考公式 $d = [(1312 \pm 11) + (21 \pm 2)]n_C$。以乙胺为例，当乙胺浓度增加，插入硅酸盐层间的乙胺的量增加，但到达一定浓度时，插层量不再增加，随着碳链长度的增加，插入层间的胺的量减少。

4.4　季铵盐改性麦羟硅钠石

水合硅酸钠盐 magadiite 层板带有负电荷，层间为钠离子和水分子，具有较高的离子交换能力，层板之间具有可膨胀性，可以很容易地使得大分子有机铵盐等表面活性剂通过离子交换反应进入层间，进而形成有机铵支撑的 magadiite。magadiite

经季铵盐($R_4N^+X^-$)改性后，季铵盐阳离子(R_4N^+)的 N 端通过静电作用与带负电的层板作用，相应的烷基链在层间相互堆积在一起形成有机相。季铵盐的引入不仅使硅酸盐层间域增加，也明显提高了黏土表面的疏水性，提高了 magadiite 的有机亲和性，进而达到有效吸附疏水型有机污染物的目的。

　　Shuge 等[12]成功将四甲基铵离子(TMA)、四乙基铵离子(TEA)、四丙基铵离子(TPA)和四丁基铵离子(TBA)插入到质子化的 magadiite 中，使其热稳定性得到提高。通过改性硅酸盐，得到 TPA-magadiite 与 TBA-magadiite 稳定的纳米溶胶。剥离的粒子组成 2～4 层 magadiite 结构，剥离型 magadiite 结构得以维持。这些稳定和亲水的四烷基铵离子(TAA)为插层硅酸盐提供了活性中间体用于固定各种极性官能分子，如光活性物质、在有局限性环境当中的酶和蛋白质等。Kooli 等[13~14]不仅将 TMA 成功插层 magadiite，还将插层后的产物置于一定高温下加热煅烧，形成一种新型的层状硅酸盐，并且有微孔的形成，为三维网状结构，热稳定性大大提高，与质子化的 magadiite 相比，其表面积增加了十多倍。长链烷基铵如十六烷基三甲基铵[15~16]的碱性溶液、溴化物和氯化物插层 magadiite 后，使硅酸盐的层间距增加，有利于其他改性剂对硅酸盐进行改性，得到复合改性的硅酸盐产物。陈萌[16]用烷基季铵盐插层进行对比，成功地用两种不同链长的烷基季镤盐插层 magadiite。下面对短链季铵盐、长链季铵盐和季镤盐分别进行介绍。

4.4.1　短链季铵盐改性

　　制备短链季铵盐插层 magadiite，包括 TMA、TEA、TPA 和 TBA 分别插层改性 magadiite。将 H-magadiite 分散于水中，加入不同物质的量的 TAAOH(四烷基铵离子氢氧化物)[n(TAAOH)：n(H^+) = 1：4，1：2，1：1，2：1)]，搅拌混合均匀，通过离心分离和过滤得到沉淀物，用去离子水洗涤后，于室温下干燥，则可得到产物 TMA-magadiite，TEA-magadiite，TPA-magadiite，TBA-magadiite。图 4 - 2 是插层产物的 XRD 图谱。不同量的 TMA 插层 magadiite 可以得到不同插层结构的复合物，插层之后，可得到二维的 magadiite 层状结构。n(TMAOH)/n(H^+)的比例为 1：4 时，层间距为 1.62 nm，随着物质的量之比增加，层间距逐渐向 1.93 nm 靠近，当物质的量之比到达 1：1 时，1.62 nm 的层间距完全消失，之后不管物质的量之比有多大，层间距都保持 1.93 nm 不变。在 TPA-magadiite 和 TBA-magadiite 中，也生成不同的插层结构。TPA 插层 magadiite，随着 TPAOH 含量的增加，其层间距为 1.69、2.37、2.48nm(图 4 - 2c)，而 TBA 插层的层间距分别为 1.87、2.54、2.80 nm (图 4 - 2d)。TEA 插层 magadiite 只形成了层间距为 1.59nm 的结构(图 4 - 2b)，与 TEAOH 的含量无关，其基底反射要低于其他三种 TAA 插层产物。

　　用红外光谱对 TMA-magadiite 和 TEA-magadiite 进行详细研究，以确定插入的量和填充密度。发现插层 TEA 的量比 TMA 的要少得多，即使 TEAOH 的增加量上升，插层 TEA 的量还是几乎不变。

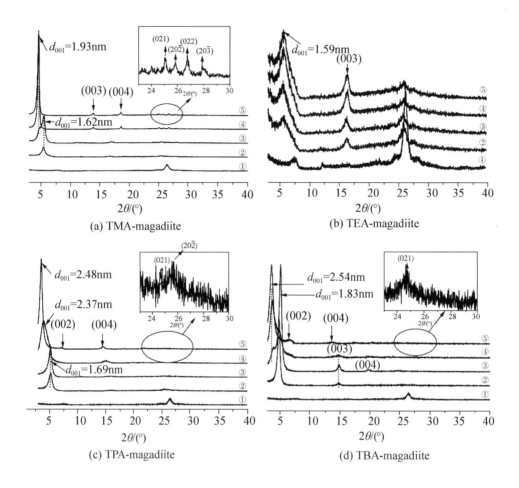

图 4-2 不同样品的 XRD 图[12]

注：①H-magadiite，②$n(TAA):n(H^+)=1:4$，③$n(TAA):n(H^+)=1:2$，

④$n(TAA):n(H^+)=1:1$，⑤$n(TAA):n(H^+)=2:1$

烷基链的长度会影响热稳定性。比起其他三种季铵盐插层产物，TEA-magadiite 具有更好的热稳定性，这种性质类似于氧化锰。对产物加热至 100℃，TEA-magadiite 的结构没有改变；TPA-magadiite 的结构只在 $n(TPA):n(H^+)=1:1$ 时改变了，在 100℃ 下，层间距由 2.37 nm 下降到 1.94 nm；TBA-magadiite 在 $n(TBA):n(H^+)$ 为 1:4 和 4:1 时出现了 1.74nm 和 2.29nm 的层间距；而对于 TMA-magadiite，随着温度的升高，层间距减少到 1.42 nm。从 TG 曲线图（图 4-3）可证实，低于 200℃ 的质量损失归因于表面和层间水的脱附，开始于约 300℃ 的急剧的质量损失是由于中间层的 TMA 和 TEA 离子的分解。对于 TMA-magadiite，随着 TMAOH 的逐渐增加，质量损失逐渐增加。

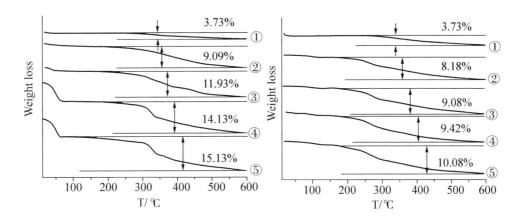

图 4 - 3　TMA-magadiite 和 TEA-magadiite 的 TG 曲线[12]

注：① H-magadiite，② $n(TAA):n(H^+)=1:4$，③ $n(TAA):n(H^+)=1:2$，
④ $n(TAA):n(H^+)=1:1$，⑤ $n(TAA):n(H^+)=2:1$。

随着 TMAOH 的量的增加，插层的 TMA 的量增加，但对于 TEA 几乎没有变化。TMA 和 TEA 的插层理论计算值是 96.3% 和 45.0%，两者之间插层量的明显差异是由于 TAA 的极性和大小不一。通过对插层 TMA 和 TEA 的量进行 CHN 分析和 TG 曲线分析，可得 TMA-magadiite 和 TEA-magadiite 的化学式相关数据，见表 4 - 3。

表 4 - 3　TMA-magadiite 和 TEA-magadiite 的化学式相关数据[12]

$n(TMA):n(H^+)$	Molar amount per 100g			$H_{(2-x)}TMA_x Si_{14}O_{29}$
	TMA[a]	H_2O[b]	$14SiO_2$[a,b]	
1:4	0.07	0.09	0.22	$x=0.62$
1:2	0.12	0.14	0.22	1.11
1:1	0.17	0.43	0.20	1.70
2:1	0.18	0.41	0.20	1.82
$n(TEA):n(H^+)$	Molar amount per 100g			$H_{(2-x)}TEA_x Si_{14}O_{29}$
	TEA[a]	H_2O[b]	$14SiO_2$[a,b]	
1:4	0.04	0.04	0.22	$x=0.40$
1:2	0.05	0.05	0.22	0.45
1:1	0.05	0.05	0.22	0.46
2:1	0.06	0.07	0.22	0.54

注：[a] 根据 TG 曲线分析得出；[b] 根据 CHN 分析得出。

　　TAA-magadiite 在室温和其他温度下的所有层间距如图 4 - 4 所示，有单层和双层两种结构，但只有少数的层间距达到单层或双层值，有机分子是插入了硅酸盐层的氧原子之间。

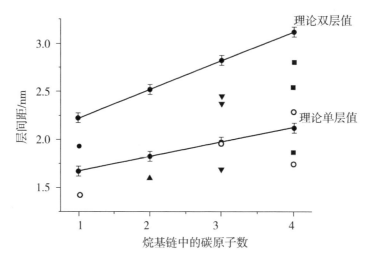

图 4 - 4　TAA 不同碳原子数量对层间距的影响[12]

注：● 表示 TMA-magadiite；▲ 表示 TEA-magadiite；▼ 表示 TPA-magadiite；

■ 表示 TBA-magadiite；○ 表示温度为 60℃ 或 100℃。

　　TAA 在 magadiite 片层间的插层情况，其结构模型如图 4 - 5 所示。TMA-magadiite 的层间距（减去脱水的 H-magadiite 的 1.12 nm 的层间距）分别为 0.3、0.5 和 0.81nm 时相对应的模型分别为 A、B 和 D。TEA-magadiite 的层间距维持在 0.47nm，它不随 TEA 的加入量或温度的变化而变化，TEA-magadiite 是最为稳定的插层结构。对于 TPA-magadiite，模型 A、B 和 D 分别对应于 0.57、0.82 和 1.36nm 的层间距。TBA-magadiite 的层间距为 0.75 、0.62nm 时可以由模型 A 解释，层间距为 1.17、1.42 和 1.68nm 时可以分别由模型 B、C 和 D 解释。

　　TMA-magadiite 和 TEA-magadiite 的颗粒大，在溶剂中很快就沉降下来，而 TPA-magadiite 与 TBA-magadiite 则可形成溶胶。TPA（TBA）和 magadiite 的物质的量之比越大，则形成的溶胶越稳定。当 TBA 与 magadiite 的物质的量之比大于等于 2，TPA 与 magadiite 的物质的量之比大于等于 1 时，则可以得到透明并稳定的溶胶。插层后的形态，用扫描电镜观察如图 4 - 6 所示，图 4 - 6a 是 Na-magadiite 粒子松散堆积的硅酸盐层，相比之下 H-magadiite 颗粒的尺寸更小（图 4 - 6b）。而相比 H-magadiite，TEA-magadiite 具有 1.5 μm 的小尺寸分散片晶（图 4 - 6c），而 TBA-magadiite 仅有 10 ～ 100 nm 的纳米尺寸片晶（图 4 - 6d）。

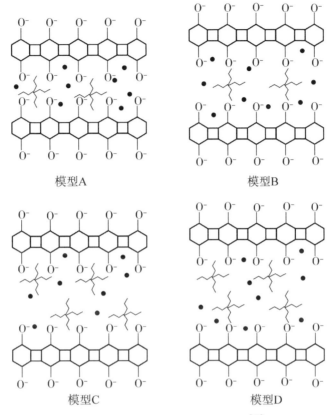

模型A 模型B

模型C 模型D

图 4 - 5 TAA-magadiite 的结构模型图[12]

图 4 - 6 样品的扫描电镜图[12]

　　TBA-magadiite 交叉薄片的高分辨率透射电镜（HRTEM）图像如图 4 - 7a 所示，黑线和亮线条纹周期性地排成一条直线，离散亮线表示客层，亮线代表主层结构，由图像可知，约 1.2 nm 的层厚度是接近 magadiite 的无机层，2.6 nm 的值对应于 TBA-magadiite 层间距。图 4 - 7b 中剥离的 magadiite 的电子衍射（ED）型态呈现单晶衍射，从 ED 图形计算得片材的参数为 $a = b = 0.717$ nm，$\gamma = 90°$，接近 magadiite 模型的理论值[17]。magadiite 的剥离颗粒的结构被保留，且被剥离成很小的颗粒，纳米 magadiite 的形成是烷基链的长度和 TAA 的添加量共同决定的。随着烷基链长度和 TAA 的量的增加，更多的 TAA 插入到层间，形成双层结构。插层 TAA 的排斥，TAA 之间微弱的范德华力，促进了剥离。

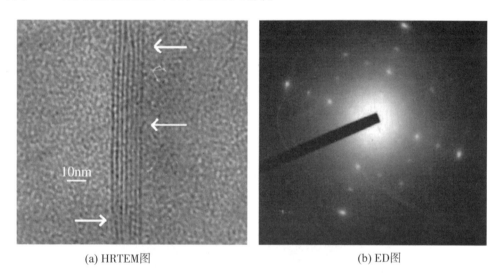

(a) HRTEM图　　　　　　　　　　　　　　(b) ED图

图 4 - 7　TBA-magadiite 凝胶 [n(TBA)/n(H$^+$) = 1] 的 HRTEM 图和 ED 图[12]

　　Kooli 等[14] 直接用 TMA 对 magadiite 进行改性，合成新的层状硅酸盐。把质子化的 magadiite 悬浮于 TMAOH 溶液当中，混合物置于有聚四氟乙烯内衬的反应釜中，150℃ 环境下反应 5 天，把得到的产物离心分离，用丙酮洗涤，在 40℃ 下干燥一整夜，得到新型层状硅酸盐 A。该物质具有多微孔的三维结构，可稳定至 900℃。在 250℃ 加热 10 h，与没有被插层改性的 magadiite 相比，没有变化，在 300℃ 以上，新型层状硅酸盐 A 完全转变成了另一种相（B），随着温度上升到 500℃，B 相的结晶度增加，稳定性可达到 900℃，在该温度下有一个无定形相形成。在煅烧期间，A 的层间距从 1.02 nm 下降到了 0.9 nm，这与 TMA 的移除、Si—OH 凝结和硅醇基团丢失有关。TMA 的稳定性也提高了，TMA 本身的分解温度范围为 260 ~ 400 ℃，而插层后有机阳离子的分解温度发生在 290 ~ 600 ℃，这是因为 B 的网状结构使得该离子热稳定性提高。新型层状硅酸盐在不同温度下煅烧后的 XRD 图谱如图 4-8 所示。

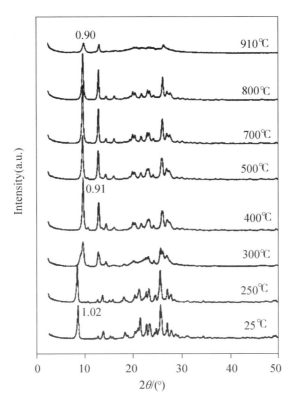

图 4-8　新型层状硅酸盐在不同温度下煅烧后的 X 射线（CuKα）衍射图谱[14]

在 150℃下反应 5 天制得的 A 的 ^{29}Si MAS NMR 图谱如图 4-9 所示，它在
-99.9×10^{-6} 和 -111.6×10^{-6} 处有两个信号峰，分别是 Q^3 和 Q^4 不同类型硅的信
号峰，比例为 $Q^4/Q^3 = 2.57$，Q^3 是由于结构的缺陷所致，是为了平衡 TMA 电荷。
新型硅酸盐层状结构是由［SiO₃—OH］和［SiO₄］四面体构成的。

A 在 500℃下煅烧后其结构中孔的大小不一，在高于 400℃煅烧后的所有材料
的孔直径为 0.88 nm 或 1.56 nm，A 在 800℃煅烧后的孔的尺寸变得更大了，TMA
的尺寸大小为 0.78 nm，平均孔径为 0.88 nm，TMA 插入了 magadiite 中，并起着填
充孔的作用。煅烧后孔的尺寸变化如图 4-10 所示。

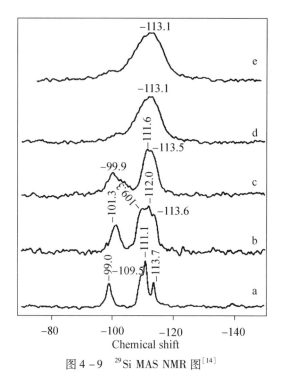

图 4 - 9　^{29}Si MAS NMR 图[14]

注：（a）Na-magadiite；（b）H - magadiite；（c）在 150℃反应 5 天的新型层状硅酸盐 A；

　　曲线 d 和 e 分别对应经（c）条件后分别置于 500℃和 700℃煅烧后的产物。

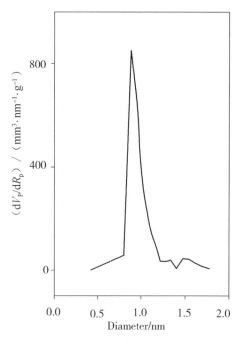

图 4 - 10　新型层状硅酸盐在 500℃下煅烧后孔的尺寸变化[14]

新型层状硅酸盐在300℃变成 B 相后,煅烧温度增加至800℃,材料都有相似的等温曲线,与微孔沸石材料的等温线相似,B 相加热到900℃以上,其等温线与上述等温线完全不同,它与纳米多孔材料的性能相似。图4-11是新型硅酸盐在不同煅烧温度下的吸附-解吸附等温线。

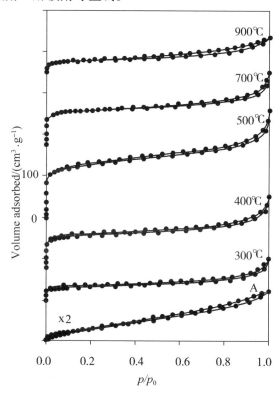

图4-11　新型层状硅酸盐 A 在不同温度下煅烧后的氮气吸附-解吸附等温曲线[14]

新型层状硅酸盐在不同温度下煅烧后的比表面积和孔体积由 BET 公式计算出来,相关数据见表4-4。A 在400~800℃煅烧后的比表面积和孔体积要大于未煅烧前的,虽然在900℃以上煅烧后的比表面积和孔体积减小了。比表面积的增大与 TMA 的消除有关,因为它堵塞了孔。比表面积的减小是由于 A 的结构的塌陷,并形成了无定形相。A 煅烧到500℃时比表面积和孔体积达到最大,此时 TMA 全部移除。

表4-4　新型层状硅酸盐 A 在不同温度下煅烧后用 BET 公式计算出的比表面积及孔体积[14]

Sample	$S_{BET}/(m^2 \cdot g^{-1})$	C_{BET}	Corrcoef	Pore vol/[mL(液氮)·g^{-1}]
H-magadiite	40	137	0.99998	——
A	90	128	0.99985	0.141
A(300℃)	120	-316	0.99946	0.114

续表 4 - 4

Sample	$S_{BET}/(m^2 \cdot g^{-1})$	C_{BET}	Corrcoef	Pore vol/[mL(液氮)$\cdot g^{-1}$]
A(400℃)	306	-189	0.99939	0.212
A(500℃)	436	-180	0.99968	0.317
A(700℃)	307	-106	0.99955	0.205
A(800℃)	270	-134	0.99958	0.181
A(900℃)	95	282	0.99988	0.115

　　C_{BET} 系数有负值,说明不能很好地反映产物的比表面积和孔体积。把系数修正后得到新型层状硅酸盐煅烧后的微孔体积和外比表面积如表 4 - 5 所示。C_{BET} 的负值得到修正,在微孔体积急剧下降之前,微孔体积与煅烧温度成正比。第一阶段微孔体积增加是因为 TMA 逐渐移除,后面微孔体积减小是因为微孔的塌陷和无定形相的形成。

表 4 - 5　C_{BET} 系数修正后 A 在不同温度下煅烧后用 BET 公式计算出的外比表面积及微孔体积[14]

Sample	External $S_{BET}/(m^2 \cdot g^{-1})$	C_{BET}	Micropore vol/[mL(氮气)$\cdot g^{-1}$]	micropore surface area(/$m^2 \cdot g^{-1}$)
H-magadiite	40	137	—	—
A	90	128	—	—
A(300℃)	56(63)	82	0.026	74(44)
A(400℃)	77(96)	48	0.094	270(171)
A(500℃)	170(206)	45	0.127	356(215)
A(700℃)	75(101)	33	0.098	274(165)
A(800℃)	78(91)	37	0.096	270(144)
A(900℃)	95(89)	82	—	—

注:外比表面积和微孔表面积括号中的数值采用 t-plot 法分析得到。

4.4.2　长链季铵盐改性

　　长链的烷基铵盐阳离子可以通过离子交换进入到 magadiite 层间,片层表面被有机长链所覆盖而从亲水性转变为亲油性,由此提高了 magadiite 与有机相的亲和性。在酸性条件下,有机分子不易于插入 magadiite 的层间。C16TMA(十六烷基三甲基铵离子)在相同条件下的不同溶剂中改性层状硅酸盐的量不同(C16TMAOH > C16TMABr > C16TMACl),不同溶液与 magadiite 之间的相互作用方式也不一样 C16TMABr 和 C16TMACl 溶液改性 magadiite 时,C16TMA 吸附于硅酸盐表面,而在 C16TMAOH 溶液中,吸附通过阳离子交换反应发生在层间。因此 C16TMA 表面活性剂改性 magadiite 一般都在碱性条件下进行,即用 C16TMAOH 对其进行改性。把不同量的 C16TMAOH 加入到去离子水中，然后把 Na-magadiite 或 H-magadiite 悬浮于该溶液中，在室温下搅拌一个晚上，得到的产物过滤，用去离子水洗涤，室温下干燥，得到 C16TMA-magadiite。

magadiite 的层间距为 1.54nm，当用 0.41mmol 的 C16TMAOH 改性 magadiite 时，其 XRD 图谱出现两个衍射峰，分别为 3.02nm 和 1.54nm，随着 C16TMAOH 浓度的增加(0.82～2.94mmol/g)，层间距增加至 3.10nm。质子化的 magadiite 的层间距为 1.21nm。C16TMA 以氢氧化物或溴化物形式插层有相近的层间距，插层表面活性剂有相似的插层方式。质子化 magadiite 的层厚是 1.12nm，C16TMA 的链长完全伸直时为 2.2nm[18]，C16TMA 插层表面活性剂以单层形式插入，所有的反式烷烃链插入硅酸盐层间的角度为 65°。图 4-12 为不同浓度 C16TMAOH 改性magadiite 后产物的 XRD 图谱。

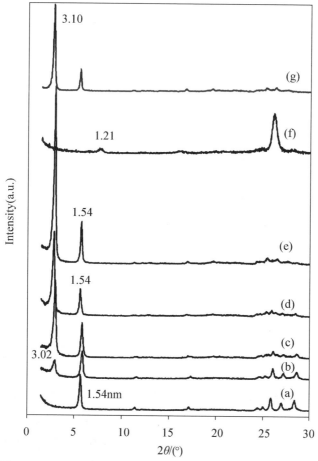

图 4-12　不同浓度 C16TMA 改性 magadiite 后产物的 XRD 图[15]

注：曲线 a～e 对应 C16TMA 浓度为(a)0 mmol/g，(b)0.14 mmol/g，(c)0.82 mmol/g，
(d)1.84 mmol/g，(e)2.87mmol/g；(f)H-magadiite；(g)与 C16TMA(2.87 mmol/g)反应后的 H-magadiite。

在同样的初始载荷下，表面活性剂的氢氧化物的含量要高于表面活性剂溴化物的含量，表面活性剂改性质子化的 magadiite 可提高活性剂的插入量而不增加其层间距。C16TMA 插层 magadiite 的 C、N、H 元素分析结果如表 4-6 所示。

表 4-6　不同浓度 C16TMA 插层 magadiite 和质子化 magadiite 的 C、N、H 元素分析[15]

Initial concentration	$w(C)/\%$	$w(N)/\%$	$w(H)/\%$	Weight loss [a]/%	Intercalated/(mmol·g^{-1})
0.41 mmol/g [b]	9.91	0.26	2.73	12.30	0.39
0.82 mmol/g [b]	19.71	1.24	4.55	24.41	0.78
1.84 mmol/g [b]	25.42	1.60	5.24	32.31	1.10
2.87 mmol/g [b]	26.43	1.66	5.55	33.21	1.12
9.63 mmol/g [b]	26.80	1.72	5.87	34.36	1.13
0.42 mmol/g [c]	8.82	0.21	2.78	11.24	0.38
0.84 mmol/g [c]	15.40	0.73	3.80	18.54	0.67
1.23 mmol/g [c]	22.19	1.11	4.82	26.57	0.96
2.86 mmol/g [c]	23.37	1.53	5.02	29.61	1.02
9.61 mmol/g [c]	23.62	1.57	5.12	29.85	1.03
2.87 mmol/g [d]	26.81	1.71	5.64	32.54	1.16
3.65 mmol/g [d]	28.90	1.80	5.78	33.34	1.25

注：[a] 采用 TG 测试方法测得，包括水解失重 1.21%；

　　[b] C16TMAOH 溶液；

　　[c] C16TMABr 溶液；

　　[d] 使用 H-magadiite 的 C16TMAOH 溶液。

层间距的增加会破坏 magadiite 的原始形貌，Na-magadiite 的形貌为球形的玫瑰花，用 C16TMA 完全插层后，该形貌消失了。当只是局部插层或是插层质子化的 magadiite 时，该球形的玫瑰花形貌又重新出现。如图 4-13 所示。

在晶相中，碳氢链以反式构象为主，其内部的亚甲基的信号峰出现于 32.5×10^{-6} 处，但脂肪族链很少有的无序顺式构象出现在 30×10^{-6} 处，典型的脂肪族链在 32.8×10^{-6} 处有一个强烈的信号峰，C16TMA-magadiite 和它有相似的信号峰（图 4-14），并且该反式构象非常均一，不同于其他有机-无机杂化物。表面活性剂的构象与 magadiite 的结构无关，它取决于它本身插入的量。

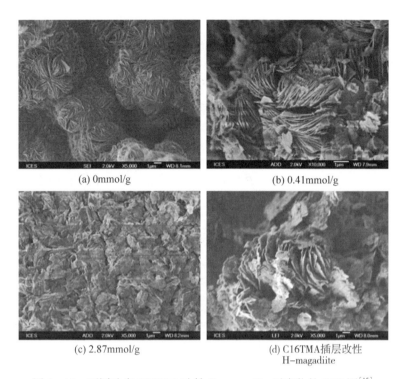

(a) 0mmol/g

(b) 0.41mmol/g

(c) 2.87mmol/g

(d) C16TMA插层改性
H-magadiite

图 4 – 13　不同浓度 C16TMA 改性 Na-magadiite 后产物的 SEM 图[15]

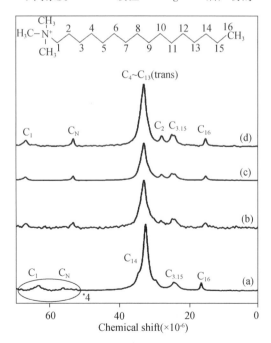

图 4 – 14　不同浓度的 C16TMA 插层 Na-magadiite 的 ^{13}C CP/MAS NMR 图谱[15]

注：（a）纯的 C16TMABr，（b）0.14mmol/g，（c）2.87mmol/g，（d）C16TMA 插层 H-magadiite。

　　Na-magadiite 在 100℃下有质量丢失，这是因为物理吸附的水的脱除，在 100～180℃的质量损失是层间水分子的移除，300℃以上水分的丢失是层间结构脱羟基作用[19]。因为表面活性剂的移除，C16TMA 插层 magadiite 后，在 150～400℃有额外的质量损失，400℃以上的质量损失与未完全燃烧 C16TMA 的碳遗留物的氧化以及脱羟基有关(图 4－15)。当表面活性剂插层 magadiite，表面活性剂的整体稳定性下降。

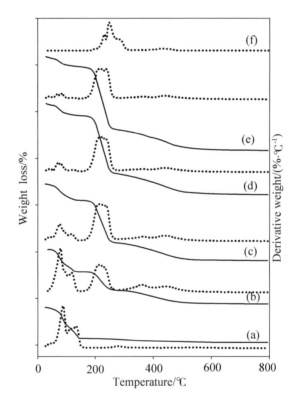

图 4－15　magadiite 与不同浓度的 C16TMA 反应后的 TG(实线)和 DTG(虚线)曲线图[15]
注：曲线 a～e 对应的浓度分别为 0，0.14，0.82，1.84，2.87mmol/g；f 为纯的 C16TMABr 的 DTG 曲线。

4.5　季鏻盐改性麦羟硅钠石

　　季鏻盐与季铵盐有类似的结构，用季鏻盐改性 magadiite 是又一改性 magadiite 的有效方式。长链烷基季鏻盐有机阳离子通过离子交换反应进入 magadiite 片层，片层表面被有机离子上的烷基长链覆盖从而使其表面由亲水性变成亲油性，增加了 magadiite 与高分子的亲和性，同时烷基长链在片层以一定方式排列，使层间距增加，有利于聚合物单体或大分子插层到片层中。

笔者将一定质量的 magadiite、两种不同结构的有机改性剂(十四烷基三丁基溴化鏻、十六烷基三苯基溴化鏻)和去离子水加入到 500mL 的烧杯中,将烧杯置于磁力搅拌水浴锅中,在一定温度下搅拌若干小时,待反应结束后,将产物抽滤并用去离子水洗涤数次直至溶液中不存在溴离子为止,将得到的滤饼在 80℃下干燥 6 h,研磨后即得到改性后的 magadiite。

两种有机改性剂改性后的 magadiite 在 $2\theta = 5.809°$ 处的特征峰均向小角度方向偏移,有机改性剂都插入到 magadiite 的层间,有机分子的体积效应将 magadiite 片层撑开,进而使 magadiite 的层间距变大。其中,十四烷基三丁基溴化鏻改性的 magadiite 的层间距增大至 2.904 nm,十六烷基三苯基溴化鏻改性的 magadiite 的层间距增大至 3.166 nm。同时,十六烷基三苯基溴化鏻改性的 magadiite 的层间距比十四烷基三丁基溴化鏻改性的 magadiite 的层间距大。有机改性剂主链的长度是影响改性后 magadiite 的层间距的主要因素。图 4-16 为纯 magadiite 和两种有机改性剂改性后的 magadiite 的 XRD 图谱。

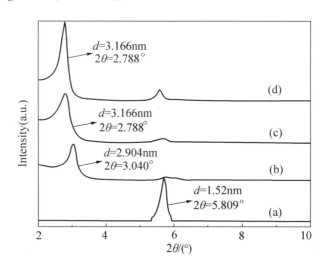

图 4-16 magadiite 和不同改性剂改性后的 magadiite 的 XRD 图谱[16]

注:(a)纯 magadiite,(b)十四烷基三丁基溴化鏻改性的 magadiite,
(c)十六烷基三苯基溴化鏻改性的 magadiite,(d)季铵盐改性的 magadiite。

图 4-17 为纯 magadiite 和有机改性剂改性后的 magadiite 的红外光谱图。与纯 magadiite 的红外图谱相比,有机改性剂改性后的 magadiite 的红外谱图中出现了两个新的吸收峰,分别是在 2928 cm^{-1} 和 2853 cm^{-1} 处出现的 C—H 键的对称和不对称吸收峰,这些峰的出现证明有机改性剂插层到了 magadiite 层间。

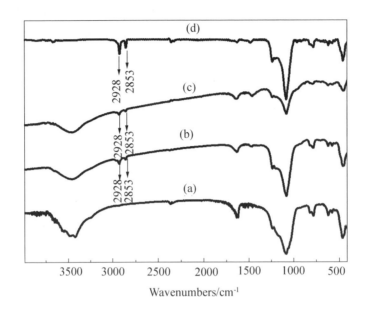

图4－17　magadiite 和不同改性剂改性的 magadiite 的红外光谱图[16]

注：(a)纯 magadiite，(b)十四烷基三丁基溴化磷改性的 magadiite，

(c)十六烷基三苯基溴化磷改性的 magadiite，(d)季铵盐改性的 magadiite。

图4－18 和图4－19 为有机改性剂改性后的 magadiite 的 SEM 图。有机改性后的 magadiite 形貌不再是纯 magadiite 的玫瑰花瓣状，但结构仍为层状结构。有机改性剂插入到了 magadiite 的层间，使 magadiite 类似玫瑰花瓣状的层空间被打开，但有机改性剂只是插入到 magadiite 层间，并未使 magadiite 的层状结构剥离。

图4－18　十四烷基三丁基溴化磷改性的 magadiite 的 SEM 图[16]

图 4 – 19　十六烷基三苯基溴化磷改性的 magadiite 的 SEM 图[16]

4.6　硅烷改性麦羟硅钠石

　　硅烷偶联剂在适当条件下能与 magadiite 表面进行化学吸附或化学反应，从而覆盖在粒子的表面，达到改性目的。有的硅烷偶联剂能够直接改性 magadiite，如 Kikuta 等[20]用传统的方法［四甲氧基硅烷直接改性 magadiite］制备了硅土凝胶材料。有的硅烷不能直接插层 magadiite，需要先对 magadiite 进行预处理，再用硅烷对其进行改性，称此为复合改性。复合改性可向 magadiite 层间引入多种物质，制备具有优异性能的新型硅酸盐材料。Matsuo 等[21]用［2 –（全氟己基）乙基］三氯硅烷（$C_8F_{13}H_4SiCl_3$，简称 C8FSi）、十六烷基三甲基溴化铵（C16TMABr）和 1 – 芘丁酸琥珀酰亚胺酯（PyBA-S）进行复合改性，制备了具有光滑表面的透明薄膜。有的硅烷偶联剂插层 magadiite，是先用烷基铵等插层剂进行插层，扩大层间距，再进行硅烷改性，Shindachi 等[22]用二芳基乙烯衍生物（DE）合成了 DE-magadiite 杂交物；Park 等[23]用十二烷基胺（DDA）对 magadiite 进行膨胀后，成功用辛基三乙氧基硅烷（OTES）对酸处理过的 magadiite 进行甲硅烷基化；Wang 等[24]先用 C16TMABr 插层 magadiite，再用 γ-氨丙基三乙氧基硅烷（APTS）对其进行烷基化改性，该反应形成的复合物，其层间形成了共价键，这不同于其他传统黏土的改性。还有其他的硅烷偶联剂如正硅酸乙酯[25]、三甲基氯硅烷[26]、紫罗碱[27]等，在插层剂插层 magadiite 使其层间距扩大后，再进行改性，得到的产物有不同的性能，可应用于相应的领域。

4.6.1　硅烷直接改性

Kikuta 等[20]首先对 magadiite 的表面进行修饰，将一定量的六甲基二硅氮烷（HMDS）与 magadiite 悬浮液混合在甲苯中回流反应 48 h。反应结束后，将反应产物过滤并用己烷洗涤，则得到修饰过后的 magadiite：HMDS – magadiite。该反应的原理图如图 4 – 20 所示。

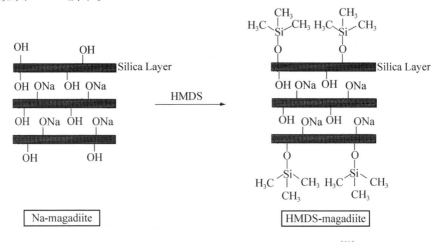

图 4 – 20　HMDS 化学修饰改性 magadiite 的原理图[20]

HMDS 修饰 magadiite 后，其层间距没有改变，HMDS 仅与 magadiite 表面的硅醇基团反应，而并没有插入层间，修饰后产物 HMDS – magadiite 的组成为：$Na_2Si_{14}O_{26}(OH)_{6-x} \cdot 6H_2O \cdot 0.13Si(CH_3)_3$。得到修饰后的 magadiite 可用十二烷基吡啶氯化物（LPyCl）对其进行有机修饰改性，原理如图 4 – 21 所示。

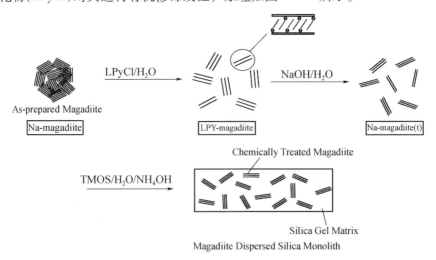

图 4 – 21　LPyCl 有机修饰改性 magadiite 的原理图[20]

两次修饰 magadiite 后，Kikuta 等[20] 又用该修饰过后的 magadiite 制备了硅土凝胶材料并对其进行了表征分析。将四甲氧基硅烷（TMOS）和 N，N－二甲基甲酰胺以及甲醇、氨的水溶液（pH＝9）混合，超声，然后边超声边加入改性过的 magadiite，继续超声，把悬浮液倒入聚四氟乙烯容器中，4 天后把容器放置在 50℃ 的烘箱中，反应 3 天，之后在真空下完全干燥，即得到产物。

LPy 插层入 magadiite 的层间，形态学有重大的改变。LPy 的插入打开了 magadiite 的层间距。用 SEM 表征改性的 magadiite 的形态，结果如图 4－22 所示。制备的 Na-magadiite 由具有宝石形状的层状结构的大团聚体组成（图 4－22a）；HMDS-magadiite 杂化物也有相似的球状形态（图 4－22b）；LPy-magadiite 的形貌像是小的层状结晶的堆积体（图 4－22c）。在插层过程当中，magadiite 的膨胀与层板分离是同时发生的。用氢氧化钠水溶液进一步处理 LPy-magadiite，可使 LPy 被钠离子所替代，但仍保持 magadiite 的层状形态（图 4－22d），可继续用来插层有功能基团的化合物。

(a) Na-magadiite

(b) HMDS-magadiite

(c) LPy-magadiite

(d) LPy-magadiite制得的Na-magadiite

图 4－22　改性 magadiite 的 SEM 图[20]

合成的 magadiite 粉末分散于硅土基体中制备 magadiite 硅土凝胶材料，一般最需要注意的是材料的开裂问题，图 4－23 显示的是用相同的制备流程合成的硅土凝胶材料。图 4－23a 显示的是在不存在 magadiite 的情况下，用相同的制备方法获得的透明硅胶整料，其直径为 17 mm，厚度为 3.5 mm，并且没有裂缝。而 magadiite

的杂化会使得其光学透明性逐渐下降。硅土材料和制备的 Na-magadiite 结合形成的材料是半透明的，因为较大颗粒的 magadiite 沉淀在整块材料的底部，如图 4 - 23b 所示。HMDS-magddiite 和 LPy-magadiite 整块材料的透明情况如图 4 - 23d 和图 4 - 23e 所示，尽管分子颗粒也均匀地分散在基体之中，但该材料是不透明的，该不透明性可能是在凝胶化过程中在硅土基体中产生的空气气泡而导致的。相对而言，由 LPy-magadiite 制得的 Na-magadiite 与硅土材料合成的硅土凝胶材料是比较透明的，如图 4 - 23c 所示。所得 magadiite 还有溶胀性质，这种新材料在光学器件的应用上大有前途。

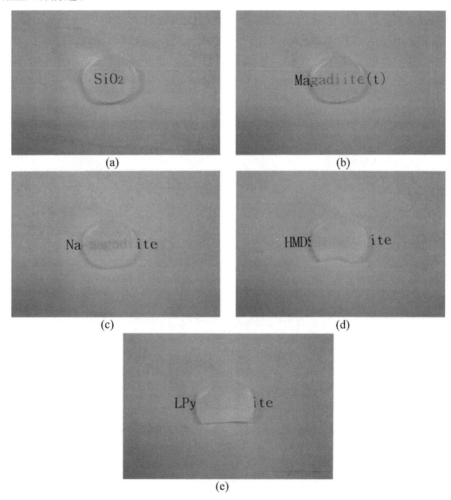

图 4 - 23　用相同的制备流程合成的硅土凝胶材料[20]

注：（a）纯的二氧化硅凝胶材料；（b）用 Na-magadiite 分散的杂化凝胶材料；（c）用 LPy-magadiite 制得的 Na-magadiite 分散的杂化凝胶材料；（d）用 HMDS-magadiite 分散的杂化凝胶材料；（e）用 LPy-magadiite 分散的杂化凝胶材料。

4.6.2 复合改性

1)C8FSi、C16TMA、APTES、PyBA-S 复合改性

Matsuo 等[21]对 magadiite 进行复合改性，先用 C16TMABr 改性 magadiite，之后再用 C8FSi 对 C16TMA-magadiite 进行甲硅烷基化：在甲苯中 60℃条件下反应 2 天得到 C8FSi-magadiite，其组成为(C8FSi)$_{2.3}$Si$_{14}$O$_{29}$。后又用正辛基三氯硅烷(C8Si)与 magadiite 复合得到 C8Si-magadiite(方法同以上)，其组成为(C8Si)$_{2.1}$Si$_{14}$O$_{29}$。加入己烷，研磨，直到己烷蒸发，得到的粉末物质在 60℃干燥，得到产物 C16-C8FSi-magadiite。C16-C8FSi-magadiite 分散于三氯甲烷和乙酸乙酯中，超声，把该溶液涂覆于石英基上，得到 C8FSi-magadiite 薄膜，把薄膜继续置于 3 - 氨丙基三乙氧基硅烷(APTES)的甲苯溶液中，反应后得到 APTES-C8FSi-magadiite，用丙酮洗涤数次。把 APTES-C8FSi-magadiite 浸于 PyBA-S 的二甲基甲酰胺(DMF)溶液中，在 60℃下反应 1 天，产物用丙酮洗涤数次，得到 PyBA-APTES-C8FSi-magadiite。通过不同的反应流程得到不同物质改性的 magadiite，反应流程如图 4 - 24。

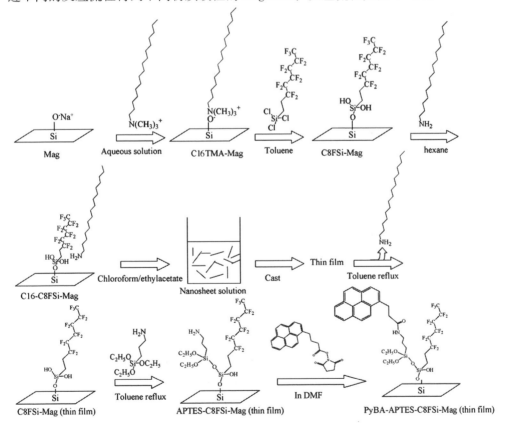

图 4 - 24 复合改性过程[21]

注：图中 Mag = magadiiite。

对产物进行 XRD 测试，结果如图 4-25 所示，钠离子与 C16TMA 烷基长链交换后，magadiite 原本在 $2\theta=5.6°$ 的峰值下降了。C16TMA-magadiite 与 C8FSi 反应后，衍射峰向高角度移动，在 $2\theta=3.3°$ 处形成了一个峰（曲线 b），较短的全氟烃基链 C8FSi 成功地插入，其层间距为 2.68 nm，C16 与 C8FSi-magadiite 粉末反应，其衍射峰出现在 $2\theta=1.96°$，$2\theta=3.92°$ 和 $2\theta=5.74°$ 处，C16 分子成功地插入并形成了 C16-C8FSi-magadiite，且其层间距为 4.5 nm。C16-C8FSi-magadiite 粉末能很好地分散在一些溶剂当中，形成透明的溶液。疏水的层状材料的折射指数与溶剂的折射指数相近时，其层状结构剥离成独立的片层，则该材料在溶剂中分散形成透明的溶液。C16-C8FSi-magadiite 的层板剥落，形成纳米片，它可以在不同的折射指数（从 1.37 到 1.47）的溶剂中形成透明的溶液。$2\theta=1.92°$ 和 $2\theta=2.28°$ 处两个峰是 C16-C8FSi-magadiite 涂覆薄膜的 XRD 谱峰（曲线 c）。较低角度的峰与 C16 晶体的相似，部分的 C16 附在样品的表面，C16-C8FSi-magadiite 的层间距稍微有所下降，为 3.9 nm。C16-C8FSi-magadiite 薄膜用甲苯处理过后，衍射峰转移到了 $2\theta=4.6°$ 处，C16 分子弱键从 magadiite 的层间移除，只留下 C8FSi 共价键，因此这个比最初的 C8FSi-magadiite 的衍射峰要小。

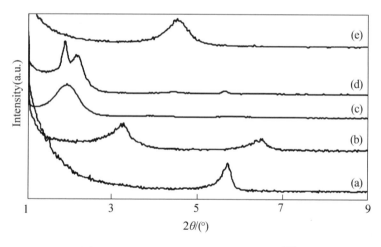

图 4-25　不同样品的 XRD 图（CuKα）[21]

注：（a）magadiite；（b）C8FSi；（c）C16-C8FSi-magadiite 粉末；（d）C16-C8FSi-magadiite 薄膜；（e）在甲苯中回流反应后的 C16-C8FSi-magadiite 薄膜。

C8FSi-magadiite 薄膜是透明的，如图 4-26e 所示，magadiite 的形貌为薄片聚集在一起呈典型的菜花形貌，直径大约 3μm，C8FSi 对其进行甲硅烷基化后，薄片没有原来那么紧密地聚集在一起，如图 4-26a 所示。当 C16 插层后，其形貌发生了很大的改变，C16-C8FSi-magadiite 粉末的形貌为宽约 100μm 的颗粒组成的薄板，且有较高的纵横比，大的薄板由 1～5μm 的小的薄板组成（图 4-26b）。C16-

C8FSi-magadiite 在溶剂中发生剥离，剥离的层板密集地聚集在基质上，透明的薄膜其表面相对光滑。C8FSi-magadiite 粉末、C16-C8FSi-magadiite 粉末、C8FSi-magadiite 薄膜的 SEM 图以及 C8FSi-magadiite 在石英基底上的照片如图 4 – 26 所示。

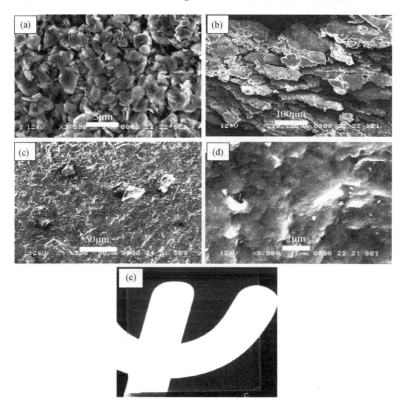

图 4 – 26　改性 magadiite 的 SEM 图及照片[21]

注：(a) C8FSi-magadiite 粉末的 SEM 图；(b) C16-C8FSi-magadiite 粉末的 SEM 图；
(c)、(d) 图为 C8FSi-magadiite 薄膜的 SEM 图；(e) C8FSi-magadiite 在石英基底上的照片[21]。

　　C16 分子和全氟烃基是得到透明且表面光滑的甲硅烷基化的 magadiite 薄膜的关键。C16-C8FSi-magadiite 薄膜、C8FSi-magadiite 薄膜、C16-C8Si-magadiite 薄膜以及 C8Si-magadiite 薄膜涂覆于基质上的图片如图 4 – 27 所示。没有 C16 分子的 C8FSi-magadiite 涂覆于基质上，有些部分是不透明的，没有全氟烃基的 C8Si-magadiite 则大部分是不透明的。当 C16 分子加入到 C8Si-magadiite，透明和不透明的区域共存。甲硅烷基化的 magadiite 的重量和平整的纳米薄片、全氟烃基和烷基之间以及各自的相互作用可能对形成有光滑表面的透明薄膜有影响。当甲硅烷基化的 magadiite 含有全氟烃基和 C16 时，其纳米薄片变得更重，在制备薄膜过程中，在溶液中形成聚集体之前，纳米薄片容易沉积在基质上，全氟烃基之间的弱相互作用也阻碍了纳米薄片的聚集。包含有 C16 的甲硅烷基化的 magadiite 层间附有许多全氟烃基烷基链，它们与 magadiite 的不同层之间的相互作用非常弱，难以形成相互交错的单层结构，并且它们之间的接触面积很小，这些都阻碍了纳米薄片的聚集。另外，全氟烃基的尺寸比烷基的要大，因此，有机物更多地附在 magadiite 的薄片上。

(a)
(b)
(c)
(d)

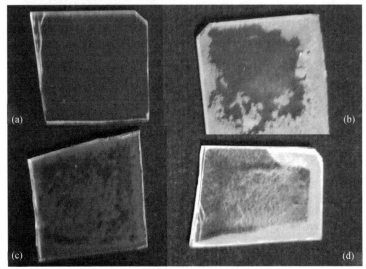

图 4－27　涂覆于玻璃基质上的薄膜的照片

注：(a)C16-C8FSi-magadiite；(b)C8FSi-magadiite；(c)C16-C8Si-magadiite；(d)C8Si-magadiite。

C8FSi-magadiite 与 APTES 反应后，层间距从 1.94nm 增加到 2.6 nm。因为 C8FSi 链长度和水合 magadiite 的厚度，全氟烃基链在 magadiite 的层间的方向改变了原来的单层结构，使之变成了双层结构。每一个 magadiite 单元对应一个 APTES 分子。magadiite 层间有机成分的量的增加会使其层间距增加，并且会改变全氟烃基链的方向。APTES-C8FSi-magadiite 与 PyBA-S 反应后，层间距增加到 2.74nm，PyBA-S 是物理吸附于 C8FSi-magadiite，并且附着于石英衬底上与 APTES 反应，PyBA-S 和氨基发生反应形成了氨基化合物。全氟烃基在 magadiite 的层间更多的是在垂直方向伸展。

2)DE、BBDMS、C16TMA 复合改性

二芳基乙烯衍生物(DE)的热稳定性好，且其闭环同分异构体有高效率的光化学相互转换能力，如图 4－28 所示。

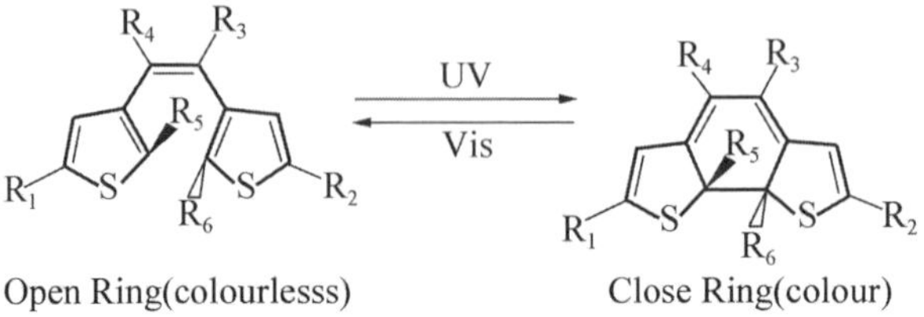
R4
R3
R5
R1
S
S
R2
R6
UV
Vis
R4
R3
R5
R1
S
S
R2
R6
Open Ring(colourlesss)
Close Ring(colour)

图 4－28　DE 闭环同分异构体光化学相互转换能力图[22]

Shindachi 等[22]用二芳基乙烯衍生物合成 DE-magadiite 杂交物：先用 C16TMA 插层改性 magadiite，再用 4 - 溴苄基二甲基硅烷（BBDMS）甲硅烷基耦合改性 magadiite，最后 DE 共价键插入 magadiite 得到 DE-magadiite。相关合成原料结构及合成流程图和 4 - 29 所示。

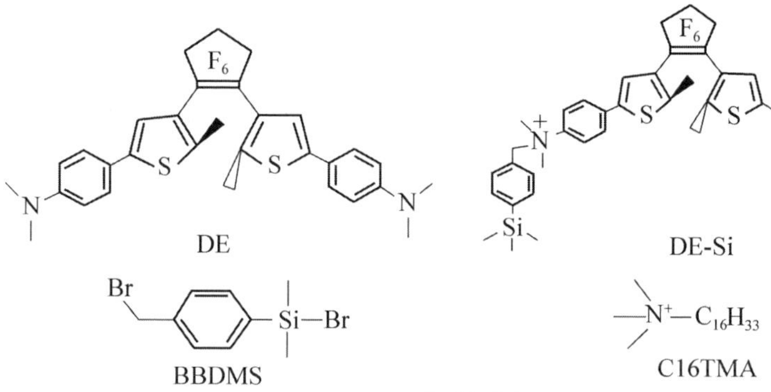

(a) 合成原料

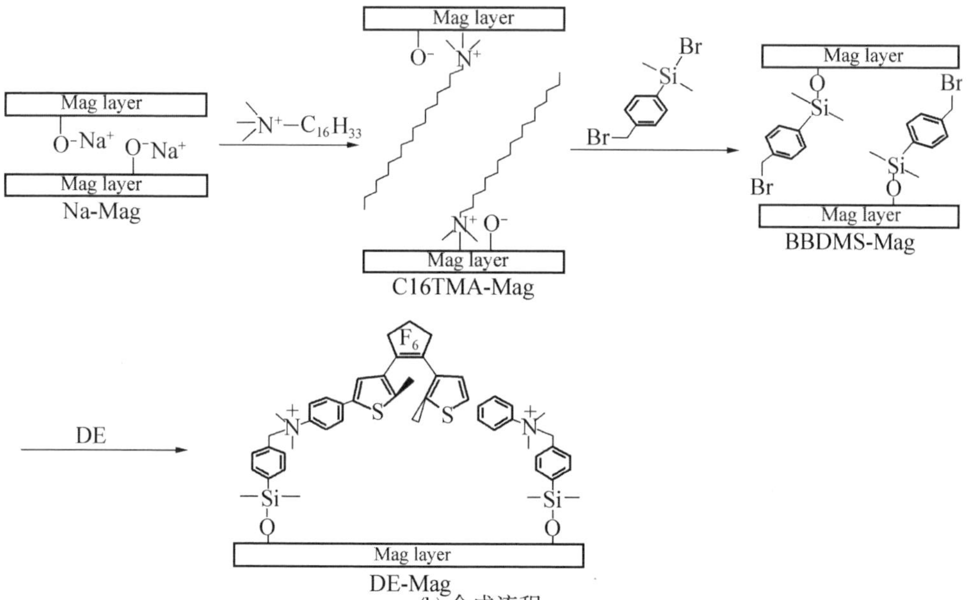

(b) 合成流程

图 4 - 29　合成原料及合成流程图[22]
注：图中 Mag = magadiite。

C16TMA 杂化物的硅烷度大概是 87%，即有 87% 的 Si—ONa 单元可能被 C16TMA 所代替。BBDMS 以共价键插入到 magadiite 层间，且 BBDMS 几乎是以极高的效率垂直插入到 magadiite 层间。

在紫外光照射下，蓝色透明的 DE-magadiite 杂化物在 625 nm 处的吸收更加明显，闭环的 DE-magadiite 呈蓝色，在可见光的照射下，封闭的环打开了，在紫外光和可见光的照射下，DE-magadiite 有光致可逆性。在一个可控的实验中，作者用没有层状 magadiite 的甲硅烷基化的二芳基乙烯类似物（DE-Si）作对比，对 DE-magadiite 和 DE-Si 进行循环照射，样品 DE-magadiite 的颜色发生循环变化，DE-magadiite 杂化物在紫外光和可见光照射下，仍然有 80% 保持原来的性质，第二次循环后，仍有 72% 保持原有的性能，甚至在 10 次循环后，仍保持该数值不变；而 DE-Si 的光致发光性能在光照射下则逐渐单调下降，在 10 次紫外光和可见光循环照射下，有 80% 的 DE-Si 分子发生降解。

开环的 DE 复合物有反式平行和平行两种旋转构象，如图 4 – 30 所示。只有反式平行异构体在光化学反应中转换成闭环的形式，而平行构象对紫外照射是惰性的。在 DE-magadiite 中，反式平行构象和平行构象两种存在形式各占一半，由于在 magadiite 的表面附有共价键，异构体从反式平行构象向平行构象转换受到阻碍。

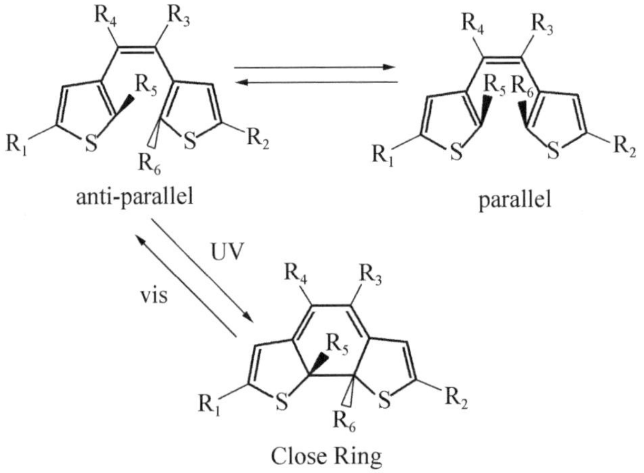

图 4 – 30　两种 DE 构象示意图[22]

3）DDA、OTES 复合改性

十二烷胺（DDA）可作为膨胀剂使 magadiite 的层间距扩大，之后可用硅烷偶联剂对其进行插层改性。magadiite 是一种不含铝元素的层状硅酸盐，并且能够在水热条件下合成，辛基三乙氧基硅烷（OTES）已经广泛地用于二氧化硅和氧化铝颗粒的化学改性，酸处理过的 magadiite 的插层表面包含有反应的 Si—OH 基团，OTES 能够插层进去并且与 Si—OH 反应。DDA 把层间距扩大，并且充当甲硅烷基化的催化剂，也使得反应过程不需要膨胀步骤。Park[23] 用 DDA 对 magadiite 进行膨胀后，成功用 OTES 对酸处理过的 magadiite 进行甲硅烷基化，得到 DDA-OTES-magadiite。并且 DDA-OTES-magadiite 用乙醇洗涤，可洗去 DDA。OTES 平行地插入 magadiite 的层间，插层后，尽管片晶有局部损坏，但它还是有着均衡的孔分布和有序的结构。OTES-magadiite 薄片的横截面是由相同间距的硅酸盐片层组成的。在干燥制备产物时，颗粒外面的乙醇开始蒸发，导致外表面有更高的 DDA 和 OTES 浓度，随后促进 DDA 和 OTES 的插层。层间剩余乙醇的蒸发促进了 OTES 的嫁接，在乙醇蒸发期间，乙醇中的水分子促进甲硅烷基化。比起过滤和干燥，溶剂的挥发更利于插层和甲硅烷基化过程的进行。蒸发对于插层和胺耦合剂进入层状化合物进行甲硅烷基化是一个有效的方法。

4）C16TMA、APTS 复合改性

Wang[24] 用二甲基甲酰胺（DMAC）作为溶剂，十六烷基三甲基溴化铵（C16TMABr）作为插层剂，氨丙基三甲氧基硅烷（APTS）作为偶联剂，改性 Na-magadiite 和 H-magadiite，得到插层产物。

硅烷偶联剂不影响 Na-magadiite 的结构。在插层和阳离子交换反应后，magadiite 的结构并没有改变，硅酸盐的框架结构保留了下来，氢键硅醇基团在甲硅烷基化后仍然保留了下来。APTS 链的末端和 magadiite 的表面形成了共价键，这与传统的黏土聚合物体系不同。

作者提出了一个可能的模型，它表示 APTS 和 magadiite 表面甲硅烷基化的反应。APTS 在水解过程中产生的羟基与游离的 Si—OH 基在 magadiite 的表面上反应形成氢键，随着冷凝过程的进行，水逐渐去除，APTS 和 magadiite 之间形成共价键。反应模型如图 4-31 所示。

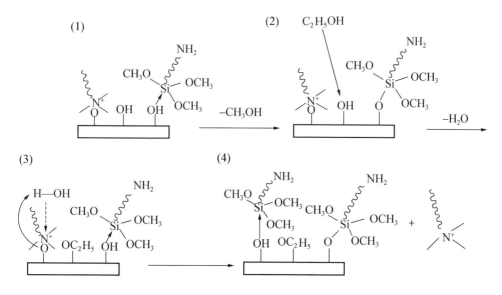

图 4-31　APTS 和 magadiite 表面甲硅烷基化的反应模型[24]

5）DDA、TEOS 复合改性

Kwon[25]用 DDA 对 magadiite 进行插层膨胀，并用正硅酸乙酯[Si(OC$_2$H$_5$)$_4$，简称 TEOS]对其改性，DDA 和 TEOS 是同时插入 H-magadiite 层间的。由于 DDA 的插层以及 TEOS 对层间 DDA 的溶剂化作用，其层状物质的层间距扩大，DDA/TEOS 共插层质子化 magadiite 形成凝胶。在凝胶中加入水，会使 TEOS 在胺催化下水解，在纯水中有胺存在的情况下 TEOS 在 5 分钟内可水解。把 DDA/TEOS 共插层质子化 magadiite 糊状物分散于去离子水当中，搅拌，黏状的灰色凝胶变成白色的固态物质。TEOS 在纯水中的快速层间水解作用使层间距增加，层间高度随着 TEOS 的含量的增加而增加，但随着 DDA 的含量的增加而减小，水解缩聚形成的柱撑尺寸和强度依靠于 TEOS 的量。对插层后的产物进行煅烧，可提高分散强度，并且煅烧只是使胺从层间移除，并不会使扩张的通道塌陷。若层间 TEOS 的量较少，不足以支撑层间结构，煅烧后层间胺移除会严重破坏层间结构。煅烧后的产物与未煅烧的相比，其孔的表面积要远大于未煅烧的（H-magadiite 的特定表面积超过 50m^2/g，而硅土柱撑的 magadiite 的表面积在 607 ～ 830 m^2/g）。孔的尺寸分布与层间 $n(DDA)/n$(TEOS)的大小有关，并且层间 DDA 可充当胶束模板，$n(DDA)/n$(TEOS)为中间值时，可为中性胶束胺的自组装提供一个理想的环境。图 4 – 32 为不同比例原料插层后产物的孔的尺寸的分布图。

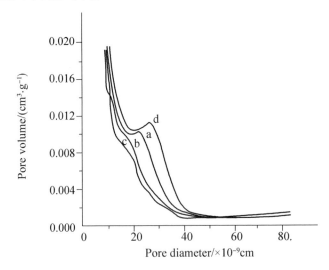

图 4 – 32　不同比例原料插层后产物的孔的尺寸分布图[25]

注：曲线 a ～ d 对应的 n(H-magadiite)：n(DDA)：n(TEOS)分别为(a)1：2：15；
(b)1：2：20；(c)1：2：30；(d)1：6：20。

6）NMF、TMCS 复合改性

Ruiz-Hitzky[26]发现用三甲基氯硅烷(TMCS)直接改性 magadiite 未成功，于是先用甲基甲酰胺(NMF)对其插层，使其层间距扩大，再用 TMCS 对 magadiite 进行改性，最终成功得到插层产物，改性过程如图 4-33 所示。六甲基二硅氮烷(HMDS)也用此方法成功改性 magadiite。

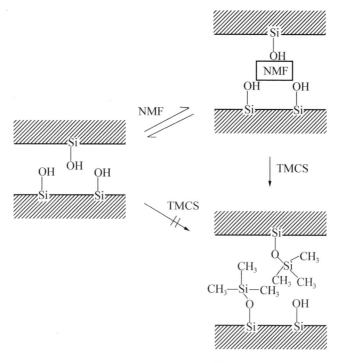

图 4-33　改性过程[26]

有机含硅复合物如 TMCS 和 HMDS 与无定形硅或微晶硅酸盐表面的 Si—OH 基团反应形成三甲基硅烷基衍生物：

$$\equiv Si—OH \xrightarrow[\text{(or HMDS)}]{\text{TMCS}} \equiv Si—O—Si(CH_3)_3$$

以同样的方法，结晶硅酸盐与三甲基硅烷试剂反应，—$Si(CH_3)_3$ 基团接枝到硅酸盐的表面，当三甲基硅烷试剂与用极性物质如 NMF、N,N - 二甲基甲酰胺(DMF)、二甲亚砜(DMSO)插层后的硅酸盐反应时，—$Si(CH_3)_3$ 基团同时接枝到了硅酸盐的表面及层间。插层接枝使晶片的堆叠成无序态。另一方面，TMCS 或 HMDS 试剂在有水的情况下，水可作为催化剂使其水解为六甲基二硅醚：

$$(CH_3)_3SiCl + H_2O \longrightarrow (CH_3)_3Si—OH + HCl$$

$$2(CH_3)_3Si—OH \longrightarrow ((CH_3)_3Si)_2O + H_2O$$

在某些情况下，可检测到副产物的存在，因此在进行实验之前要保证反应体系为无水环境。

与纯的硅酸相比，有机改性过的 magadiite 有更好的有机亲和性和疏水性能，它能很好地分散在有机溶剂中，不管是极性或非极性溶剂。硅烷基团插层 magadiite

后，因为硅酸表面的 Si—O—Si 键，—Si(CH₃)₃ 基团有更高的热稳定性。

　　7)C16TMA、BTMPVi、BTMPNA 复合改性

　　Diaz 等[27] 先用 C16TMA 插层改性 magadiite，再用柱撑剂紫罗碱(BTMPVi)和硝基苯胺(BTMPNA)改性 magadiite 得到柱撑膨胀材料 C16TMA-BTMPVi-magadiite 和 C16TMA-BTMPNA-magadiite。之后移除膨胀剂 C16TMA，得到最终的柱撑产物 BTMPVi-magadiite 和 BTMPNA-magadiite。图 4－34 是 BTMPVi 和 BTMPNA 的分子结构式。

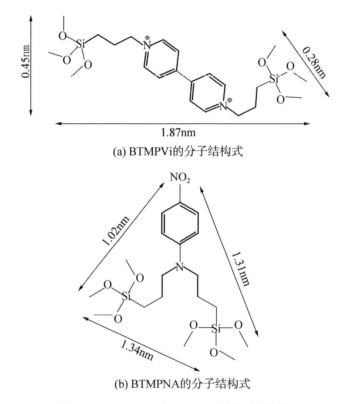

(a) BTMPVi的分子结构式

(b) BTMPNA的分子结构式

图 4－34　BTMPVi 和 BTMPNA 的分子结构式

　　之后 Diaz 用 XRD 等手段对其得到的产物进行了分析。用不同的架桥硅氧烷作为柱撑剂合成的不同的杂化层状材料，有机－无机先驱体成功地插入了层间，并且 BTMPVi 分子是垂直地插入层间。BTMPVi 架桥硅氧烷分子以共价键的形式与硅酸盐层间表面的硅醇键结合，并且经过酸处理后，它可以移除。BTMPNA 也是如此。层状有机－无机杂化材料的制备原理模型如图 4－35 所示，柱撑剂均一地分散在层间。

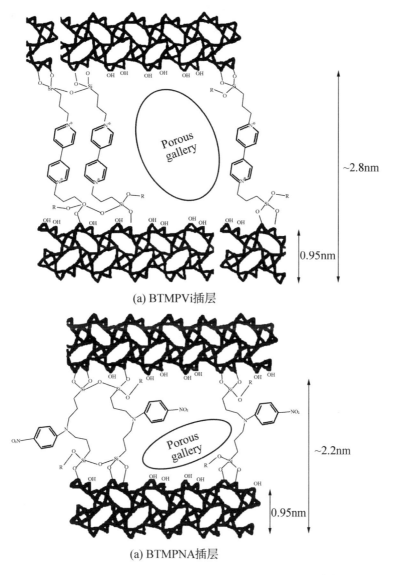

图4-35 层状有机-无机杂化材料的制备原理模型[27]

膨胀剂 C16TMA 插入层间有效地使层间距增加，膨胀剂被移除后，柱撑分子完整地插入硅酸盐的层间，每摩尔的层状硅酸盐 magadiite 分别插层 0.033mol 的 BTMPVi 和 0.037 mol 的 BTMPNA。

BTMPVi 插层后，柱撑产物的氮气吸附等温曲线为典型的介孔材料的等温曲线，如图4-36 所示，它的 BET 表面积和孔的容量大小分别为 635 m^2/g 和 0.354 cm^3/g，当 BTMPNA 插层后，可观察到传统的微孔结构的 I 型等温吸附曲线，如图 4-37 所示，其 BET 表面积和孔的容量分别为 563 cm^2/g 和 0.247 cm^3/g。这两者之间的差别可这样来解释：BTMPVi 更加线性地插入层间，从而产生了介孔材料，而 BTMPNA 占据的空间大，使层间的自由空间减少，从而产生微孔。两种产物的孔径分布图如图 4 - 38 所示。

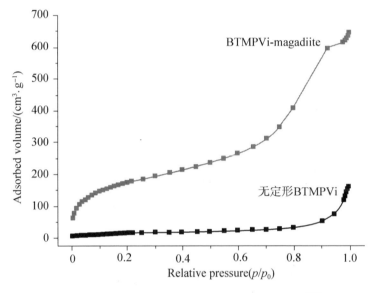

图 4 - 36　BTMPVi 插层前后的氮气吸附等温曲线[27]

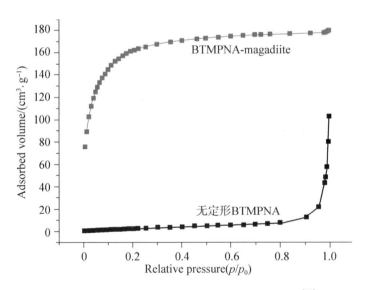

图 4 - 37　BTMPNA 插层前后的氮气吸附等温曲线[27]

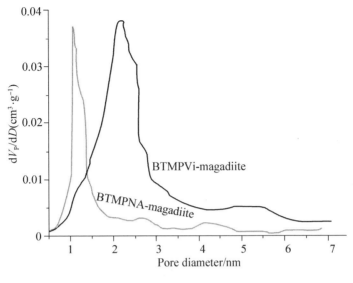

图 4 - 38   孔径分布图[27]

之后用热重分析(TGA)和热差分析(DTA)来研究有机物插层 magadiite 的层间的热稳定性，magadiite 只有一个台阶有质量损失，即吸附水分子的移除，硅酸盐膨胀化以后，C16TMA 分子在温度约 500K 时被移除，当柱撑剂 BTMPVi 和 BTMPNA 引入层间后，温度接近 600K 时有机柱撑材料仍然稳定。

8）DRSi、C12TMA 复合改性

Ogawa 等[28]先用硅烷偶联剂修饰偶氮染料得到硅烷化试剂 DRSi，之后用得到的硅烷化试剂改性用 C12TMA 插层的 magadiite，硅烷化改性的 magadiite 产物还能涂覆成膜。硅烷化试剂 DRSi 的结构式如图 4 - 39 所示。

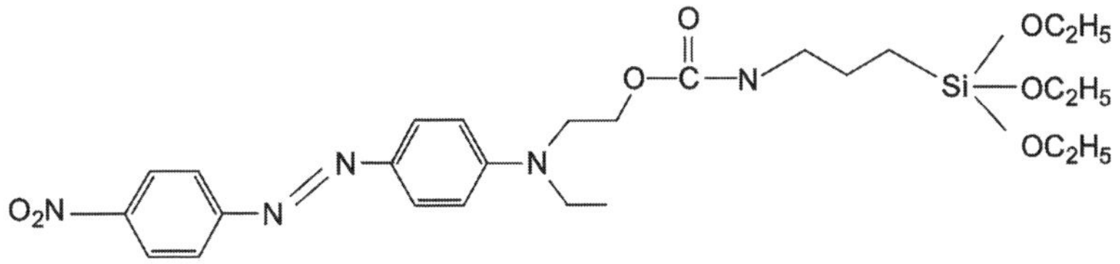

图 4 - 39   DRSi 的分子结构[28]

对得到的产物进行结构表征，产物的层间距增加至 3.21nm，硅烷化偶氮苯衍生物成功地插入了 magadiite 层间，magadiite 虽然被插层改性，但其结晶结构仍未被破坏。magadiite 层间表面的硅醇基团被偶氮苯衍生物接枝，从而被改性了，并且生成了 Q^4、T^2 和 T^3 环境下的硅元素。magadiite 在改性后，其 ^{29}Si CP/MAS NMR 图谱除了其原先有的特征峰以外，在 -55.8×10^{-6} 和 -66×10^{-6} 处出现了两个额外的信号峰，这两个峰分别是 $T^2[Si(OSi)_2(OH)R]$ 和 $T^3[Si(OSi)_3R]$ 环境下的硅元素的特征峰，如图 4 - 40 所示。

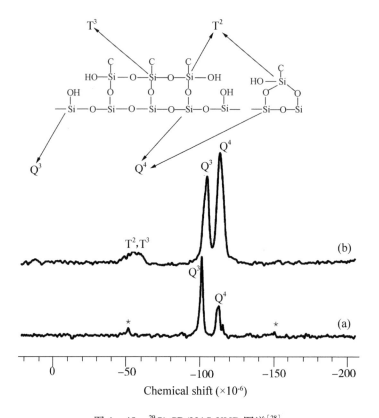

图 4 - 40 　^{29}Si CP/MAS NMR 图谱[28]

注：（a）Na-magadiite，（b）硅烷化偶氮苯衍生物改性后的 magadiite。

被硅烷化偶氮苯衍生物改性后的 magadiite 在 484 nm 的吸附带是反式偶氮苯发色团的特征带，与偶氮苯衍生物相比，它转移至了长波长区域，在接枝过程中，发色团之间相互反应形成聚集体。根据 Kasha 的分子激子原理，复合物的吸附带发生红移是由于 magadiite 层间的偶氮苯衍生物分子形成像"J"形的聚集体，红移较小说明偶极子在聚集体中有更大的倾斜角。图 4 - 41 为紫外 - 可见光吸附图谱。

把硅烷化偶氮苯衍生物改性后的 magadiite 分散在水和其他有机溶剂中，如二甲基甲酰胺、三氯甲烷、四氢呋喃等，对得到的溶液进行超声处理和离心分离，得到上清液。通过紫外光谱检测上清液，未发现有偶氮苯衍生物。偶氮苯衍生物稳定地固定在层状硅酸盐薄片的层间，并且其接枝过程是不可逆的，这有别于离子交换反应等插层反应。

硅烷化偶氮苯衍生物改性后的 magadiite 涂覆成膜在偏振的 Ar$^+$ 激光（488nm）照射下，发生光诱导各向异性（反应装置如图 4 - 42 所示）。开始时，通过交叉偏振薄膜是均匀的，具有光的各向同性，且探测光没有传播。当转换写电子束，产生光

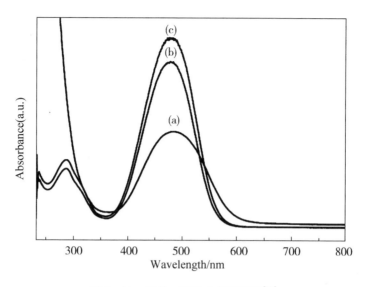

图4-41　紫外-可见光吸附图谱[28]

注：(a)硅烷化偶氮苯衍生物改性后的magadiite，(b)偶氮苯衍生物的1×10^{-5} mol/L三氯甲烷溶液，

(c)偶氮苯的1×10^{-5} mol/L的三氯甲烷溶液。

诱导各向异性，探测光通过光装置发生部分传输。各向同性是偶氮基团顺式-反式在热光异构化下形成反式-顺式光异构化，用激光照射薄膜后，导致在偶氮基团中发生反式-顺式-反式异构化循环，在重复循环过程中，偶氮苯发生重排，这个过程可持续到所有的偶氮苯分子发生重排。最后，所有在无机物层间的偶氮苯衍生物在一个方向上排成一条直线，垂直于激光偏振方向。在第二阶段，当关闭激光后，由于偶氮苯分子的再排列，各向异性变弱，各向同性重新恢复，其探测光传输信号的强度明显下降，也说明关掉线性的偏振光后，诱导的各向异性不能保留。

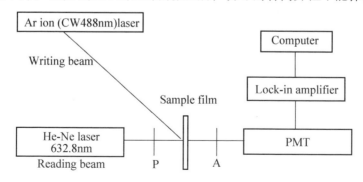

图4-42　光诱导异构化反应装置示意图[28]

偶氮苯基团在光诱导异构化作用下，其分子链可进行再调整。由于偶氮苯衍生物接枝到了magadiite的层间，涂覆成膜的硬的层状结构相当于"一面墙"，保护了

偶氮苯分子不受大分子链的缠绕。层状结构提供给偶氮苯更多自由空间运动，也使它能更快地从诱导各向异性重新变为各向同性。当薄膜加热至 80℃，其各向异性仍能被诱导，而偶氮苯本身所成的膜在相同的温度下是不能被光诱导各向异性的。当温度上升至 95℃，硅烷化偶氮苯衍生物改性 magadiite 所成的膜仍能检测到其各向异性。无机硅酸盐薄片提高了膜的热稳定性[29]。

9）TMS、TES、TPS、C12TMA 复合改性

Okutomo[30]等用三甲基氯硅烷（TMS）、三乙基氯硅烷（TES）和三异丙基氯硅烷（TPS）在 C12TMA 插层的基础上成功改性 magadiite，得到 TMS-magadiite、TES-magadiite 和 TPS-magadiite 产物。

C12TMA 是作为有机甲硅烷改性 magadiite 的中间体，每一个化学式单位的 magadiite 可插层 C12TMA 分子 1.8 mol，插层后，使得硅酸盐的层间距增大，有利于有机甲硅烷改性剂的插入，但它并不影响结构的规整性，C12TMA 在甲硅烷基化过程中就从 magadiite 的层间移除了。有机甲硅烷改性 magadiite，随着甲硅烷基团的增大，改性后的硅酸盐的层间距逐渐增加，TMS、TES、TPS 改性 magadiite 后的层间距分别为 1.85、1.98、2.08 nm。但与未改性和 C12TMA 改性的 magadiite 相比，其总体的层间距有所下降。三种改性产物的 XRD 图谱如图 4-43 所示。

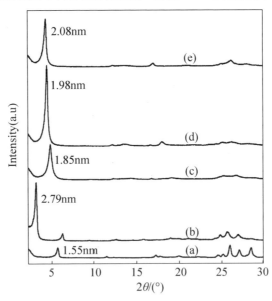

图 4-43　改性产物的 X 射线（CuKα）衍射图谱[30]

注：（a）Na-magadiite；（b）C12TMA-magadiite；（c）TMS-magadiite；（d）TES-magadiite，（e）TPS-magadiite。

甲硅烷基化后，产物的 ^{29}Si MAS NMR 图谱如图 4-44 所示，在 20×10^{-6} 处有新的硅元素 $M^{1}[R_{3}Si(OSi)]$ 的信号峰出现，与在 -105×10^{-6} 至 -115×10^{-6} 处的 Q^{4} 信号峰相比，在 -100×10^{-6} 处的 Q^{3} 峰的强度有所减小，magadiite 层间的硅醇

基团通过接枝有机硅而被改性，产生了 Q^4 和 M^1 环境下的硅元素。而在甲硅烷基化后 Q^3 信号峰在某种程度上仍然保留，氢键仍然被保留下来了。

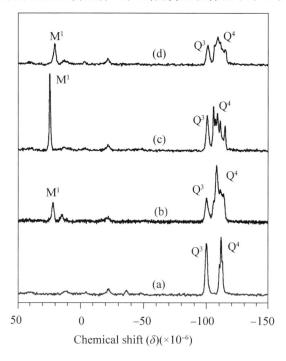

图 4 - 44　^{29}Si - MAS NMR 图谱[30]

注：（a）C12TMA-magadiite，（b）TMS - magadiite，（c）TES - magadiite，（d）TPS - magadiite。

TMS、TES、TPS 改性 magadiite 后，其层间距由 2.79（C12TMA-magadiite）变为 1.95、2.33、3.23 nm。烷基链的碳原子数目与层间距呈线性关系。magadiite 的形貌呈球形结节类玫瑰花形，与 C12TMA 离子交换后，其玫瑰花形貌消失，但它的每一片晶片并没有发生改变，甲硅烷基化后，它的板状形貌仍被保留了下来。

4.7　麦羟硅钠石的其他改性

除了有机酯化、季铵盐、季鏻盐、硅烷化改性 magadiite 之外，还有其他的一些插层剂被用于 magadiite 的改性处理。Chen 等[31~32] 运用两步离子交换法和热处理方法得到氧化锌插层 magadiite，氧化锌插入硅酸盐层间，其尺寸为纳米级别，且其光致发光性能得到提高，之后他又用剥离/自组装制备多钨酸改性 magadiite，所得的多钨酸/magadiite 复合物有很好的光致发光可逆性；Zebib 等[33] 制备了铝插层的 magadiite，且在四烷基铵存在下用 C12TMA 插层膨胀，煅烧得到剥离性的含铝 magadiite，在酸催化反应中其稳定性很高，是最好的催化剂之一；除了上述无机改性外，还有钴络合物、铂铵离子、环硫乙烷、多钼酸、银、锆等无机物改性

magadiite，不同改性剂制得的 magadiite 具有不同的性能，可以满足不同领域的需求。

1）氧化锌改性 magadiite

无机纳米颗粒插层 magadiite，为其用于特殊的领域提供了机会，由于某些特殊性能的出现及其应用，氧化锌纳米颗粒插层无机主体材料有了其研究的价值，运用两步离子交换法和热处理方法可得到氧化锌插层 magadiite。

用氯化锌和氨水溶液反应制得 $Zn(NH_4)_4^{2+}$ 配合物，再采用两步离子交换法向 magadiite 中插入氧化锌：首先用酸处理 Na-magadiite，使之质子化得到 H-magadiite，然后将所得的质子化 magadiite 加入到配合物溶液中，混合物在一定条件下反应得到中间产物 magadiite-Zn；最后把中间产物置于 300℃ 的空气流中焙烧，得到最终的产物 magadiite-ZnO。

作者把得到的产物进行 CHN 元素分析和 SEM-EDX（扫描电子显微镜及 X 射线衍射能谱）结合分析，分析得到其制备的 magadiite 的元素的物质的量之比，从而得到其化学式，也得到 magadiite-ZnO 中元素的物质的量之比及其化学式，如表 4 – 8 所示。

表 4 – 8   magadiite 和 magadiite-ZnO 的化学组成[31]

Samples	Elements	$w/\%$	Molar ratio/%	Molar ratio/formular/weight loss
magadiite	OK	56. 41	53. 87	$Na:Si:O:H=2.0:13.8:36.2:15.2$
	NaK	4. 48	2. 98	$Na_{2.0}Si_{13.8}O_{28.6} \cdot xH_2O$ $(x=7.6)$
	SiK	37. 63	20. 53	H_2O loss = 13.3% $(25 \sim 500℃)$
	H	1. 48	22. 62	
magadiite-ZnO	OK	51. 54	60. 60	$Zn:Si:O:H=1.3:14.1:32.3:5.6$
	ZnL	8. 55	2. 47	$Zn_{1.0}Si_{14.1}O_{29.2} \cdot (ZnO)_{0.32} \cdot xH_2O$ $(x=2.8)$
	SiK	39. 35	26. 43	
	H	0. 56	10. 50	H_2O loss = 5.1% $(25 \sim 420℃)$

注：Na、Zn、Si 和 O 元素数据由 EDX 分析得到；H 元素由 CHN 元素分析和 TG 分析得到。

经过对产物的 XRD 分析，magadiite 的层间距大于质子化的 magadiite 的层间距，magadiite-Zn 的层间距大于 magadiite 的层间距，由于配合物的尺寸要大于氢离子，其层间距大于质子化的 magadiite 的层间距，并且其结晶度也高于质子化的 magadiite 的结晶度。氧化锌插入 magadiite 的层间使其层间距增大，而水的丢失又使层间距减小，两者抵消了，从而 magadiite-Zn 和 magadiite-ZnO 有相同的层间距。一般在热降解期间，配合物可能会水解生成氧化锌纳米颗粒，但是在 XRD 检测图谱中未发现氧化锌的峰，因为氧化锌纳米颗粒的尺寸极小并且很好地分散于层间。

产物 magadiite-Zn 中有 20～30nm 大小的颗粒，这些较大的颗粒是层间表面或是边缘的颗粒，是吸附在 magadiite-Zn 上的配合物的分解物。在 magadiite – ZnO 中，颗粒的尺寸较小，在 2.5 nm 左右，这些颗粒插入了 magadiite 层间，从而限制了它们的大小。产物的透射电子显微镜如图 4 – 45 所示。

(a) Na-magadiite

(b) magadiite-ZnO(0.2μm)

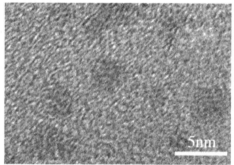

(c) magadiite-ZnO(5nm)

图 4 – 45　产物的 TEM 图[31]

对氧化锌插层 magadiite 的产物进行热性能分析，如图 4 – 46 TG 曲线图谱所示，所有样品的热重量曲线都是不一样的，这与不同的插层物有关。Na-magadiite 的质量损失是由于水的丢失，质子化的 magadiite 是由于水的解吸附以及羟基基团的消除。magadiite-Zn、magadiite-ZnO 的质量损失分四个阶段，在 25 ～ 100℃ 是水的解吸附作用；100 ～ 340℃ 阶段，magadiite-Zn 是层间水的丢失和配合物的分解，而 magadiite-ZnO 是由于水的丢失；在 340 ～ 440℃ 及大于 440℃ 两个阶段都是由于硅醇基团的脱水。

于不同的纳米波长下照射产物，观察其光致发光性能，在 456 nm 波长照射下，因为氧化锌晶格中电荷的转移，magadiite-ZnO 在 210 ～ 225 nm 和 270 ～ 290 nm 有两个峰，这类似于硅酸锌晶格。在 225 nm 波长照射下，415 ～ 400 nm 有一个氧化锌的峰，这是氧化锌颗粒的缺陷导致的，如氧元素的空缺，它的峰较宽很可能是由于氧化锌颗粒的尺寸不均一导致的。嵌入 magadiite 的氧化锌的纳米颗粒的尺寸小，

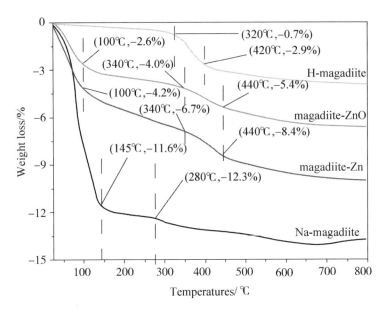

图 4 – 46　产物的 TG 曲线图谱[31]

由于量子尺寸效应的影响，magadiite-ZnO 的发射峰在 355 ~ 380 nm 波长有更高的峰，并且在此处的峰更宽，波长蓝移。在 280 nm 波长照射下，与在 225 nm 波长照射下相比，只有峰的宽度变窄了，且在 600 ~ 700 nm 之间没有峰。

2）铝改性 magadiite

magadiite 是不含铝的一类层状硅酸盐，Bachar 等[33] 首先用水热法合成 Na-magadiite，随后用铝改性 magadiite。magadiite 容易被四烷基铵插层，使 magadiite 膨胀，用 C16TMA 改性 magadiite 后再进行剥离，把 C16TMA-magadiite 置于 50℃ 的超声浴中超声，之后把超声得到的固体物质干燥，并且在 700℃ 下煅烧，得到剥离性的含铝 magadiite[$n(Si)/n(Al) = 30$][34~35]。

通过 XRD 以及 ^{27}Al NMR 等测试手段进行表征，发现大部分的铝插入了 magadiite 的层间，以四面体的形式呈现。

之后测试几种含铝的层状硅酸盐，以及制备得到的 Al-magadiite 在异丙苯裂化中的活性，其稳态活动数据如表 4 – 9 所示。发现在酸催化反应中，剥离的 Al-magadiite 有很高的稳定性，是目前报道的最好的催化剂之一。

表 4 – 9　剥离的 Al-magadiite 及其他几种催化剂在异丙苯裂化中的活性及其主要的结构参数[34]

样品	$n(Si)/n(Al)$	表面积/（m²·g⁻¹）	稳定态异丙苯转化率/%
剥离的 Al-magadiite	30	513	54
Al-magadiite	30	24	6
二氧化硅铝	5	575	12

3）Co(sep)$^{3+}$络合物改性 magadiite

Dailey[36]等用水热法合成 Na-magadiite 后，再采用 Creaser 等[37]的方法制备 Co(sep)$^{3+}$(sep 表示 1，3，6，8，10，13，16，19 - 八氮杂双环[6，6，6]二十烷)络合物，最后用得到的络合物成功改性 magadiite。

络合物与 magadiite 离子交换后的产物的层间距在很大程度上取决于反应温度，在 25℃的反应温度下，产物的层间距与 magadiite 相比基本没有什么变化，络合物并没有与 magadiite 层间离子发生完全的离子交换；在 100℃下，在经过 3 次离子交换反应后，产物的层间距有一个稳定的增加量，络合物插入 magadiite 的层间。

之后作者通过化学元素分析和 TG 曲线图得到了络合物和 magadiite 反应产物的组成，如表 4 - 10 所示。25℃下反应得到的产物，在 20 ~ 200℃ 由于吸附水分的移除有 8.5%（质量分数）的质量损失，在 200 ~ 350℃因脱羟基作用有 2.0%的质量损失；100℃下反应得到的产物，在 350℃因吸附水分的移除和脱羟基作用，有 8%的质量损失，而在 350 ~ 1000℃时的 10%的质量损失，可能是因为解吸和/或氧化损失了 sep 配体。

表 4 - 10　络合物和 magadiite 反应产物的组成（质量分数）[36]

	Co(sep)$^{3+}$-magadiite（25℃）	Co(sep)$^{3+}$-magadiite（100℃）
Na$_2$O	6.1%	0.3%
SiO$_2$	82.7%	80.5%
Co	1.0%	4.2%
C	2.7%	5.6%
H	1.97%	2.35%
N	1.6%	4.2%
H$_2$O^a	8.5%	8.0%
Total	102.6%	103.3%
Chemical	A	B

注：A. H$_{0.46}$Na$_{1.0}^+$[Co(sep)]$_{0.18}^{3+}$Si$_{14}$O$_{29}$·1.1H$_2$O；B. H$_{0.10}$Co$_{0.36}^{2+}$[Co(sep)]$_{0.39}^{3+}$Si$_{14}$O$_{29}$·1.4H$_2$O；
^{a}200℃以下的质量损失数据根据 TG 分析得到。

4）[Pt(NH$_3$)$_4$]$^{2+}$改性 magadiite

[Pt(NH$_3$)$_4$]$^{2+}$能插层 Na-magadiite，可得到[Pt(NH$_3$)$_4$]$^{2+}$-magadiite[38]。在插层反应过程中，通过控制铂的浓度可得到三种不同铂载入量的[Pt(NH$_3$)$_4$]$^{2+}$-magadiite，并且钠离子与铂在主体基体中的物质的量之比分别为 1：0.25，1：1，1：2。

在一个可控熔炉中煅烧[Pt(NH$_3$)$_4$]$^{2+}$插层产物可得到负载在二氧化硅上的铂纳米颗粒。具体实施过程为熔炉以 5℃/min 的速度从室温增加到 600℃，达到这个温度后保持 5 h，然后冷却至室温。反应过程流程如图 4 - 47 所示。

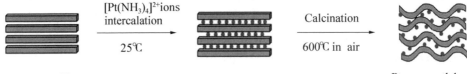

图 4 - 47　反应过程流程图[38]

[Pt(NH₃)₄]²⁺的插入不影响 magadiite 整体的结构，但 magadiite 的结构有轻微的分解。[Pt(NH₃)₄]²⁺插层 magadiite 后，其热稳定性得到提高(260 ~ 520℃)。对比纯的[Pt(NH₃)₄]Cl₂的热分解曲线，插层后的[Pt(NH₃)₄]²⁺在三个温度范围内有质量损失，分别为 30 ~ 150℃、200 ~ 240℃、240 ~ 340℃。第一个温度区间是物理吸附水的移除；第二个温度区间是两个铵配体的移除；剩下的两个铵配体在第三个温度区间移除。插层的[Pt(NH₃)₄]²⁺的分解温度比纯的[Pt(NH₃)₄]²⁺的分解温度要高 180℃。另外，[Pt(NH₃)₄]Cl₂在 600℃可完全分解。

在插层反应过程中，magadiite 在加强离子的稳定性上起着重要作用，改变[Pt(NH₃)₄]²⁺的量来插层 magadiite，铂的尺寸不随铂的装载量的增加而改变。[Pt(NH₃)₄]²⁺插层 magadiite，[Pt(NH₃)₄]²⁺均一地分散在主体基体中，该离子的平均尺寸在 2 ~ 3nm。

[Pt(NH₃)₄]²⁺-magadiite 煅烧后，在主体基体的表面有更大的铂纳米颗粒(8 ~ 12 nm)，此时的铂纳米颗粒有着很高的分散性，并且尺寸均一。虽然煅烧后铂颗粒的直径增加，但有更小的铂颗粒封留在主体基体中，煅烧后，主体基体 magadiite 的层状空间阻止了铂纳米颗粒的凝聚。

5)(Az⁺Br⁻)改性 magadiite

对二甲基羟乙基氨基乙氧基偶氮苯溴化物(Az⁺Br⁻)可插层 magadiite[39]，其结构如图 4 - 48 所示。把插层后的产物 Az⁺-magadiite 分散在有聚甲基丙烯酸酯(PMMA)的丙酮溶液中，涂覆于石英基体上即得到薄膜。

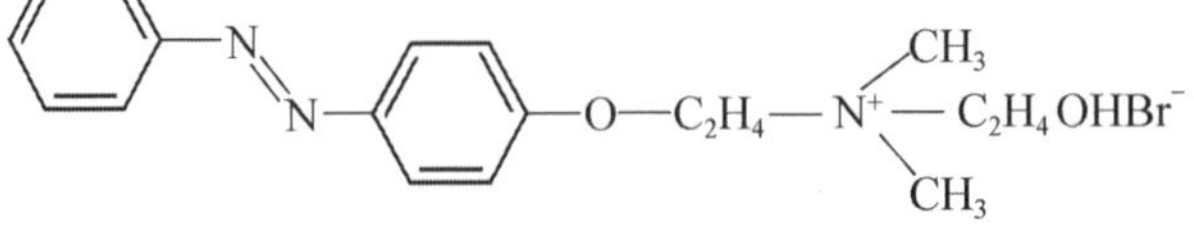

图 4 - 48　Az⁺Br⁻的结构示意图[39]

Az⁺-magadiite 嵌入 PMMA 薄膜的可见光吸收图谱如图 4 - 49 所示，在紫外光的照射下，由于反式偶氮苯的发色团，在 335 nm 有吸收峰，与单分子Az⁺(342 nm)相比

（1×10^{-5} mol/L 的 $Az^+ Br^-$ 乙醇溶液），该峰向短的波长转移，这是反式同分异构体的信号峰。插层的 Az^+ 发生头 – 头聚合，互相交错成单层排列，Az^+-magadiite 的微结构模型图如图 4 – 50 所示。450 nm 是 Az^+ 的顺式同分异构体谱带，紫外光继续照射，谱带不再发生变化。用可见光照射，可观察到可逆的谱带变化。

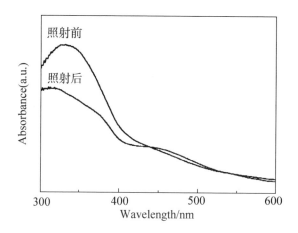

图 4 – 49　Az^+-magadiite 嵌入 PMMA 后在紫外照射前后的吸收图谱[39]

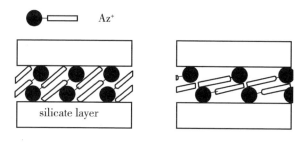

图 4 – 50　Az^+-magadiite 的微结构模型图[39]

　　作者测试了薄膜在光催化反应下的 X 射线衍射图，如图 4 – 51 所示，在紫外光照射下，层间距从 2.69 nm 增加至 2.75 nm，并且在可见光的照射下又恢复到 2.69 nm，该可逆性可重复观察到。图谱发生的现象有可能是因为反式 Az^+ 在硅酸盐层间密集的排列，在紫外光的照射下，一半的反式结构转变成顺式结构，并且与反式结构共存；但在光平衡状态下，它在层间难以密集存在，由于两种同分异构体几何结构的不同，导致层间距的变化。插层偶氮苯在层间的位置是难以知晓的，插层物某些部分的光异构化会诱导插层复合物微结构发生改变。

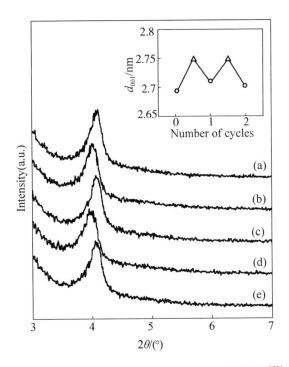

图 4 – 51　Az⁺-magadiite 的 X 射线（FeKα）衍射图谱[39]

注：（a）紫外光照射前，（b）紫外光照射后，（c）可见光照射后，（d）曲线 c 样品在紫外光照射后，
（e）曲线 d 样品在可见光照射后；嵌图为光催化反应下层间距变化示意图。

6）乙烯硫化物改性 magadiite

Oliveira 等[40] 把质子化的 magadiite（H-magadiite）分散于二甲苯中，之后加入乙烯硫化物（ES），在一定条件下得到改性的 magadiite。在不使用溶剂的情况下，用不同量的 magadiite 进行同样的实验，可成功得到有不同层间距的有机物插层产物。在溶剂存在的条件下合成的插层产物是不稳定的，且层状结构会发生改变，这与乙烯硫化物的位置有关。溶剂分子可使无机层状物的片层产生较大的分离，从而导致 magadiite 的分解。但硅酸盐含量的增加并不能提高插层效率，硫化物的插入量增加也并不能使复合物的层间距增加。

得到的插层产物的结构示意图如图 4 – 52 所示，聚合的乙烯硫化物分子的尺寸为 0. 988 nm（$C_4H_9S_2$）和 1. 500 nm（$C_6H_{13}S_3$），有机分子是倾斜地插入到硅酸盐层间，如图 4 – 52a 所示，两个新的信号峰是两个乙烯硫化物分子共价键键入 H-magadiite，如图 4 – 52b 所示，在其他研究中也证实了：表面改性剂以 65°倾斜角插入层间形成单层的石蜡状，表面活性剂在层间呈"人"字形构象。

质子化 magadiite 的 SEM 形貌丢失了其原来的球形玫瑰花形貌，但在乙烯硫化物改性后，其玫瑰花形貌可重新出现。

插层改性后的产物可用来吸附水溶液中的铅元素，其最大的吸附量是 1. 44

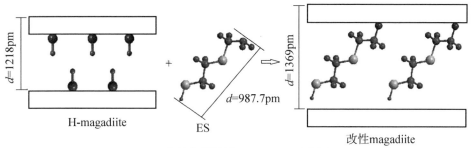

(a) 有机分子插层H-magadiite示意图

(b) 反应机理

图4-52 插层示意图和反应机理[40]

mmol/g。铅离子达到饱和后,吸附了铅元素的插层物层间距变为1.460 nm,铅离子与SH基团相互作用,成功地被吸附,与无机硫化物在层间形成了并列的复合物,如图4-53所示。

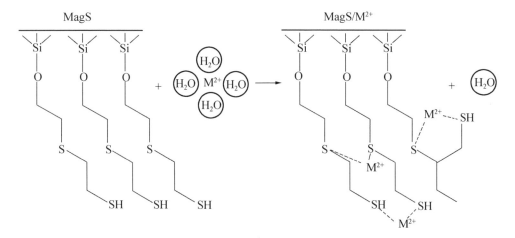

图4-53 阳离子和改性复合物相互反应的示意图[40]

注:MagS为乙烯硫化物改性后的magadiite,M^{2+}为阳离子。

7)多钨酸、多钼酸改性magadiite

Chen等[32]用多钨酸盐改性magadiite得到多钨酸/magadiite。多钨酸成功插入硅酸盐层间,且层间距比magadiite的大。

在H-magadiite和多钨酸/magadiite的拉曼光谱图(图4-54)中可得到:多钨

酸/magadiite 在 980～998 cm^{-1}是 W═O 的拉伸带；839～940 cm^{-1}和 218～233 cm^{-1}分别是 O—W—O 和 W—O—W 的拉伸带；182 cm^{-1}是晶格带；980、998、1058、1315、1451、2874、2937、2977 cm^{-1}是四丁基铵的特征峰。多钨酸/magadiite 的 TG 曲线不同于 Na-magadiite 和 H-magadiite，它在 25～250℃、250～413℃、413～800℃分别有质量损失，该现象与 H-magadiite 和多钨酸有关。所制备的多钨酸/magadiite 的结构和结晶度与剥离/自组装的实验参数有很大关系（注：剥离是指 magadiite 的质子化，自组装是指插层过程）。多钨酸/magadiite 复合物有好的光致发光可逆性。

多钨酸盐改性是在 pH 为 1 的条件下进行的，多钨酸存在的形式为 $H_2W_{12}O_{40}^{6-}$，反应过程如下（TBA$^+$为四正丁基铵离子）：

$$TBA\text{-}magadiite + H^+ \Longrightarrow H\text{-}magadiite + TBA^+$$

$$xTBA^+ + (6-x)H^+ + H_2W_{12}O_{40}^{6-} \Longrightarrow TBA_xH_{(6-x)}H_2W_{12}O_{40}$$

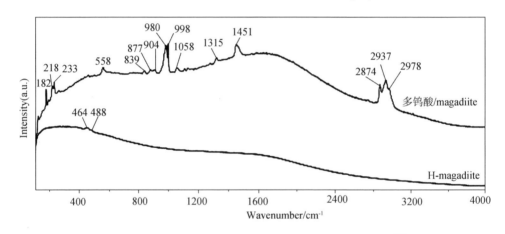

图 4-54　H-magadiite 和多钨酸/magadiite 的拉曼光谱图[32]

之后作者又用多钼酸盐成功插层 magadiite 得到多钼酸盐/magadiite[41]。许多研究表明，在碱性或中性溶液中，四面体正钼酸盐离子（MoO_4^{2-}）是主要的存在形式；在酸性溶液中，$MoO4^{2-}$将会被聚合。在 pH 为 4.8～6.8 时，它以 $Mo_7O_{24}^{6-}$ 的形式存在于溶液中，在 pH 值为 1～3 时，$Mo_8O_{26}^{4-}$ 是它的主要存在形式。在作者的实验中，主要是形成 $Mo_8O_{26}^{4-}$。随着溶液酸化程度的增加，将形成更高的聚合物。自组装过程如下：

$$TBA\text{-}magadiite + H^+ \Longrightarrow H\text{-}magadiite + TBA^+$$

$$xTBA^+ + (4-x)H^+ + Mo_8O_{26}^{4-} \longrightarrow (TBA)_xH_{4-x}Mo_8O_{26}$$

在自组装过程中，$(TBA)_xH_{4-x}Mo_8O_{26}$ 与质子化的 magadiite 结合形成 $(TBA)_xH_{4-x}Mo_8O_{26}$/magadiite 复合物多钼酸/magadiite。多钼酸盐/magadiite 的化学组成为 $H_{2.0}Si_{13.9}O_{28.8}/[TBA_{1.8}H_{2.2}\cdot(Mo_8O_{26})]_{0.2}\cdot 2.7H_2O$。

插层后，magadiite 的形貌发生了改变，但 H-magadiite 和多钼酸/magadiite 有相同的形态，层状 magadiite 在剥离/自组装过程中其层状结构没有完全被破坏。

多钼酸盐/magadiite 的热分解不同于 Na-magadiite 和 H-magadiite，其总共有四个阶段的热分解，分别在 $25 \sim 100℃$、$100 \sim 235℃$、$235 \sim 490℃$、$490 \sim 800℃$，这与 $Mo_8O_{26}^{4-}$ 的热分解类似。

在可见光照射下，多钼酸/magadiite 由原来的黄色变成了蓝绿色，然后随着照射功率的提高，由蓝绿色变成蓝色、黑蓝色。用 15%（体积分数）的双氧水漂白来检测带颜色样品的颜色可逆性，多钼酸/magadiite 有良好的对光反应变色的可逆性。

8）银改性 magadiite

Costa 等[42]首先用 C16TMA 插层 Na-magadiite，得到 C16TMA-magadiite，之后在此基础上成功制备 Ag-H-magadiite 和 Ag-Na-magadiite（此处制备的银纳米颗粒的尺寸为 $6 \sim 10nm$）。

银离子并没有直接通过离子交换进入到硅酸盐层间。插层时银的含量越大，生成的银纳米颗粒越多，且粒径越大。银的浓度增加，其纳米颗粒的粒径也增加，大小为 $20 \sim 30$ nm。

9）钴改性 magadiite

Neatu 等[43]发现可以把钴插入 magadiite 框架中，替换同构的硅原子，得到 Co-magadiite。Co-magadiite 的层间距为 1.55nm，并且其结晶度较高，硅酸盐的网络结构未被改变。用 magadiite 作为硅源合成八面沸石 Y，可使钴易于合并入八面沸石 Y 中（［Co］Y），但会导致结构缺陷，使材料的晶格稳定性下降。测量氮气吸附性能得到［Co］Y 的表面积和孔的容量分别为 $380\ m^2/g$ 和 $0.2\ mL/g$，载入［Co］Y 的钴的质量分数大约为 2.3%。与 Co-magadiite 不同的是，［Co］Y 在 $500 \sim 650$ nm 之间是四面钴离子的 d–d 过渡带。［Co］Y 通过热处理（540℃煅烧）可得到［CoO］Y，热处理可将钴原子骨架转为框架外部的 CoO_x 簇。

10）锆改性 magadiite

Ma 等[44]用 C16TMA 先插层 magadiite，得到插层产物。再将产物加入到辛胺（OA）中，形成中间产物后，加入正硅酸乙酯（TEOS）和锆丙氧化物（Zr–nPro，在丙醇中的质量分数为 70%）预共混合物，在特定的 $n(Zr)/n(Si)$ 下于一定温度下反应，经过后处理后得到前驱体。把上述前驱体在 600℃煅烧 6h 制备了锆掺杂的多孔 magadiite 异质结构催化剂。锆掺杂的样品随着锆插层的量增加，其层间距逐渐增加。

11）铕改性 magadiite

Sun 等[45]通过离子交换法把铕离子插入 magadiite，得到 EuNa-magadiite。Na-magadiite 的铕插入量比较高，且插层后，钠离子仍然保留于层间，且硅酸盐的结构也比较稳定，EuNa-magadiite 的结构和 Na-magadiite 的结构相似。铕插层后，其产物的层间距减小，因为层状空间的水合作用，使高的亲水性变成了疏水性。插层产物在800℃下煅烧后，其结构变成了石英结构。

参 考 文 献

[1] Chitins S R, Sharma M M. Industrial applications of acid-treated clays as catalysts[J]. Reactive Functional Polymers, 1997, 32: 93 – 115.

[2] Fudala A, Konya Z, Kiyozumi Y, et al. Preparation, characterization and application of the magadiite based mesoporous composite material of catalytic interest [J]. Microporous and Mesopprous Materials, 2000, 35: 631 – 641.

[3] Polverejan M, Liu Y, Pinnavaia T J. Aluminated derivatives of porous clay heterostructures (PCH) assembled from synthetic saponite clay: properties as supermicroporous to small mesoporous acid catalysts[J]. Chemistry of Materials, 2002, 14: 2283 – 2288.

[4] Chang J C, Sparks L E, Guo Z, et al. Evaluation of sink effects on VOCs from a latex paint[J]. Waste Manage, 1998, 15: 623 – 628.

[5] Miyamoto N, Kawai R, Kuroda K, et al. Intercalation of a cationic cyanine dye into the layer silicate magadiite[J]. Applied Caly Science, 2001, 19: 39 – 46.

[6] Guerra D L, Pinto A A, Airoldi C, et al. Adsorption of arsenic(Ⅲ) into modified lamellar Na-magadiite in aqueous medium—thermodynamic of adsorption process[J]. Journal of Solid State Chemistry, 2008, 181: 3374 – 3379.

[7] Royer B, Cardoso N F, Lima E C, et al. Organofunctionalized kenyaite for dye removal from aqueous solution[J]. Journal of Colloid and Interface Science, 2009, 336: 398 – 405.

[8] Saini V K, Pinto M L, Pires J. Characterization of hierarchical porosity in novel composite monoliths with adsorption studies[J]. Colloid and Surfaces A: Physicochemical Engineering Aspects, 2011, 373: 158 – 166.

[9] Thiesen P H, Beneke K, Lagaly G. Silylation of a crystalline silicic acid: an MAS NMR and porosity study[J]. J. Mater. Chem. , 2002, 2: 3010 – 3015.

[10] Mitamura Y, Komori Y. Interlamellar esterification of H-magadiite with aliphatic alcohols[J]. Chem. Mater. , 2001, 13: 3747 – 3753.

[11] Petruceli G C, Meirinbo M A, Macedo T R, et al. Crystalline polysilicate magadiite with intercalated n-alkylmonoamine and some correlations involving thermochemical data [J]. Thermochimica Acta, 2006, 450: 16 – 21.

[12] Shuge P, Qiuming G. Precursors of TAA-magadiite nanocomposites[J]. Applied Clay Science, 2006, 31: 229 – 237.

[13] Kooli F, Mianhui L, Solhe F. Characterization and thermal stability properties of intercalated Na-magadiite with cetyltrimethylammonium (C16TMA) surfactants [J]. Journal of Physics and Chemistry of Solids, 2006, 67: 926 – 931.

[14] Kooli F, Kiyozumi Y. Synthesis and textural characterization of a new microporous silica material [J]. Langmuir, 2002, 18: 4103 – 4110.

[15] Kooli F, Yan L. Thermal stable cetyltrimethylammonium-magadiites: influence of the surfactant

solution type[J]. J. Phys. Chem. C, 2009, 113: 1947 – 1952.

[16] 陈萌. 层状硅酸盐的制备、改性及应用[D]. 广州：华南理工大学，2014.

[17] Brandt A, Schwieger W, Bergk K H. Development of a model structure for the sheet silicate hydrates ilerite, magadiite and kenyaite[J]. Cryst. Res. Technol. , 1988, 23: 1201 – 1203.

[18] Slade P G, Gates W P. The swelling of HDTMA smectites as influenced by their preparation and layer charges[J]. Appl. Clay Sci, 2004, 25: 93 – 101.

[19] Eypert-Blaison C, Sauzeat E, Pelletier M, et al. Hydration mechanisms and swelling behavior of Na-magadiite[J]. Chem. Mater, 2001, 13: 1480 – 1486.

[20] Kikuta K, Ohta K, Takagi K. Synthesis of transparent magadiite-silica hybrid monoliths[J]. Chem. Mater. , 2002, 14: 3123 – 3127.

[21] Matsuo Y, Yamada Y. Preparation of silylated magadiite thin-film-containing covalently attached pyrene chromophores[J]. Journal of Fluorine Chemistry, 2008, 129: 1150 – 1155.

[22] Shindachi I, Hanaki H, Sasai R, et al. Preparation and photochromism of diarylethene covalently bonded onto layered sodium-magadiite surfaces[J]. Res. Chem. Intermed. , 2007, 33: 143 – 153.

[23] Park K W, Jung J H, Kim S K, et al. Interlamellar silylation of magadiite by octyl triethoxysilane in the presence of dodecylamine[J]. Applied Clay Science, 2009, 46: 251 – 254.

[24] Wang S F, Lin M L, Shieh Y N, et al. Organic modific ation of synthesized clay-magadiite[J]. Ceramics International, 2007, 33: 681 – 685.

[25] Kwon O, Shin H, Choi S. Preparation of porous silica-pillared layered phase: simultaneous intercalation of amine-tetraethylorthosilicate into the H⁺-magadiite and intragallery amine-catalyzed hydrolysis of tetraethylorthosilicate[J]. Chem. Mater. , 2000, 12: 1273 – 1278.

[26] Ruiz-Hitzky E, Rojo J M, Lagaly G. Mechanism of the grafting organosilanes on mineral surfaces [J]. Colloid Polymer Sci. , 1985, 263: 1025 – 1030.

[27] Diaz U, Cantin A, Corma A. Novel layered organic-inorganic hybrid materials with bridged silsesquioxanes as pillars[J]. Chem. Mater, 2007, 19: 3686 – 3693

[28] Guo Y, Wang Y, Yang Q X, et al. Preparation and characterization of magadiite grafted with an azobenzene derivative[J]. Solid State Sciences, 2004, 6(9): 1001 – 1006.

[29] Kim H K, And S J K, Choi S K, et al. Highly efficient organic/inorganic hybrid nonlinear optic materials via sol-gel process: synthesis, optical properties, and photobleaching for channel waveguides[J]. Chemistry of Materials, 1999, 11(3): 779 – 788.

[30] Okutomo S, Kuroda K, Ogawa M. Preparation and characterization of silylated-magadiites[J]. Applied Clay Science, 1999, 15: 253 – 264.

[31] Chen Y, Yu G, Li F. Structure and photoluminescence of composite based on ZnO particles inserted in layred magadiite[J]. Applied Clay Science, 2014, S88 – 89(3): 163 – 169.

[32] Chen Y, Yu G, Li F, et al. Synthesis and visible-light photochromism of a new composite based on magadiite containing polytungstate[J]. J. Mater. Chem. C, 2013, 1: 3842 – 3850.

[33] Zebib B, Lambert J F, Blanchard J, et al. LRS-1: a new delaminated phyllosilicate material with high acidity[J]. Chem. Mater, 2006, 18: 34 – 40.

[34] Schwieger W, Pohl K, Brenn U, et al. Isomorphous substitution of silicon by boron or aluminum in

layered silicates[J]. Studies in Surface Science & Catalysis, 1995, 94(94): 47 – 54.

[35] Pal-Borbely G, Auroux A. Acidity of isomorphically substituted crystalline silicic acids with layer structure. I. H-magadiite[J]. Studies in Surface Science & Catalysis, 1995, 94(06): 55 – 62.

[36] Dailey J S, Pinnavaia T J. Intercalative reaction of a cobalt(Ⅲ) cage complex, Co(sep)Cl^{3+} with magadiite, a layered sodium silicate [J]. Juornal of Inclusion Phenomena and molecular Recognition in Chemistry, 1992, 13: 47 – 61.

[37] Creaser I I, Geue R J, Harrowfield M J, et al. Synthesis and reactivity of aza-capped encapsulated cobalt(Ⅲ) ions[J]. J. Am. Chem. Soc., 1982, 104 (22): 6016 – 6025.

[38] Schwieger W, Selvam T, Gravenhorst O, et al. Intercalation of [Pt(NH$_3$)$_4$]$^{2+}$ ions into layered sodium silicate magadiite: a useful method to enhance their stabilisation in a highly dispersed state [J]. Journal of Physics and Chemistry of Solids, 2004, 65: 413 – 420.

[39] Ogawa M, Ishii T, Miyamoto N, et al. Photocontrol of the basal spacing of azobenzene-magadiite intercalation compound[J]. Adv. Mater. 2001, 13(14): 1107 – 1109.

[40] De Oliveira M M, Fernandes M M, Fonseca M G, et al. Direct grafting of ethylene sulfide onto silicic acid magadiite[J]. Microporous and Mesoporous Materials, 2014, 196: 292 – 299.

[41] Chen Y, Yu G, Li F, et al. Synthesis and visible-light photochromism of a new composite based on polymolybdate enclosed in magadiite[J]. Inorg. Chem., 2013, 52: 7431 – 7440.

[42] Gosta L, Quites F J, Sigoli F, et al. Ag/lamellar hosts composites: a route to morphologycontrollable synthesis of Ag nanoparticles[J]. J Nanopart Res., 2013, 15: 1810.

[43] Neatu S, Puche M, Fornes V, et al. Cobalt-containing layered or zeolitic silicates as photocatalysts for hydrogen generation[J]. Chem. Commun., 2014, 50: 14643 – 14646.

[44] Ma Y, Sun H, Sun Q, et al. Zirconium-doped porous magadiite heterostructures upon 2D intragallery in situhydrolysis-condensation-polymerization strategyfor liquid-phase benzoylation [J]. RSC Adv., 2015, 5: 67853 – 67865.

[45] Sun J K, Lee G, Ryu Y K, et al. Preparation and photoluminescent properties of Eu (Ⅲ) containing M-layered silicates (M = Li, Na, K, Rb, Cs)[J]. Res. Chem. Intermed., 2012, 38: 1191 – 1202.

5 麦羟硅钠石在聚合物纳米复合材料中的应用

复合材料指的是由两种或两种以上的材料相复合而成的新材料，通常拥有某一种特异性能或较好的综合性能。纳米复合材料是一类新型的复合材料，由于纳米复合材料的分散相尺寸位于宏观和微观中间的过渡区域，这使得纳米复合材料的物理或化学性质有了某些特殊的变化。有机－无机纳米复合材料更是结合了无机物和有机物各自性能的优点，在光学、生物学和人工智能等方面使得有机－无机纳米复合材料具有很多的优良特性，因此成为新材料科学研究的关注热点之一。

聚合物纳米复合材料就是指聚合物和其他相的两相或多相微观结构中至少有一相的一维尺度达到纳米尺寸。由于纳米粒子的表面效应、体积效应以及量子尺寸效应，纳米粒子与聚合物复合形成的复合材料克服了传统聚合物复合材料的许多缺点，使其具有优异的力学性能、热性能以及光电特性，符合发展高性能、功能化新材料的需求。纳米粒子不仅使聚合物的强度、刚性、韧性得到明显改善，而且还能提高材料的耐热性、透光性、阻隔性以及抗老化性。

近年来，层状硅酸盐由于其特殊的性质而备受关注，在聚合物中加入一定量的层状硅酸盐就可以极大地改善聚合物的机械性能、阻隔性能[23]。层状硅酸盐聚合物(PLS)由于具有良好的耐热性、机械强度、阻燃性和低的气体渗透性。层状硅酸盐复合材料主要集中在聚合物/层状硅酸盐或者有机分子/层状硅酸盐的研究。聚合物/层状硅酸盐纳米复合材料克服了通常聚合物基纳米复合材料制备过程中纳米粒子易团聚的缺点，使硅酸盐片层能够在纳米尺度上均匀地分散在聚合物基体中，能够改善聚合物基体的力学性能、气体阻隔性、耐溶剂性及耐热性等物理机械性能。

目前，几乎所有的层状硅酸盐都曾作为填料添加到聚合物中，与聚合物形成纳米复合材料。magadiite 作为一种性质优异的新型层状硅酸盐，促进了它作为纳米复合材料填料的应用，但关于 magadiite 与聚合物复合形成纳米复合材料的研究相对较少。Dongyan Wang 等[4]利用改性的 magadiite 用本体聚合法合成了 PS/magadiite 纳米复合材料；Li 等[7]利用原子转移自由基聚合法合成了 PS/magadiite 纳米复合材料；Mao 等[8]利用熔融共混的方法制备了 PS/magadiite 和 PCL/magadiite 纳米复合材料；Isoda 等[10]用 γ－MPS 基团接枝的 magadiite 与甲基丙烯酸甲酯(PMMA)共聚合制备了 PMMA/γ-MPS-magadiite 纳米复合材料；Costache 等[11]用聚对苯二甲酸乙二醇酯(PET)与改性 magadiite 复合制备出了 PET/magadiite 纳米复合材料；Zhen Wang 等[14]将环氧树脂(EP)与 magadiite 复合制备出了 EP/magadiite 纳米复合材料；陈萌等[27]用熔融共混法制备了 PP/magadiite 纳米复合材料。

5.1 PS/magadiite 纳米复合材料

聚苯乙烯(PS)主链为饱和碳链,侧基为共轭苯环,分子链不规整,增大了分子的刚性,所以聚苯乙烯为非结晶型线性聚合物。由于分子链的刚性,易引起应力开裂。它的重要特点是熔融时的热稳定性和流动性非常好,易成型加工,产品质量也较高。聚苯乙烯随着温度的升高,弹性模量、拉伸强度和冲击强度下降,但断裂伸长率较大。它的主要缺点是脆性和耐热性较低。利用 magadiite 良好的耐热性和机械性能,可以改善聚苯乙烯的表面弹性和硬度,提高其耐热性。

通常制备 PS/magadiite 纳米复合材料的方法有三种:本体聚合法、原子转移自由基聚合法(ATRP)和熔融共混法。下面分别针对三种方法的具体制备方法和所制备纳米复合材料的性能做具体分析。

5.1.1 本体聚合法制备 PS/magadiite 纳米复合材料

magadiite 层间可进行阳离子交换和有机改性,可以用四氢呋喃(THF)法和 H_2O 法[1]改性 magadiite。具体步骤为:将 magadiite 分散在 THF 溶液或 H_2O 中,在室温下磁力搅拌反应 24 h,加入苯乙烯基二甲基十六烷基铵盐(VB16)用于阳离子交换反应,24 h 后移除母液,加入新鲜的铵盐重新开始反应,重复两次,最后改性的 magadiite 产物在室温真空炉中干燥。

然后用本体聚合法制备 PS/magadiite 纳米复合材料:将有机改性的 magadiite、引发剂偶氮二异丁腈和苯乙烯单体放置在圆底烧瓶中,在室温下搅拌同时通 N_2 保护,直到形成悬浮液,然后加热到 80℃预聚,冷却至室温,再在 N_2 保护下在 60℃聚合 24h,然后升温至 80℃再反应 24 h,在 100℃下真空干燥 6h 除去未反应的单体即可[2~3]。

发生阳离子交换时,长链季铵盐插层进入 magadiite 层间,使层间距增大,但 magadiite 的层间距增大后,随着离子交换时间的延长,层间距又减小。Dongyan Wang 等[4]测定了在不同的时间段内 THF 中的阳离子交换的 XRD 图谱,具体数据见表 5-1,离子交换后,001 峰的位置向低 2θ 值偏移,magadiite 对应的层间距也相应地增加。当交换时间超过 4 h 时,峰的位置又向较高的 2θ 值偏移。阳离子交换过程相对缓慢,能够恢复到较低的层间距。

表 5-1 在 THF 中层间距随阳离子交换时间的变化[4]

Exchang hours/ h	$2\theta/(°)$	d_{001}/nm
1	3.3	2.7
2	2.1	4.2

续表 5 - 1

Exchang hours/ h	$2\theta/(°)$	d_{001}/nm
3	2.1	4.2
4	1.7	5.2
5	2.3	3.8
6	2.5	3.5
7	2.4	3.7
>7	2.3	3.8
Several weeks	2.3	3.8

与 H_2O 相比，有机溶剂 THF 更有利于铵盐插层进入 magadiite 层间。图 5 - 1 把 THF 和 H_2O 方法改性 magadiite 的 XRD 图谱进行了对比。"1×"表示改性的 magadiite 与季铵盐发生了一次离子交换，"2×"表示改性的 magadiite 与季铵盐发生了两次离子交换，"3×"表示改性的 magadiite 与季铵盐发生了三次离子交换。在纯水中阳离子交换两次最小层间距为 3.2nm，而在纯 THF 和 THF/H_2O 中层间距都为 3.7nm。

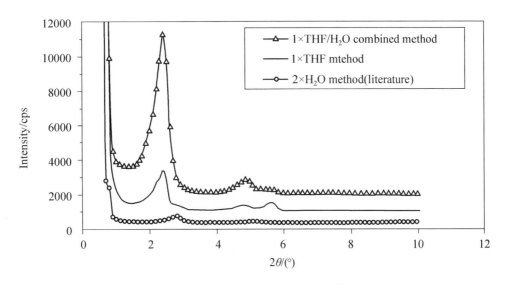

图 5 - 1　溶剂对阳离子交换的影响[4]

经过多次离子交换后，magadiite 在聚合物基体中能够很好地分散，季铵盐在 THF 溶液中的阳离子交换时间对层间距的影响可用 XRD 图谱来反映，如图 5 - 2 所示，在 $2\theta = 5.7°$ 处的是 magadiite 的衍射峰，经过一次离子交换后，它仍然存在，经过两次或三次离子交换后，衍射峰消失。PS/magadiite 纳米复合材料经过一次离子交换后在 $2\theta = 6°$ 处的衍射峰十分清晰（图 5 – 3），经过三次离子交换后变得不再明显。

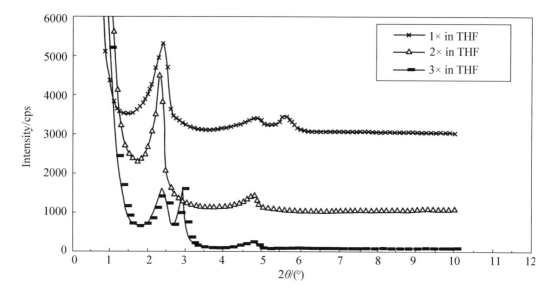

图 5 – 2 离子交换次数对 XRD 曲线的影响[4]

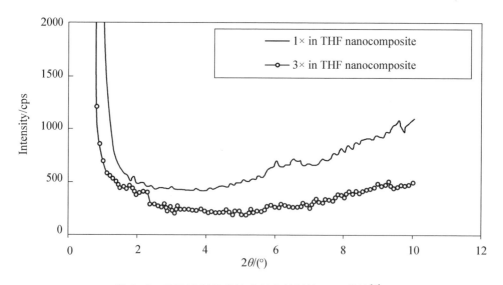

图 5 – 3 THF 法制备的纳米复合材料的 XRD 曲线[4]

离子交换溶液对所得到的纳米复合材料的类型是很重要的，比较在 H_2O 和 THF 中离子交换的情况，H_2O 法改性的 magadiite 形成插层结构，在 XRD 图谱中有衍射峰，而 THF 法改性的 magadiite 得到了剥离结构，其 d_{001} 面衍射峰移向低角度。

　　PS/magadiite 纳米复合材料呈层状结构，是由插层和剥离两种结构组成的混合纳米复合材料。Dongyan Wang 等[4] 为了观察 PS/magadiite 纳米复合材料的结构，对材料进行了 TEM 测试，结果如图 5－4、图 5－5、图 5－6 所示。图 5－4 和图 5－5 是在低倍镜下的 TEM 图，图中有较大的 magadiite 片晶，表明这个体系分散性不良，在高倍镜下，可清楚地看到用 THF 法制得的材料是层状的，而用 H₂O 法制得的材料剥离和插层相混合。图 5－6 是用 THF 法改性的 magadiite 离子交换一次通过本体聚合制备的纳米复合材料在高倍镜下的图像，可以明显观察到类晶团聚体，这与上面 XRD 的测试结果是一致的。

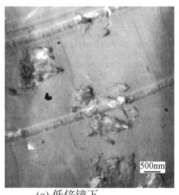
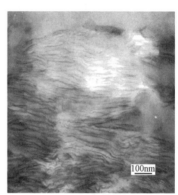

(a) 低倍镜下　　　　　　　　　　　　　　　　(b) 高倍镜下

图 5－4　THF 法制备的 PS/magadiite 纳米复合材料的 TEM 图像[4]

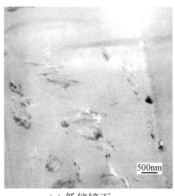
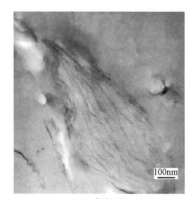

(a) 低倍镜下　　　　　　　　　　　　　　　　(b) 高倍镜下

图 5－5　H₂O 法制备的 PS/magadiite 纳米复合材料的 TEM 图像[4]

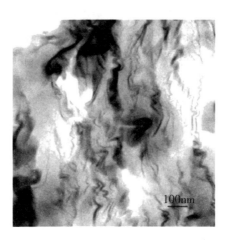

图 5 - 6　用 THF 法改性的 magadiite 离子交换一次制备的
PS/magadiite 纳米复合材料在高倍镜下的 TEM 图像[4]

　　因为 magadiite 具有一个较大的平板区域, 可以提供较强的相互作用力, 所以 PS/magadiite 纳米复合材料的模量和拉伸强度都有很大的提高[5]。但与 PS 相比, Na-magadiite 并不能改善 PS 的机械性能, 这可能是因为聚合物基质中的无机改性的黏土分散性较差的缘故。不管用什么方法改性, 有机改性的 magadiite 都不能很好地提高其机械性能。PS/magadiite 纳米复合材料的模量和拉伸强度见表 5 - 2。

表 5 -2　PS/magadiite 纳米复合材料的机械性能[4]

Sample	Modulus/GPa	Peak stress/MPa
Pure PS	2.6	4.8
PS/magadiite, bulk	2.1	3.7
PS/VB16-magadiite, H_2O, bulk	3.5	22.4
PS/VB16-magadiite, H_2O, bulk, 3 ×	3.7	17.6
PS/VB16-magadiite, THF, bulk	4.0	11.6
PS/VB16-magadiite, THF, bulk, 3 ×	3.7	14.7

　　通过热重分析研究 PS/magadiite 纳米复合材料的热稳定性。与纯的 PS 相比, PS/magadiite 纳米复合材料的起始降解温度没有改变。经过三次离子交换的 PS/magadiite 的纳米复合材料的热稳定性结果见表 5 - 3, 表中列出了降解 10% 时的温度(作为起始降解温度)、降解 50% 时的温度和在 600℃ 时的焦炭的质量分数。

表5-3   经过三次离子交换的 PS/magadiite 纳米复合材料的热稳定性[4]

Sample	Temperature at 10% mass loss/℃	Temperature at 50% mass loss/℃	Coke mass fraction at 600℃/%
Pure PS	351	404	0
H₂O method, 3×	353	418	3
THF method, 3×	344	416	6

  magadiite 的存在不影响降解过程。图 5 - 7 和图 5 - 8 分别是用 H_2O 改性的 magadiite 与季铵盐发生三次离子交换($3 \times H_2O$)和用 THF 改性的 magadiite 与季铵盐发生三次离子交换($3 \times THF$)的 magadiite 与 PS 的纳米复合材料的红外光谱图。图中 1630 cm^{-1} 处的峰归属于单体的形成，1600 cm^{-1} 处的峰代表生成了预聚体[6]。从 TG-FTIR(热重 - 红外光谱)的数据可以明显发现，单体和预聚物的数量相近，实验结果也证明了 magadiite 不影响降解过程。

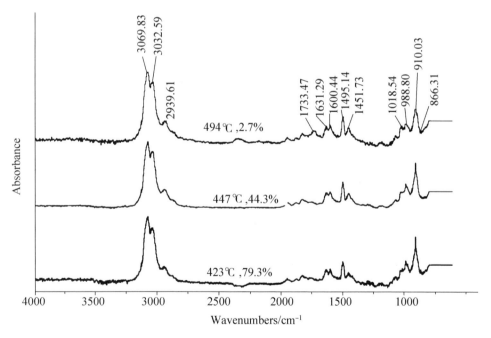

图 5 - 7 $3 \times H_2O$ 的 magadiite 与 PS 的纳米复合材料的 TG-FTIR 曲线[4]

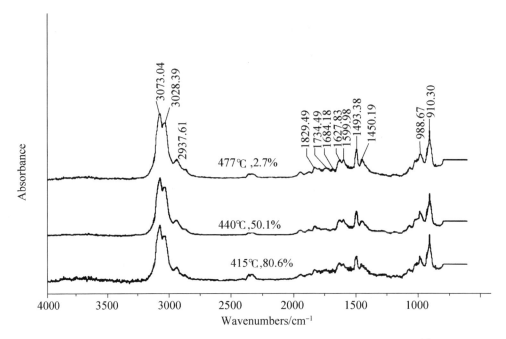

图 5 - 8　3 × THF 的 magadiite 与 PS 的纳米复合材料的 TG-FTIR 曲线[4]

5.1.2　ATRP 法制备 PS/magadiite 纳米复合材料

利用 ATRP 法合成 PS/magadiite 纳米复合材料的原理如图 5 - 9 所示。

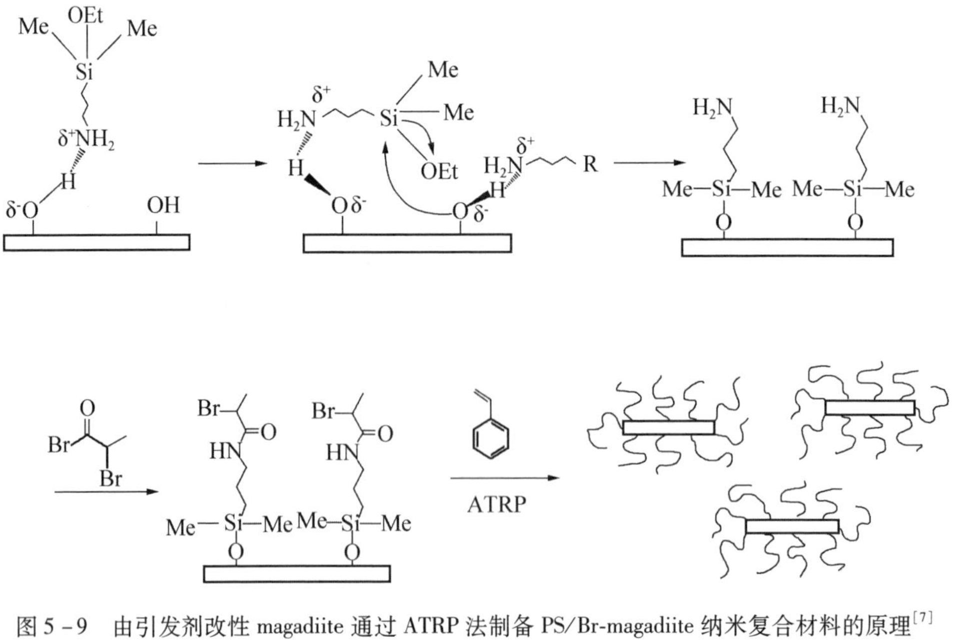

图 5 - 9　由引发剂改性 magadiite 通过 ATRP 法制备 PS/Br-magadiite 纳米复合材料的原理[7]

首先用无定型二氧化硅、氢氧化钠、碳酸钠和水利用水热法合成 Na-magadiite，Na-magadiite 和 HCl 溶液进行离子交换反应制得 H-magadiite。然后 H-magadiite 用极性有机溶剂[如二甲基甲酰胺（DMF）]和表面活性剂[如（3－氨基丙基）二甲基乙氧基硅烷]改性得到 NH$_2$-magadiite，再将 NH$_2$-magadiite 分散在 DMF 溶液中，以2-溴异丁酰溴作为 ATRP 反应的引发剂制得 Br-magadiite。

将 Br-magadiite 和丙酮配制成不同浓度的 Br-magadiite 丙酮溶液，在25℃下用氮气吹洗，搅拌3h，然后加入苯乙烯单体。当其完全溶解后，在氮气保护下在55℃的油浴中搅拌6h，反应后的混合物用丙酮和甲醇洗涤，然后将固体材料放置在真空干燥箱中在80℃下干燥24h，即得到 PS/magadiite[7]。

表面活性剂（3－氨基丙基）二甲基乙氧基硅烷分子插层进入了硅酸盐层间，NH$_2$-magadiite 的层间距较 Na-magadiite 和 H-magadiite 的大，但 Br-magadiite 的层间距比 NH$_2$-magadiite 的小。Li 等[7]对 Na-magadiite、H-magadiite、NH$_2$-magadiite 和 Br-magadiite 四种不同的 magadiite 进行了 X 射线衍射测试，XRD 图谱如图5－10所示。图中 Na-magadiite 和 H-magadiite 的层间距分别为1.56nm 和1.77nm，NH$_2$-magadiite 的层间距为1.8nm（对应的 $2\theta = 4.91°$）。当2－溴异丁酰溴与 NH$_2$-magadiite 相互作用时，氨基与层状硅酸盐的 OH 基团之间的氢键减少，所以 Br-magadiite 的层间距变小，为1.64nm（对应的 $2\theta = 5.39°$）。

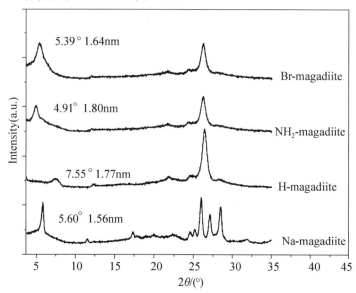

图5－10 Na-magadiite、H-magadiite、NH$_2$-magadiite 和 Br-magadiite 的 XRD 曲线[7]

随着 ATRP 聚合反应的进行，magadiite 的 d_{001} 峰向小角度偏移，同时变得更弱。Li[7]等为了详细观察在 ATRP 反应过程中 magadiite 层间距的变化，对其进行了 XRD 测试，如图5－11a 所示。在聚合反应起初，Br-magadiite 的 001 面峰在5.39°处，随着反应的进行，峰向小角度偏移，反应360min 后峰消失，表明形成了插层和部分剥离的结构。图 5 – 11b 是含不同 Br-magadiite 组分（质量分数分别为 1.0%、3.0% 和 5%）的 PS/Br-magadiite 复合材料的 XRD 图。图中纳米复合材料在 $2\theta = 2°$ 和 $2\theta = 10°$ 之间没有峰，表明这些纳米复合材料中 magadiite 的层间距大于 3 nm，也表明了 magadiite 是插层和部分剥离的结构。

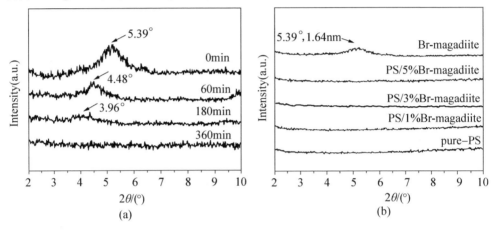

图 5 – 11　PS/Br-magadiite 的 XRD 曲线[7]

注：图(a)为在聚合反应过程中的不同时间点取出的 PS/5% Br-magadiite 的 XRD 图。

（3 – 氨基丙基）二甲基乙氧基硅烷和 magadiite 之间存在共价键。图 5 – 12 是 Na-magadiite、H-magadiite 和 NH_2-magadiite 的 ^{29}Si NMR 谱图。图中 100×10^{-6} 和 112×10^{-6} 处的 Q^3 和 Q^4 峰分别归属于层状硅酸盐 magadiite 中 $Si(OSi)_3OH$ 和 $Si(OSi)_4$ 的化学结构。在 21.09×10^{-6} 处的峰是由（3 – 氨基丙基）二甲基乙氧基硅

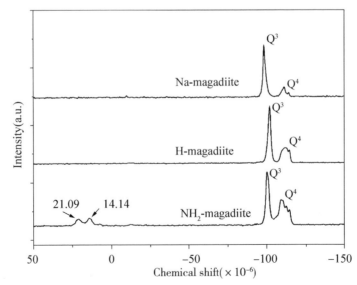

图 5 – 12　Na-magadiite，H-magadiite 和 NH_2-magadiite 的 ^{29}Si NMR 谱图[7]

烷和 magadiite 表面共价连接引起的，表明了(3－氨基丙基)二甲基乙氧基硅烷和 magadiite 之间存在共价键，14.14×10^{-6} 处的峰说明(3－氨基丙基)二甲基乙氧基硅烷自身聚合形成二聚物[R_3SiOSi]。

图 5－13 是 NH_2-magadiite 和 Br-magadiite 的 ^{13}C NMR 图谱。图中 174.79×10^{-6} 处的峰归属于2-溴异丁酰溴的 C≡O 基团，化学环境改变，2－溴异丁酰溴的峰由 166.07×10^{-6} 处位移至 174.79×10^{-6} 处，这表明2－溴异丁酰溴和 NH_2-magadiite 发生了反应。

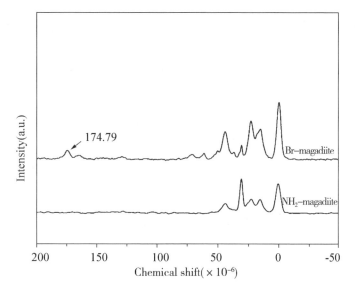

图 5－13　NH_2-magadiite 和 Br-magadiite 的 ^{13}C NMR 谱[7]

Na-magadiite、H-magadiite 和 NH_2-magadiite 的堆叠尺寸在 $1.0 \sim 1.5 \ \mu m$ 之间。图 5－14 为 Na-magadiite、H-magadiite 和 NH_2-magadiite 的 SEM 图像。图中 Na-magadiite 和 H-magadiite 形成类似花环的环状结节，花环通过用(3－氨基丙基)二甲基乙氧基硅烷硅烷化后剥离形成更小的结构。

PS/Br-magadiite 是插层和部分剥离的结构。图 5－15 是 PS/Br-magadiite(Br-magadiite 的质量分数为 5.0%)的 TEM 图，从图中可以看出 magadiite 在 PS 中分散均匀。

所得到的纳米复合材料与纯 PS 相比，复合材料的热性能有较大的提高，此外，表面弹性和硬度也远远高于纯 PS。

纳米层状硅酸盐的共价键能够维持较高的温度，并阻止热扩散进入 PS，所以 PS/Br-magadiite 纳米复合材料的热分解温度随着 Br-magadiite 含量的增加而升高。由于 Br-magadiite 的共价键连接 PS 链限制了 PS 链的运动，随着 Br-magadiite 含量的增加，PS/Br-magadiite 的玻璃化转变温度也有所增加。其热性能、分子量和多分散

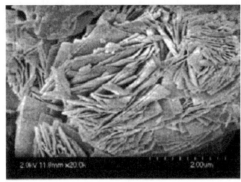
(a) Na-magadiite

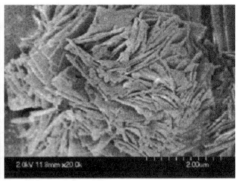
(b) H-magadiite

(c) NH$_2$-magadiite

图 5 - 14　改性 magadiite 的 SEM 图[7]

图 5 - 15　PS/Br-magadiite 的 TEM 图[7]

性列于表 5 - 4 中。当复合材料中含有质量分数为 5% 的 Br-magadiite 时，其降解温度 T_d 与纯 PS 相比可增加 35.5℃。复合材料的多分散性在 1.2 ~ 1.3 之间。

表 5 - 4 PS/Br-magadiite 纳米复合材料的热性能、分子量和多分散性[7]

Br-magadiite 质量分数/%	降解温度 T_d^a/ ℃	玻璃转化温度 T_g/ ℃	数均分子量 M_n(×10^{-3})	分散性(M_w/M_n)[b]
0	384.6	91.1	68.8	1.23
1.0	412.7	100.3	65.1	1.28
3.0	417.5	102.8	63.2	1.32
5.0	420.1	104.2	62.8	1.33

注：[a] 降解温度是指有 5% 的质量损失时的温度；[b] M_w 为重均分子量。

随着纳米复合材料中 magadiite 含量的增加，表面硬度和折减弹性模量增加。Br-magadiite 的硬度增加了 PS 的硬度。因为 magadiite 片层的取向平行于薄膜表面，在纳米压痕试验中压痕载荷的方向垂直于表面，magadiite 的片层对增加负载有抵抗作用。所以，表面硬度和折减弹性模量随着 PS 中加入的 Br-magadiite 量的增加而增加。PS/Br-magadiite 纳米复合材料的表面纳米机械性质(由纳米硬度计测得) 列于表 5 - 5 中，PS/5% Br-magadiite 的折减弹性模量(21.5GPa) 约为纯 PS(6.7GPa) 的 3 倍，材料的硬度(0.30GPa) 约为纯 PS(0.13GPa) 的 2.3 倍。即 Br-magadiite 的存在增加了其表面弹性，同时表面硬度也随着 Br-magadiite 的量的增加而增加。

表 5 - 5 PS/Br-magadiite 的表面纳米机械性质[7]

Br-magadiite 的质量分数/%	折减弹性模量/GPa	表面硬度/GPa	最大伸长位移/nm
0	6.7 ± 0.1	0.13 ± 0.02	410.18 ± 0.01
1.0	15.2 ± 0.1	0.15 ± 0.01	335.51 ± 0.02
3.0	18.5 ± 0.1	0.22 ± 0.01	317.10 ± 0.01
5.0	21.5 ± 0.1	0.30 ± 0.02	268.97 ± 0.02

5.1.3 熔融共混法制备 PS/magadiite 纳米复合材料

先用表面活性剂十六烷基三甲基氯化铵(HTMA) 和十六烷基三丁基镂溴化物(HTBP) 制备有机 magadiite。具体方法步骤见第四章有机 magadiite(季铵盐、季镂盐改性) 的制备的内容。再将有机 magadiite 分散在 PS 聚合物基质中，在温度为

433K，压力为 70MPa 的条件下混合反应 30min[8]。

用扫描电子显微镜、广角 X 射线衍射和核磁共振图谱研究材料的结构。图 5 – 16 是在 155℃下热处理 48 h 合成的 magadiite 的 SEM 图像。

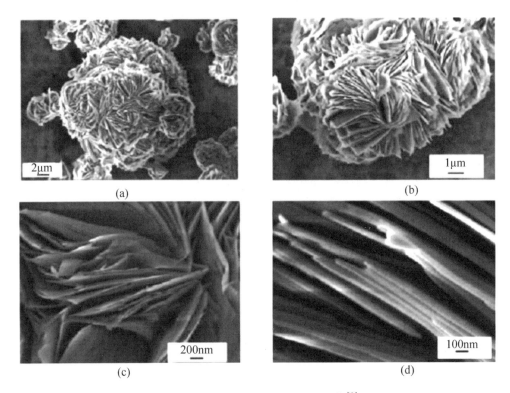

图 5 – 16　合成 magadiite 的 SEM 图像[8]

聚合物 PS 插层进入有机 magadiite 层间形成纳米复合材料，这种纳米复合材料中，聚合物对有机 magadiite 的结构影响不大。在广角 X 射线衍射图中 magadiite 的 d_{001} 面峰对应的 $2\theta = 5.7°$，相应的层间距为 1.5nm。经 HTMA 改性的有机 magadiite 的 d_{001} 面峰向小角度偏移，PS/magadiite 纳米复合材料与有机 magadiite 的 001 面峰一致在 $2\theta = 2.7°$处，所对应的层间距为 3.2nm。

对于 PS/magadiite 纳米复合材料，有机 magadiite 的层间距没有发生很大的变化，表明聚合物链并没有插层进入有机 magadiite。经过鏻表面活性剂 HTBP 改性的有机 magadiite 与 PS 不能形成插层聚合物。

所以，PS 不能插层进入 HTMA 和 HTBP 改性的有机 magadiite 中形成任何一种纳米复合材料。

5.2　PMMA/γ-MPS-magadiite 纳米复合材料

聚甲基丙烯酸甲酯(PMMA)具有良好的绝缘性，对酸、碱、盐有较强的耐腐蚀性，透明度高，价格低，易于机械加工，而且机械强度高、抗拉伸强度高、耐冲击性好。由于 PMMA 易加工、可大批生产，制造简单，成本低，又具有良好的透明性和高的机械强度，所以被广泛应用。

制备 PMMA/γ-MPS-magadiite 纳米复合材料[10]：用无定型二氧化硅、NaOH、Na_2CO_3 和水利用水热法合成 Na-magadiite，与十二烷基三甲基溴化铵(C12TMABr)发生离子交换制得 C12TMA-magadiite。然后在 magadiite 表面接枝 γ-甲基丙烯酰氧基丙基三甲氧基硅烷(γ-MPS)，即 C12TMA-magadiite 在低压下 100℃脱水干燥 2 h，将干燥后的样品与乙醇和 γ-MPS 混合，然后用新鲜的硅烷化试剂在氮气保护下重复回流反应 48 h，产物 γ-MPS-magadiite 再用乙醇和丙酮洗涤数次，然后放置在空气中干燥 2 天[10]。再用 γ-MPS-magadiite 与甲基丙烯酸甲酯单体(MMA)共聚合制备纳米复合材料。取 γ-MPS-magadiite、MMA 和再结晶的 2，2′-偶氮二异丁腈混合在蒸馏过的甲苯溶剂中，混合物在氮气保护中 60℃下反应 72 h 发生自由基聚合。反应后得到不透明材料，用甲苯在索格利特装置中萃取 72 h，以除去游离的 PMMA，得到的白色固体就是最终产物 PMMA/γ-MPS-magadiite。

可用 X 射线衍射、核磁共振图谱和扫描电子显微镜对材料的结构进行分析。Isoda 等[10]对 Na-magadiite、C12TMA-magadiite、γ-MPS-magadiite 和 PMMA/γ-MPS-magadiite 进行了 XRD 分析，曲线如图 5-17 所示。在洗涤之前 γ-MPS 基团插入 magadiite 层间，γ-MPS 基团固定，γ-MPS-magadiite 的层间距是 2.15 nm，与 H-magadiite 的层间距(1.12 nm)相差 1.03 nm，γ-MPS 基团有机链彼此交叉几乎垂直于 magadiite 片层(γ-MPS 基团链长为 1.0～1.1 nm)。MMA 共聚合插层后，层间距由 2.15 nm 增加到 2.66 nm(MMA 的分子尺寸为 0.3～0.6 nm)，层间距的增加量与 PMMA 插入片层空间的情况相一致。即使在索格利特装置中洗涤后，层间距仍然没有改变，这也说明了共聚合链固定在了片层空间中。

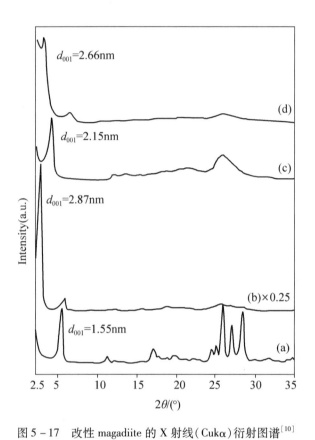

图 5 – 17　改性 magadiite 的 X 射线（Cukα）衍射图谱[10]

注：（a）Na-magadiite，（b）C12TMA-magadiite，（c）γ-MPS-magadiite，（d）PMMA／γ-MPS-magadiite。

图 5 – 18 是 γ-MPS（液态）和 γ-MPS-magadiite（固态）的[13]C NMR 谱图。图中曲线 B 中在 125×10^{-6}、137×10^{-6}、168×10^{-6} 处分别为 C＝C、＝C（CH$_3$）、C＝O 的特征峰，$(26 \sim 59) \times 10^{-6}$ 之间的峰在 γ-MPS 的曲线中没有显示出来。

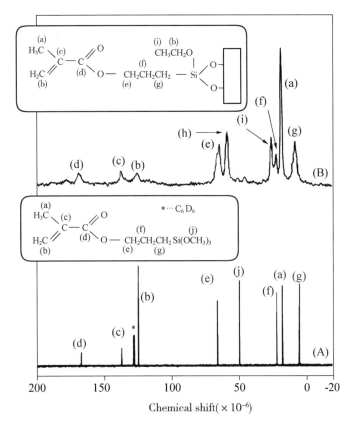

图 5 – 18　γ-MPS 和 γ-MPS-magadiite 的 ^{13}C NMR 谱图[10]

注：（A）γ-MPS；（B）γ-MPS-magadiite。

　　magadiite 片层表面的硅醇基团被 γ-MPS 基团修饰形成 Q^4 单元。Na-magadiite 和 γ-MPS-magadiite 的 ^{29}Si CP/MAS NMR 图谱如图 5 – 19 所示。图中 γ-MPS-magadiite 的曲线中，T^1[Si(OSi)(OR′)(OR″)R] 的峰在 -45×10^{-6} 处，T^2[Si(OSi)$_2$(OR′)R] 的峰在 -57×10^{-6} 处，T^3[Si(OSi)$_3$R] 的峰在 -66×10^{-6} 处，-100×10^{-6} 处的峰 Q^3[Si(OSi)$_3$OR] 和 -110×10^{-6} 附近的峰 Q^4[Si(OSi)$_4$] 归属于 magadiite 的硅酸盐框架。硅烷化试剂的化学位移约在 -42×10^{-6} 处，表明了层间表面的硅醇基团被 γ-MPS 基团修饰。

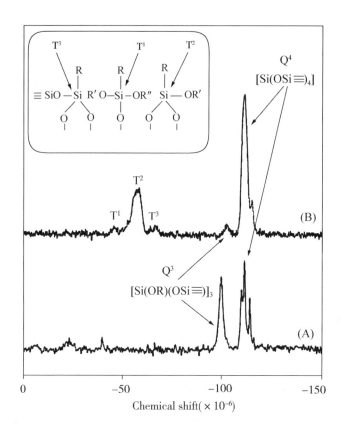

图 5-19　Na-magadiite 和 γ-MPS-magadiite 的 CP/MAS NMR 图谱[10]

注：（A）Na-magadiite；（B）γ-MPS-magadiite。

聚合物 PMMA 与 γ-MPS 基团发生聚合反应形成了 PMMA/γ-MPS-magadiite 复合材料。图 5-20　γ-MPS-magadiite 和 PMMA/γ-MPS-magadiite 的 ^{13}C CP/MAS NMR 谱图可以说明这一点。图中 PMMA/γ-MPS-magadiite 的曲线在 45×10^{-6} 处的强峰归属于聚合物链中亚甲基基团的碳原子，而 C=C 双键的碳原子在 $(125 \sim 137) \times 10^{-6}$ 处的峰几乎完全消失，表明与 γ-MPS 基团发生了聚合反应，在 168×10^{-6} 处的 C=O 基团信号位移到了 176×10^{-6} 处。

PMMA/γ-MPS-magadiite 呈片晶形态，即使发生层间聚合后，magadiite 仍然保留着层状结构。Isoda[10] 等用扫描电子显微镜对 Na-magadiite、C12TMA-magadiite、γ-MPS-magadiite 和 PMMA/γ-MPS-magadiite 进行了扫描，其 SEM 照片如图 5-21 所示。由图片可知，Na-magadiite 是由薄晶片聚集而成的，C12TMA-magadiite 片层疏松堆积，γ-MPS-magadiite 呈片状微晶分散。

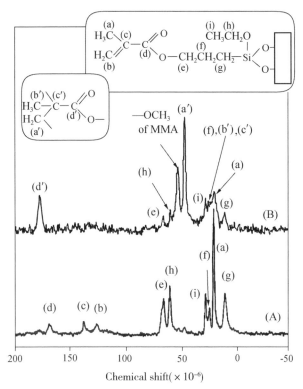

图 5 – 20　γ-MPS-magadiite 和 PMMA/γ-MPS-magadiite 的 ^{13}C CP/MAS NMR 谱图[10]

注：（A）γ – MPS-magadiite；（B）PMMA/γ-MPS-magadiite

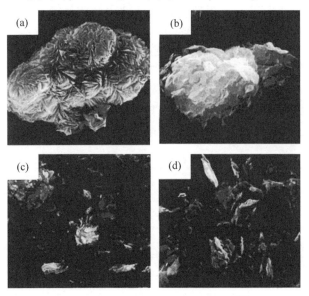

图 5 – 21　改性 magadiite 的 TEM 图[10]

注：（a）Na-magadiite，（b）C12TMA-magadiite，（c）γ-MPS-magadiite，（d）PMMA/γ-MPS-magadiite。

PMMA 与 γ-MPS-magadiite 聚合形成 PMMA/γ-MPS-magadiite 复合材料后，对其热性能的影响不大。图 5 - 22 是 γ-MPS-magadiite 和 PMMA/γ-MPS-magadiite 的 TG 曲线，两种样品都从 260～290℃ 范围内开始失重，它们的分解温度是一致的，但分解速率很明显前者小于后者。

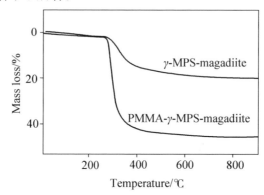

图 5 - 22　γ-MPS-magadiite 和 PMMA/γ-MPS-magadiite 的 TG 曲线[10]

5.3　PET/magadiite 纳米复合材料

聚对苯二甲酸乙二醇酯（PET）是高度结晶的聚合物，在较宽的温度范围内具有优良的物理机械性能，抗冲击强度高，韧性好，表面硬度高，电绝缘性优良，抗蠕变性、耐疲劳性、耐摩擦性、尺寸稳定性都很好。此外，它还拥有优良的阻气、水等的性能，具有耐气候性、自熄性。其缺点是结晶速率慢、成型周期长、收缩率大、成型加工困难、耐热性差。magadiite 与 PET 一般通过增强、填充、共混等方法复合形成纳米复合材料，可以大大改进其加工性和物性。

制备 PET/黏土纳米复合材料：首先选用十六烷基喹啉鎓溴化物（Q16）改性矿物黏土，然后将改性黏土和 PET 混合放入 Brabender 转矩流变仪中，在 280℃ 下以 60 r/min 的转速熔融混合 7 min 制得 PET/黏土纳米复合材料[11]。其中无机黏土质量分数均为 3%，加入的改性黏土的量列于表 5 - 6 中。

表 5 - 6　PET/黏土纳米复合材料的组成[11]

Sample	Mass fraction of PET / %	Mass fraction of modified clay / %	Mass fraction of inorganic clay /%
PET	100	—	—
PET/MMT-L	88	12.0(MMT-L)	3
PET/MMT-Q16	96.5	3.5(MMT-Q16)	3
PET/Hect-Q16	96.5	3.5(Hect-Q16)	3
PET/magadiite-Q16	96	4.0(magadiite-Q16)	3

注：MMT-L 为由一种 L-表面活性剂改性的原始蒙脱石；MMT-Q16 是 Q16 改性的原始蒙脱石；Hect-Q16 是 Q16 改性的锂蒙脱石；magadiite-Q16 是 Q16 改性后的 magadiite。

　　PET/magadiite-Q16 的结构可以描述为一种混合的不相容 - 插层形态。对于基于 magadiite 的纳米复合材料，原黏土的层间距在与表面活性剂 Q16 交换后由 1.52nm 增加到 1.63nm，层间距仅增加了 0.1nm。扩大层间距有助于聚合物进入黏土层，而 magadiite 层间距的改变不足以使在聚合物中的黏土纳米分散体进入[12]。研究发现，PET/magadiite-Q16 混合物的峰与混合熔融的 PET 相比降低了。d_{001} 的减小伴随着一个宽而强的低谷，表明它形成了微相复合材料。在低倍镜下（图 5 - 23a）可看出其分散性较差，有较多的 magadiite 聚集，在高倍镜下（图 5 - 23b）可明显看到类晶团聚体堆积在 magadiite 层上，这种结构在连续的层间包含有很多堆叠的片晶，表明这种复合材料的分散性较低。

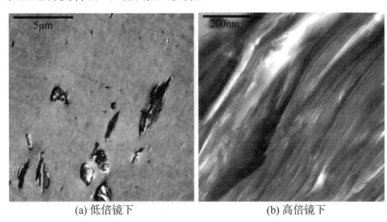

(a) 低倍镜下　　　　　　　　　　(b) 高倍镜下

图 5 - 23　PET/magadiite-Q16 的 TEM 图

　　改性后的 magadiite-Q16 的热稳定性较差。Costache 等[11]对黏土进行了热重分析，由它的 TG 曲线可得，在温度为 264℃附近时，magadiite-Q16 质量损失约为 2%，温度在 319℃附近时，质量损失约为 5%，当温度升高到 600℃时，质量损失约 79%。

　　纳米复合材料的热性能与纯聚合物相比相差不大，即黏土的存在对其影响不大，而且损失的质量并不依赖于表面活性剂和黏土的种类。对 PET 和 PET/黏土纳米复合材料进行 TG 测试，结果表明，PET/magadiite-Q16 质量损失 10% 时的温度与纯 PET（420℃）相比几乎没有改变，比较纯的聚合物和纳米复合材料质量损失 50% 时的温度发现，并没有发生显著的改变，从而也表明了黏土的存在对其影响不大。

5.4　EP/magadiite 纳米复合材料

　　分子结构中含有环氧基团的高分子统称为环氧树脂（EP），是一种常用的热固性塑料。固化后的环氧树脂具有良好的物理化学性质，对金属、非金属表面有较强的黏接强度，耐化学性能、介电性能良好，变定收缩率小，制品尺寸稳定性好，硬度高，柔韧性好，在涂料、复合材料、黏合剂等方面有着广泛应用。但固化后的 EP 存在内应力大、质脆和耐湿热性差等缺点。可以用无机纳米粒子改性 EP 来提高性能，即将无机填料以纳米尺寸分散在 EP 基体中，形成有机 - 无机纳米复合材料。无机纳米粒子用于树脂基复合材料可以提高树脂的强度、韧性、耐热性和耐磨性，改善材料表面光洁度。纳米粒子改性 EP 的方法有原位分散聚合法、溶液混合法、直接共混法、溶胶 - 凝胶法和辐照接枝法等。纳米粒子能够增韧增强 EP 和提高其耐磨性、耐热性。

制备 EP/magadiite 纳米复合材料：用无定型 SiO_2、NaOH 和水合成 magadiite，然后用烷基铵盐 $[CH_3(CH_2)_{17}NH_{3-n}(CH_3)_n^+]$ 与 magadiite 进行离子交换得到有机 magadiite，即 $CH_3(CH_2)_{17}NH_{3-n}(CH_3)_n^+$-magadiite（其中 $n=0$，1，2，3）。将 EP 和固化剂（聚含氧丙烯胺）在室温下混合 30 min，然后将有机改性 magadiite 加入到 EP - 聚含氧丙烯胺中磁力搅拌混合 60 min。先用真空干燥箱除去混合液中的气体，然后倾入到不锈钢模具中在 75℃ 下固化 3 h，然后升温到 125℃ 再固化 3 h[13]。

分别用 C18A-magadiite，C18A1M-magadiite，C18A2M-magadiite 和 C18A3M-magadiite 表示 n 分别为 0，1，2，3 时石蜡状的 $CH_3(CH_2)_{17}NH_{3-n}(CH_3)_n^+$-magadiite。图 5 - 24 是它们的 XRD 图。

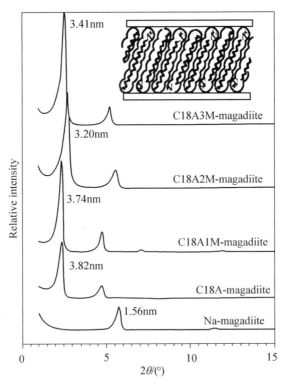

图 5 - 24　Na-magadiite 和石蜡状有机 magadiite 的 XRD 图[13]

由图 5-24 可知，烷基铵盐改性的有机 magadiite 随着 $CH_3(CH_2)_{17}NH_{3-n}(CH_3)_n{}^+$-magadiite($n=0$，1，2，3）中 n 值的增大，其 d_{001} 峰向低角度偏移，所对应的层间距增大。C18A2M-magadiite 的层间距为 3.20 nm，C18A3M-magadiite 的层间距为 3.41 nm。

表 5-7 是有机 magadiite 在不同溶剂中的层间距。由于镝离子的低酸性不利于 C18A2M-magadiite 和 C18A3M-magadiite 插层固化剂，所以，后者衍生物吸收很少或几乎不吸收固化剂。但是，在所有有机 magadiite 中，树脂与固化剂以 2:1 的化学计量比混合时能够有效地溶胀。

表 5-7   有机 magadiite 在不同溶剂中的层间距

（单位：nm）

Material designation	Air-dried	Epoxy solvated	D-2000 solvated	Epoxy and D-2000 solvated
C18A-magadiite	3.82	4.25	6.33	6.27
C18A1M-magadiite	3.74	4.19	5.24	5.14
C18A2M-magadiite	3.20	4.25	3.24	4.31
C18A3M-magadiite	3.41	4.17	3.42	3.91

Zhen Wang 等[14]将 EP 与固化剂以 2:1 的化学计量比混合，然后用 XRD 研究 C18A1M 插层过程中层间距与时间的函数。图 5-25 是 C18A1M-magadiite 的 XRD 衍射图谱。EP 和固化剂的混合物是黏性的且扩散缓慢，所以在室温下的插层过程十分缓慢（图 5-25 中曲线 a），当加热到 75℃ 时，在低角度有一个宽的衍射峰（图 5-25 中曲线 b），表明 C18A1M-magadiite 通道能被快速地溶剂化，溶剂化阶段持续至层间距增加到 6.27 nm（图 5-25 中曲线 c ~ e）。6.27 nm 阶段对于层状硅酸盐在最后纳米复合固化实现剥离态是十分重要的。在复合材料内部，magadiite 是被 EP 插层的，但层间距不固定。由图 5-25 曲线 f 和 g 可知，随着时间的增加，聚合物通道继续吸收试剂，通道继续扩大超过双分子层间距，纳米层的平行取向也随之消失，布拉格反射向小角度移动。C18A1M-magadiite 在 XRD 中的行为也表明其是一种具有插层结构的纳米复合材料。

制备 EP/magadiite 纳米复合材料的路径：EP 和固化剂以一定的化学计量比混合，在相当高的温度下能够形成通道，高度达到镝离子的脂状双分子层的厚度就可以发生插层，初始的有机硅酸盐通过这种插层共插层。继续加热，酸性络合阳离子催化通道内的聚合物链与通道外的聚合相竞争，结果导致聚合物在这种凝胶状态通道继续扩大，magadiite 纳米层插层，控制试剂插层、链的形成以及网络交联的相对速率以形成凝胶状态和最后固化的 EP/magadiite 纳米复合材料。反应温度为 75℃ 时，C18A-magadiite 和 C18A1M-magadiite 的纳米复合材料的形成过程如图 5-26 所示。

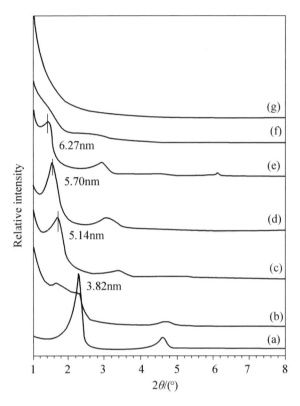

图 5 - 25　EP 与固化剂以一定的化学计量比混合后 C18A1M-magadiite 的 XRD 图谱

注：反应条件为(a) 25 ℃, 30 min；(b) 75 ℃, 10 min；(c) 75 ℃, 15 min；
(d) 75 ℃, 30 min；(e) 75℃, 60 min；(f) 75 ℃, 70 min；(g) 75 ℃, 90 min.

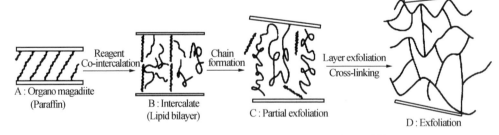

图 5 - 26　制备 EP/magadiite 纳米复合材料的路径[13]

在形成 EP/magadiite 纳米复合材料过程中，C18A2M-magadiite 和 C18A3M-magadiite 的插层状态与 C18A-magadiite 和 C18A1M-magadiite 有很大不同。前者纳米复合材料插层仍存在堆积，而后者形成完全插层无序的纳米复合材料。C18A3M-magadiite 形成插层的纳米复合聚合物。C18A2M-magadiite 是一种新型的 magadiite 纳米复合材料，其纳米层堆叠沿 001 面仍存在布拉格 X 射线衍射，但是其层间距（7.82 nm）远远大于带有双层长链镓离子的插层纳米复合材料，所以其催化聚合速率很均匀,插层状态也有高度规律的周期性。

　　三种纳米复合材料的拉伸强度都随着硅酸盐含量的增加而增加,拉伸性能随着插层程度的增加而提高。其拉伸性能比较如图 5 - 27 所示(用 SiO_2 的质量分数来表示 magadiite 的含量)。

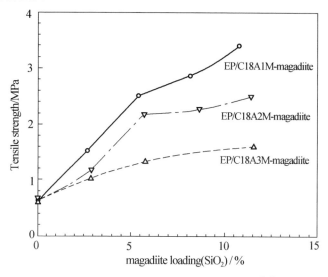

图 5 - 27　纳米复合材料拉伸性能的比较[13]

　　当分离层远远超过双层铵离子达到分离阈值,或至少部分硅酸盐纳米层达到那个阶段时,硅酸盐相提供的拉伸增强性质才会起作用。所以通过改变季铵离子的链长(从 C12 到 C18),从而改变纳米复合材料的层间距(从 3.55 nm 到 4.10 nm),并不能从实质上改善纳米复合材料拉伸强度。不同季铵离子链长的 EP/magadiite 的拉伸性能比较如图 5 - 28 所示。

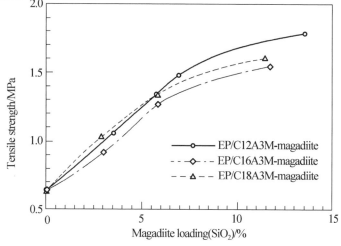

图 5 - 28　EP/magadiite 纳米复合材料的拉伸性能比较

　　有机 magadiite 有较高的层电荷密度，所以与有机蒙脱土（montmorillonite）相比有较高的镆离子和胺含量。有研究[14]表明，这些镆离子和胺会与 EP 形成垂直的聚合物链，削弱聚合物基质，并损害硅酸盐层的增强效果。图 5 - 29 对比了 EP/magadiite 和 EP/蒙脱土纳米复合材料的拉伸性能，硅酸盐的含量较低时，二者有着相似的增强性能，当硅酸盐的含量较高时，EP/蒙脱土纳米复合材料的拉伸强度和模量高于 EP/magadiite。

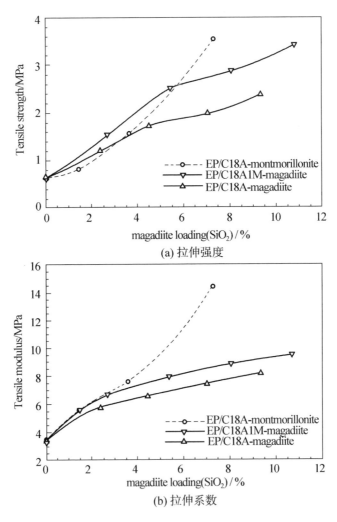

(a) 拉伸强度

(b) 拉伸系数

图 5 - 29　由 C18A-magadiite、C18A1M-magadiite 和 C18A-montmorillonite
　　　　　制备的纳米复合材料的拉伸强度和拉伸系数的对比

5.5 PP/magadiite 纳米复合材料

聚丙烯(PP)是一种结晶型热塑性塑料,具有较高的耐热性和耐冲击性,相对密度较小、无毒性、透明性和电绝缘性较好。在汽车、家电、机械、包装等领域有着广泛的应用,是五大通用塑料之一[15]。但是 PP 也存在制品耐寒性差、易受光和热的氧化作用而老化、低温冲击强度低、着色性不好等缺点,并且由于自身是非极性聚合物而与大部分的聚合物相容性较差,这些都限制了它的广泛应用,因此对 PP 进行改性是当前研究的热点[16~22]。

鉴于 magadiite 的层状结构,插层复合法是制备 PP/magadiite 纳米复合材料的有效方法[24~25]。该方法是利用 magadiite 层板的可膨胀性将 PP 插入到改性的 magadiite 层间,使 magadiite 的层板剥离进而使 magadiite 以纳米尺度均匀地分散在 PP 基体中,形成具有卓越力学性能的纳米复合材料。插层复合法又可以分为原位聚合法和熔融共混法[26]。原位聚合法制备纳米复合材料具有无机粒子分散性较差且操作过程复杂等缺点,这里我们采用操作简单易行的熔融共混法来制备 PP/magadiite 纳米复合材料。

5.5.1 PP/magadiite 纳米复合材料的制备

将 magadiite、十六烷基三苯基溴化鏻和去离子水置于磁力搅拌水浴锅中搅拌反应,反应后洗涤干燥,即得到十六烷基三苯基溴化鏻改性的 magadiite。将改性的 magadiite 和纯 magadiite 在 80℃下干燥 4 h,按一定的比例分别与 PP 混合,然后在密炼机中密炼。再将物料在平板硫化机上模压成型,用万能制样机制样。

PP 与添加量为 1%(质量分数,下同)的改性 magadiite 的复合材料记为 PP/A1,同样,PP 与添加量为 2%、3%、5%、7%、10%的改性 magadiite 的复合材料分别记为 PP/A2、PP/A3、PP/A5、PP/A7、PP/A10。PP 与添加量为 1%的纯 magadiite 的复合材料记为 PP/B1,同样,PP 与添加量为 2%、3%、5%、7%的纯 magadiite 的复合材料记为 PP/B2、PP/B3、PP/B5、PP/B7。

5.5.2 结构分析

对 magadiite 进行有机化改性是制备 PP 纳米复合材料的关键,PP 与改性后的 magadiite 可以形成纳米复合材料,而与纯 magadiite 则不能。图 5 - 30 是样品 PP、PP/A5、PP/B5 的 XRD 图谱。图中 PP/A5 中改性的 magadiite 在 $2\theta = 2.788°$ 处的衍射峰消失了,而 PP/B5 中 magadiite 在 $2\theta = 5.809°$ 处的衍射峰仍在原位置,说明 PP

分子链插入改性后的 magadiite 层间，magadiite 的层间距增加，而 PP 分子链却很难插入到纯 magadiite 的层间。此外，magadiite 的加入不改变 PP 的晶型。图中 PP、PP/A5、PP/B5 的特征峰位置基本相同，表明 magadiite 的加入并不改变 PP 的等晶面衍射位置。

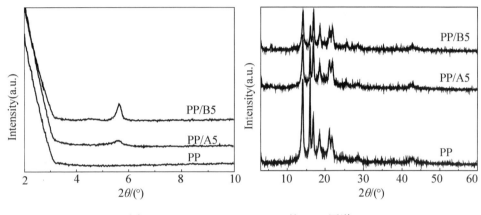

图 5 - 30　PP、PP/A5、PP/B5 的 XRD 图谱

当改性 magadiite 的添加量为 1% 时，PP 与有机改性的 magadiite 形成插层型与剥离型结构共存的纳米复合材料。陈萌[27] 用透射电子显微镜在不同的放大倍数下，观察了纳米复合材料的微观结构及有机改性的 magadiite 在 PP 中的分散与插层情况，图 5 - 31 是 PP/A1 的 TEM 图。图中 5 - 31a 中有机改性的 magadiite 非常均匀地分散在 PP 基体中，图中 5 - 31b 和图 5 - 31d 中有机改性的 magadiite 在 PP 中存在两种结构，一种是有机改性的 magadiite 被完全剥离，以单个的片层分散在 PP 中（见图中剥离区），即剥离型纳米结构；另一种是有机改性的 magadiite 片层结构依然存在，但层间距已经扩大，形成插层型纳米结构（见图中插层区）。所以 PP 与有机改性的 magadiite 形成了插层型与剥离型结构共存的纳米复合材料。

当改性 magadiite 的添加量为 5% 时，PP 的分子链可插入到有机改性的 magadiite 层间，形成插层型的纳米复合材料。图 5 - 32 为 PP/A5 的 TEM 图。在图 5 - 32a 中可以观察到有机改性的 magadiite 比较均匀地分散在 PP 基体中，但仍存在少量较大的未分散颗粒。当有机改性的 magadiite 添加量较大时，其在基体中的分散性变差。图 5 - 32b ～图 5 - 32d 中均可发现有机改性的 magadiite 片层结构依然存在，但层间距已经扩大。

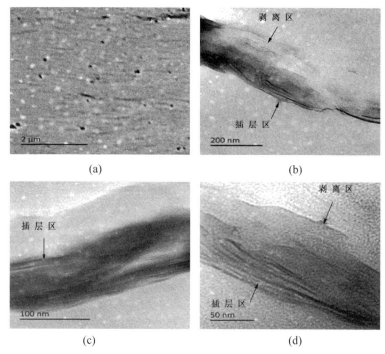

图 5 - 31 PP/A1 的 TEM 图

注：黑色部分为 magadiite 片层，灰色和浅色的区域是 PP。

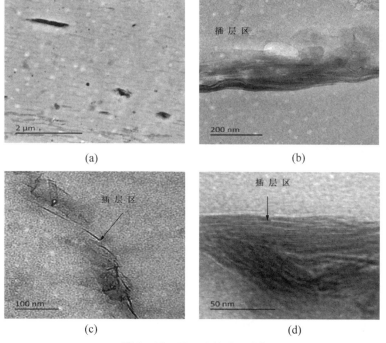

图 5 - 32 PP/A5 的 TEM 图

纯 magadiite 无法与 PP 复合形成纳米复合材料。陈萌[27]用透射电子显微镜在不同的放大倍数下观察了复合材料的微观结构及纯 magadiite 在 PP 中的分散情况，图 5 – 33 为 PP/B5 的 TEM 图。在图 5 – 33a 中，可观察到纯 magadiite 在 PP 基体中的分散性较差，存在较大的未分散的 magadiite 颗粒；从图 5 – 33b ～图 5 – 33d 中均可发现纯 magadiite 的结构没有发生改变，PP 分子链也没有插入到纯 magadiite 层间，即纯 magadiite 无法与 PP 复合形成纳米复合材料。

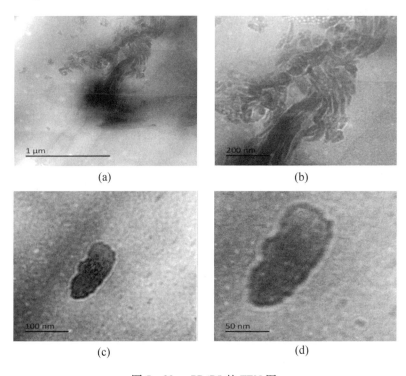

图 5 – 33　　PP/B5 的 TEM 图

5.5.3　性能研究

有机改性剂的插入使得 magadiite 与 PP 基体相容性提高，改善了 magadiite 的分散状况，而 PP 很难插入到纯 magadiite 层间使 magadiite 的层板剥离。图 5 – 34 对比了 PP/A1 和 PP/B1 冲击样条断面的扫描电镜图片，在添加量相同的情况下，PP/A1 中改性的 magadiite 分散比较均匀，未出现团聚颗粒，而在 PP/B1 中纯 magadiite 团聚现象比较明显，出现了较大的纯 magadiite 颗粒。

纯 magadiite 与 PP 基体相容性较差，不能改变 PP 的断裂类型，其作用效果仅相当于常规填料。当 magadiite 的添加量较少时，其能够很好地分散在 PP 基体中，增加 PP 的拉伸性能，随着 magadiite 含量的增加，magadiite 在 PP 基体中团聚，降低了 PP 分子链间的相互作用力，拉伸性能下降。改性后的 magadiite 与基体相容性

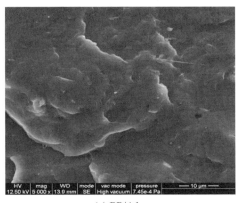

(a) PP/A1

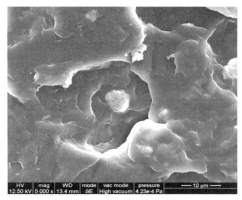

(b) PP/B1

图 5 - 34　PP/A1 和 PP/B1 冲击断面的 SEM 图

更好，分散更均匀，所以改性后的 magadiite 对 PP 的增强效果要明显好于纯 magadiite。随着 magadiite 含量的增加，PP/A 系列和 PP/B 系列的拉伸强度均先增加后减小。表 5 - 8 和表 5 - 9 列出了 PP/A 系列和 PP/B 系列样品的力学性能。当 magadiite 含量为 2% 时，PP/A 系列和 PP/B 系列拉伸强度均达到了最大值，分别为 35.8 MPa 和 31.65 MPa，与纯 PP 相比，分别增加了 15.8% 和 2.4%。PP/A 系列的增幅较 PP/B 系列大，表明了与纯 magadiite 相比，改性后的 magadiite 对 PP 的增强效果更好。

表 5 - 8　PP/A 系列（PP/A1 ~ PP/A10）的力学性能

力学性能	PP	PP/A1	PP/A2	PP/A3	PP/A5	PP/A7	PP/A10
拉伸强度/MPa	30.90	34.84	35.80	34.31	32.09	31.50	30.52
缺口冲击强度/($kJ \cdot m^{-2}$)	2.28	2.45	2.47	2.50	2.56	2.28	2.16

表 5 - 9　PP/B 系列（PP/B1 ~ PP/B7）的力学性能

力学性能	PP	PP/B1	PP/B2	PP/B3	PP/B5	PP/B7
拉伸强度/MPa	30.90	31.42	31.65	31.29	30.21	29.59
缺口冲击强度/($kJ \cdot m^{-2}$)	2.28	2.27	2.29	2.28	2.20	2.01

改性后的 magadiite 由于层间的大分子与 PP 基体相容性好，PP 分子链进入到 magadiite 层间可以增加冲击性能。所以适量的改性 magadiite 可以提高 PP 的冲击强度，而添加纯 magadiite 无法提高 PP 的冲击强度。随着改性 magadiite 含量的增加，PP/A 系列缺口冲击强度先增加后减小。对比表 5 - 8 和表 5 - 9 中 PP、PP/A 系列和 PP/B 系列的冲击强度可以发现，当改性 magadiite 的含量为 5% 时，PP/A 系列缺口冲击强度达到最大值 2.56 kJ/m^2，与纯 PP 相比增加了 12.3%。当纯 magadiite

添加量小于3%时,PP/B系列的冲击强度与纯PP相比基本不变,当纯magadiite添加量大于3%时,PP/B系列的冲击强度开始下降。这也表明了适量的改性magadiite可以提高PP的冲击强度,而添加纯magadiite则不能提高。

综合分析得出,改性magadiite的最佳添加量应为2%左右,这时拉伸强度达到最大值,冲击强度也接近最大值。如果继续增加改性magadiite的添加量,不仅增加原料成本,也会影响到材料的力学性能。

与纯PP相比,PP/magadiite复合材料在承受冲击载荷后,所形成的断口形貌结构更为复杂,断面的凹凸度和粗糙度更大,出现鱼鳞一样的层状拉伸屈服形变。当改性后的magadiite添加量较少时,改性magadiite基本上能够在基体中分散均匀,magadiite与PP基体的有效黏结使得冲击载荷能够通过magadiite粒子有效传递,其周围基体发生应力屈服,产生塑性形变,吸收更多的冲击功,出现多层次的应力发白区,所以冲击断面形貌的粗糙度随着改性magadiite添加量的增加而增加。当改性magadiite添加量较大时,很容易在基体中团聚,使得magadiite与PP基体的黏结作用变差,一旦受到冲击,应力集中会使周围的基体出现断裂,所以冲击断面形貌的粗糙度随着改性magadiite添加量的增加而变小。

改性后的magadiite与PP基体的结合性好。图5-35对比了PP、PP/A5、PP/B5冲击样条断面的扫描电镜图片,PP/B5与纯PP的断面形貌均比较光滑平整,PP/A5的冲击断面形貌粗糙度较PP/B5大。

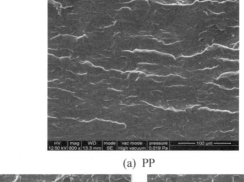

(a) PP

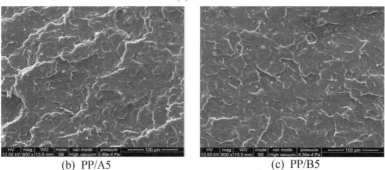

(b) PP/A5   (c) PP/B5

图5-35 PP、PP/A5、PP/B5冲击断面的SEM图

陈萌[27]为了研究材料的热稳定性，对纯 PP、PP/A5、PP/B5 进行了 TG 分析，TG 曲线如图 5-36 所示，纯 PP 的失重为 99.77%，PP/A5 的失重为 96.24%，PP/B5 的失重为 95.75%。与 PP/B5 相比，PP/A5 失重更多是由于改性后的 magadiite 层间插入了有机大分子，而有机大分子在高温下热分解。PP、PP/A5 和 PP/B5 热失重曲线比较相似，表明 magadiite 的加入不影响 PP 的热稳定性。

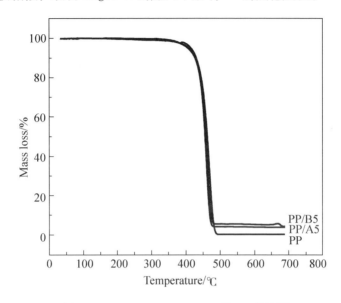

图 5-36　PP、PP/A5、PP/B5 的 TG 曲线图

无论是加入纯 magadiite 还是改性的 magadiite，对 PP 熔点的影响均不大。对纯 PP、PP/A5、PP/B5 进行差示扫描量热法（DSC）测试，其升温曲线如图 5-37 所示，PP 升温曲线最低点对应的温度为 163.17℃，PP/A5 升温曲线最低点对应温度为 163.48℃，PP/B5 升温曲线最低点对应温度为 162.78℃，所以纯 PP 和复合材料 PP/A5、PP/B5 的熔点比较接近。

magadiite 的加入使得 PP 的结晶温度提高，因为 magadiite 与 PP 之间存在较强的界面作用，PP 链段易吸附成核而变得更容易结晶，从而阻碍 PP 长链中链段的结晶，导致 PP 在较高的温度下结晶，即 magadiite 在 PP 结晶过程中起到了异相成核的作用。有机大分子的插层使 magadiite 与 PP 的接触面积增加，从而促进了异相成核作用，所以改性后的 magadiite 使 PP 的结晶温度升高得更多，即 PP/A5 的结晶温度高于 PP/B5。图 5-38 是纯 PP、PP/A5、PP/B5 的冷却结晶曲线。PP 冷却结晶曲线最高点的温度为 110.65℃，PP/A5 冷却结晶曲线最高点的温度为 117.30℃，PP/B5 冷却结晶曲线最高点的温度为 116.56℃。magadiite 的加入使 PP 的结晶温度范围变窄，所以与 PP 相比，PP/A5 和 PP/B5 的结晶峰更尖锐。

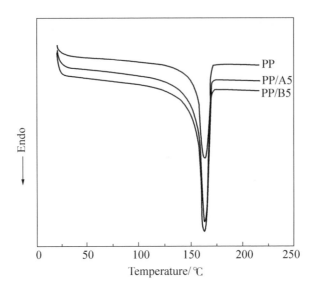

图 5 – 37   不同样品的升温曲线

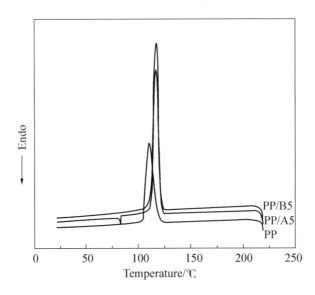

图 5 – 38   不同样品的冷却结晶曲线

改性后的 magadiite 有助于 PP 的结晶，而纯 magadiite 却使 PP 的结晶度减小。利用图 5 – 38 的冷却结晶曲线可以计算 PP 的结晶度，计算公式如下：

$$X_c = \frac{\Delta H}{(1 - \varphi) \Delta H_0} \times 100\%$$

式中：X_c——结晶度；

　　　ΔH——结晶时放出的热熔，J/g；

φ——magadiite 的质量分数；

ΔH_0——PP 完全结晶时的热熔，其值为 187.7J/g。

对图中三种试样冷却结晶曲线与基线围成的面积分别积分，得到了 PP、PP/A5 和 PP/B5 的热熔值分别为 100.4 J/g、107.5 J/g 和 92.66 J/g。由上述公式可计算出 PP、PP/A5 和 PP/B5 的结晶度分别为 53.4%、60.28% 和 51.9%。

5.6 PCL/magadiite 纳米复合材料

聚己内酯(PCL)是一种半结晶型聚合物，具有良好的热塑性和成型加工性，此外还具有生物降解性、生物相容性和无毒性的优点，被广泛用于生物降解性控释载体的研究。

制备 PCL/magadiite 纳米复合材料：将 HTMA 溶液加入到 magadiite 溶液中，在 60℃下搅拌使其完全吸附，混合物离心洗涤，最后的产物在 60℃ 的真空干燥箱中干燥，得到有机 magadiite。可用同样的方法用 HTBP、特定的氘化表面活性剂、d9HTMA(或 dαHTMA、dβHTMA)制备有机 magadiite[8]。把有机 magadiite 分散在 PCL 聚合物基质中，在温度为 433 K、压力为 70 MPa 的条件下混合反应 30 min，即得 PCL/magadiite 纳米复合材料。

对 magadiite、有机 magadiite 和 PCL 与有机 magadiite 的纳米复合材料进行广角 X 射线衍射(WAXS)分析。WAXS 图中，magadiite 的 001 面峰对应的 $2\theta = 5.7°$ 相应的层间距为 1.5nm。HTMA-magadiite 的 d_{001} 峰对应的峰向小角度偏移至 $2\theta = 2.7°$ 处(所对应的层间距为 3.2 nm)，PCL/HTMA-magadiite 纳米复合材料的 d_{001} 峰的 2θ 值转移到了 2.2°处，对应的层间距也由 3.2nm 变为 4.0nm。HTBP-magadiite 和 PCL/HTBP-magadiite 纳米复合材料的插层程度均低于用 HTMA 系列。HTBP-magadiite 的 001 面对应的峰在 $2\theta = 3.0°$ 处(所对应的层间距 2.9 nm)，PCL/HTBP-magadiite 纳米复合材料的 2θ 值转移至 2.5°处，对应的层间距 3.5nm。表 5 - 10 对比了 HTBP 和 HTMA 改性的 magadiite 的插层程度，对于 HTMA 来说，改性过的有机 magadiite 的插层程度是纯 magadiite 的 340%，PCL/magadiite 纳米复合材料的插层程度是有机 magadiite 的 38%；对于 HTBP，有机 magadiite 的插层程度是纯 magadiite 的 280%，PCL/magadiite 纳米复合材料的插层程度是有机 magadiite 的 31%。

表 5 - 10 不同表面活性剂对 magadiite 性能的影响[8]

Sample	Intercalation degree from WAXS/%	Surfactant adsorption per 100 g by TGA /mmol	Surfactant adsorption per 100 g by ^{31}P NMR /mmol
magadiite + HTBP	280	60	62
magadiite + HTMA	340	85	—

5.7　PA6/magadiite 纳米复合材料

尼龙 6(PA6)的熔点较低,工艺温度范围很宽,它的抗冲击性、抗溶解性、吸湿性较强。为了提高 PA6 的机械特性,加入玻璃纤维添加剂可以使收缩率降低到 0.3%,有时为了提高抗冲击性还加入合成橡胶。加入硅酸盐黏土时,PA6 纳米复合材料的力学性能、气体阻隔性、高耐热性和膨胀性等方面都有好的表现[28],进而在结构零部件、机械制造、建筑材料、办公用品等方面都具有潜在应用价值。但目前 PA6 纳米复合材料市场化程度还不高,其主要原因有以下两点:

(1)层状硅酸盐种类单一,且功能化困难。目前常用的层状硅酸盐主要是蒙脱土,其主要来源是自然界的膨润土,含杂质较多,且难以再生,需要事先对其进行提纯,这就导致了成本的增加,并且长期开采将会造成生态环境的破坏。此外蒙脱土片层表面功能性基团较少,使其功能化改性受到限制。magadiite 作为一种新型的水合硅钠石[28~29]材料,应用受限。

(2)插层改性剂存在一定的弊端。层状硅酸盐与聚合物的相容性差,需要预先对硅酸盐进行插层改性,然后才能与聚合物复合,常用的改性剂主要为有机季铵盐,它的热分解温度低,在加工过程中易受热降解,提升材料性能程度有限。而季鏻盐[30]的耐热性好,具有抗菌性能好、pH 值适用范围宽及阻燃性强等优点[31]。

5.7.1　PA6/magadiite 纳米复合材料的制备

笔者为了研究 magadiite 对 PA6 的改性作用,选择十六烷基三苯基溴化鏻作为插层改性剂,用离子交换方法对 magadiite 进行有机化改性制备了 Org-magadiite;然后利用熔融插层法制得了纳米复合材料 PA6/Org-magadiite。

具体步骤如下:按预定比例分别称取 magadiite、十六烷基三苯基溴化鏻,加入去离子水置于磁力搅拌水浴锅中,在 80℃ 下搅拌 3h,将产物抽滤并用去离子水洗涤去除溴离子,然后干燥,即得到 Org-magadiite,未改性的 magadiite 记为 magadiite。将 PA6、magadiite 和 Org-magadiite 在 80℃ 下干燥,再按预定比例分别混合均匀,用双螺杆挤出机挤出造粒,挤出的粒料经过干燥,用注射机注塑成标准样条,将含 magadiite 和 Org-magadiite 的复合材料分别记为 PA6/magadiite 和 PA6/Org-magadiite。

5.7.2　结构及形貌分析

1)有机季鏻盐改性 magadiite 的结构分析

经过十六烷基三苯基溴化鏻的改性,部分季鏻盐成功插入到 magadiite 的层间,使 magadiite 的部分层间距增大。图 5-39 为 magadiite 和 Org-magadiite 的 XRD 图谱。由图可以看出,magadiite 在 $2\theta = 5.77°$ 处出现 001 面的衍射峰,对应的层间距为 1.53nm。Org-magadiite 出现了两个衍射峰,位置分别在 $2\theta = 3.03°$ 和 $2\theta = 5.81°$

处，在 $2\theta = 5.81°$ 处的衍射峰与 magadiite 的 001 面衍射峰位置非常接近，可以认为是未被插层的 magadiite 衍射峰；在 $2\theta = 3.03°$ 处出现的衍射峰为被插层的 magadiite 的 001 面衍射峰，对应的层间距为 2.90 nm，表明季鳞盐的改性使部分 magadiite 的层间距由 1.53 nm 增大到 2.90 nm。

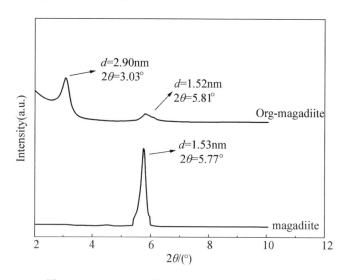

图 5 – 39　magadiite 和 Org-magadiite 的 XRD 图谱

利用插层率 IR[32～33] 可进一步研究 magadiite 片层被季鳞盐插入的比例，IR 的计算公式如下：

$$IR = I_{001,插层} / (I_{001,插层} + I_{001,magadiite}) \times 100\%$$

式中，$I_{001,插层}$ 和 $I_{001,magadiite}$ 分别表示插层产物中新产生的 001 面衍射峰强度和未被改性的 magadiite 的 001 面衍射峰强度。经计算，季鳞盐改性 magadiite 的插层率为 84.10%，即 magadiite 中只有 15.90% 未被季鳞盐插入。

利用 SEM 对 magadiite 和 Org-magadiite 的结构进行研究，图 5 – 40 是 magadiite 和 Org-magadiite 的 SEM 图。由图可见，大部分 Org-magadiite 仍保持原有的玫瑰花瓣状，但层间距明显增大，而小部分玫瑰花瓣形状被剥离散落。这也表明了十六烷基三苯基溴化鳞成功插入到 magadiite 的层间，使 magadiite 的层间距增大，与之前 XRD 的分析结果一致。

2）对 PA6/magadiite 纳米复合材料结构和微观形态的分析

PA6/magadiite 形成插层型纳米复合材料，PA6/Org-magadiite 形成剥离型纳米复合材料，可用 XRD 图谱和 TEM 对其进行表征。

图 5 – 41 为 PA6、PA6/magadiite、PA6/Org-magadiite 的 XRD 图谱。由图可知，PA6/magadiite 纳米复合材料在 $2\theta = 4.45°$ 处的衍射峰是 magadiite 的 001 面衍射峰，对应的层间距为 1.98 nm，与 magadiite 的衍射峰对比可知，层间距由 1.53 nm 增大

到 1.98nm, 可见部分 magadiite 的层间被 PA6 大分子插入, 形成了插层型纳米复合材料。

(a) magadiite

(b) Org-magadiite

图 5-40　magadiite 和 Org-magadiite 的 SEM 图

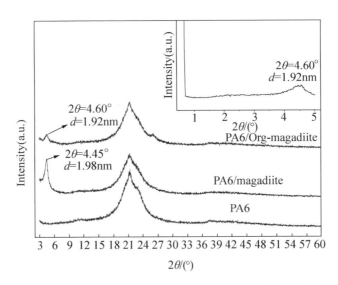

图 5-41　PA6、PA6/magadiite 和 PA6/Org-magadiite 的 XRD 图谱
注: magadiite 和 Org-magadiite 的质量分数为 3%。

PA6/Org-magadiite 纳米复合材料在 $2\theta = 4.60°$处出现一个很微弱的 magadiite 的 001 面衍射峰, 对应的层间距为 1.92 nm。这是因为在熔融共混过程中, Org-magadiite 中 15.90% 未被季鏻盐插层的 magadiite 被 PA6 大分子插入, 层间距由 1.52 nm 扩大至 1.92 nm, 形成插层型结构。Org-magadiite 中 84.10% 被季鏻盐插层的 magadiite 与 PA6 熔融共混后, 其 001 面衍射峰未出现在测试范围内, 小角 X 射线衍射，其001面衍射峰仍未在测试范围内，即表明001面的衍射角2θ小于$0.6°$，由此可以推测其层间距在14.70 nm以上，形成剥离型纳米复合材料。

从图5-41还可以看出，PA6、PA6/magadiite和PA6/Org-magadiite材料中PA6的结晶特征峰位置基本相同，均出现在$2\theta=21.30°$左右处，都为γ晶型[34~35]，表明magadiite和Org-magadiite的加入并没有改变PA6的晶型。

图5-42为PA6/magadiite和PA6/Org-magadiite纳米复合材料的TEM图。图中黑色的部分为magadiite的片层，灰色和浅色的区域是PA6基体。由图5-42a和5-42d可见，在PA6/magadiite中，magadiite主要以插层结构（图5-42c）存在，同时也存在少量玫瑰花瓣结构（图5-42b）；在PA6/Org-magadiite中，Org-magadiite主要以插层结构（图5-42e）和剥离结构（图5-42f）存在，剥离结构相对较多。TEM测试验证了Org-magadiite在PA6中主要以剥离结构存在，有力地证明了PA6与Org-magadiite是形成插层型与剥离型结构共存的纳米复合材料。

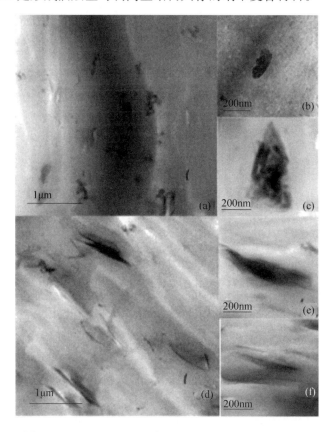

图5-42　PA6/magadiite和PA6/Org-magadiite的TEM图

注：a~c为PA6/magadiite的TEM图，其中图b为未插层结构，图c为插层结构；图d~f为PA6/Org-magadiite的TEM图，其中图e为插层结构，图f为剥离结构；magadiite和Org-magadiite的含量为3%。

5.7.3　性能分析

由于 Org-magadiite 与 PA6 相容性较好，形成插层型与剥离型结构共存的纳米复合材料，因此在 magadiite 与 Org-magadiite 含量相同的条件下，PA6/Org-magadiite 的力学性能优于 PA6/magadiite。

由图 5 - 43 可知，当 Org-magadiite 的质量分数为 3% 时，PA6/Org-magadiite 的冲击强度达到了最大值，与纯 PA6 相比提高了 37.92%。magadiite 质量分数在 2% 时，PA6/magadiite 冲击强度达到最大，与纯 PA6 相比提高了 8.91%。这是因为 Org-magadiite 与 PA6 的相容性要好于未改性的 magadiite，因此 Org-magadiite 在 PA6 基体中的最佳添加量可以达到 3%，而未改性的 magadiite 在 PA6 基体中的最佳添加量只有 2%。

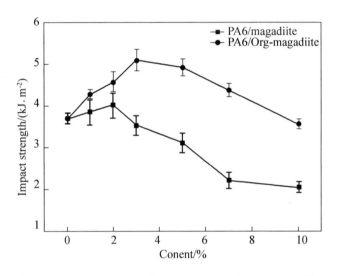

图 5 - 43　PA6/magadiite 和 PA6/Org-magadiite 的冲击强度

如图 5 - 44 所示，随着 magadiite 与 Org-magadiite 添加量的增加，PA6/magadiite 和 PA6/Org-magadiite 的拉伸强度均先增加后减小。当添加量较小时，magadiite 与 Org-magadiite 能够很好地分散在 PA6 基体中进而增加 PA6 的拉伸强度。PA6/magadiite 和 PA6/Org-magadiite 拉伸强度最大值与纯 PA6 相比分别增加了 0.34% 和 8.70%。因为在一定的范围内，magadiite 和 Org-magadiite 的加入可以提高复合材料的冲击强度，但随着 magadiite 和 Org-magadiite 含量的增多，magadiite（或 Org-magadiite）会发生团聚现象，影响材料的力学性能。

如图 5 - 45 所示，PA6/magadiite 和 PA6/Org-magadiite 的最高弯曲强度分别为 85.95 MPa 和 88.89 MPa，纯 PA6 的弯曲强度为 82.24MPa，可以看出 Org-magadiite 对 PA6 基体的弯曲强度增强效果优于 magadiite，但增强效果有限。

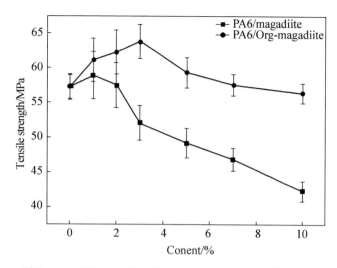

图 5-44 PA6/magadiite 和 PA6/Org-magadiite 的拉伸强度

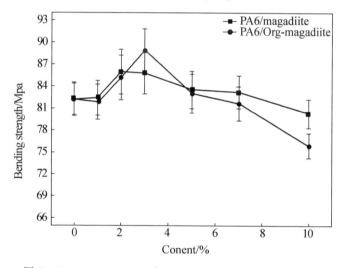

图 5-45 PA6/magadiite 和 PA6/Org-magadiite 的弯曲强度

以上分析也表明，在 magadiite 与 Org-magadiite 含量相同的条件下，PA6/Org-magadiite 的力学性能优于 PA6/magadiite。

利用 DSC 对复合材料的结晶性能进行分析。图 5-46 为 PA6、PA6/magadiite 和 PA6/Org-magadiite 的升温曲线。图中 PA6、PA6/magadiite 和 PA6/Org-magadiite 都产生了两个熔融峰（T_{m1} 和 T_{m2}），由图 5-41 中的 XRD 曲线可知，PA6、PA6/magadiite 和 PA6/Org-magadiite 属于 γ 晶型，故两个熔融峰归因于"熔融再结晶"现象[36]。聚合物的熔融包含有三个过程：不稳定晶体的熔融；部分或全部基体重结晶生成比较稳定的晶体；重结晶生成的晶体熔融。T_{m1} 为 γ 晶型熔融峰，T_{m2} 为 PA6 在熔融过程中不稳定的 γ 晶型再结晶为 α 晶型的熔融峰[33]，α 晶型较 γ 晶型稳定性更好，熔融温度更高。

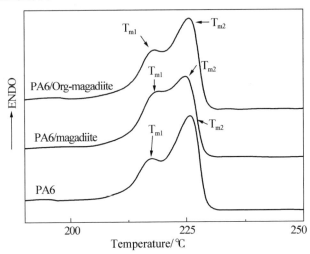

图 5 – 46 PA6、PA6/magadiite 和 PA6/Org-magadiite 的 DSC 升温曲线

注：magadiite 和 Org-magadiite 的质量分数为 3%。

图 5 – 47 为 PA6、PA6/magadiite 和 PA6/Org-magadiite 的冷却结晶曲线。由图可以看出，magadiite 和 Org-magadiite 的加入使得 PA6 的结晶温度明显提高，这可以用冷却结晶曲线最低点的温度作为判断依据。PA6、PA6/magadiite 和 PA6/Org-magadiite 冷却结晶曲线最低点的温度分别为 185.6℃、188.1℃、186.5℃；另外复合材料的结晶峰更尖锐，结晶温度范围变窄，在同样降温速度下，结晶时间短，说明复合材料的结晶速度比 PA6 快，这都表明 magadiite 对 PA6 的结晶起到了异相成核的作用。

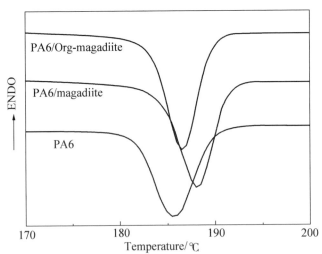

图 5 – 47 PA6、PA6/magadiite 和 PA6/Org-magadiite 的 DSC 冷却结晶曲线

注：magadiite 和 Org-magadiite 的质量分数为 3%。

Org-magadiite 与 PA6 大分子链的相容性比 magadiite 好，与 PA6 的分子链之间作用力较强，阻碍 PA6 分子链规整堆砌的结晶运动，因此 PA6/magadiite 的结晶温度高于 PA6/Org-magadiite，即与 PA6/magadiite 纳米复合材料相比，PA6/Org-magadiite 需要在较低的温度下才能结晶。而异相成核对结晶温度提高的效应要远大于分子间作用力对结晶温度降低的效应，所以二者共同作用导致了 PA6/Org-magadiite 结晶温度高于纯 PA6。

参 考 文 献

[1] Wang Z, Pinnavaia T J. Hybrid organic-inorganic nanocomposites: exfoliation of magadiite nanolayers in an elastomeric epoxy polymer[J]. Chem. Mater. , 1998, 10(7): 1820 – 1826.

[2] Zhu J, Morgan A B, Lamelas F J, et al. Fire properties of polystyrene-clay nanocomposites [J]. Chem. Mater. , 2001, 13(10): 3774 – 3780.

[3] Wang D Y, Zhu J, Yao Q, et al. A comparison of various methods for the preparation of polystyrene and poly (methyl methacrylate) clay nanocomposites [J]. Chem. Mater. , 2002, 14 (9): 3837 – 3843.

[4] Wang D Y, Jiang D D, Pabst J, et al. Polystyrene magadiite nanocomposites[J]. Polymer Engineering and Science. , 2004, 44(6): 1122 – 1131.

[5] Alexandre M, Dubois P. Polymer-layered silicate nanocomposites: preparation, properties and uses of a new class of materials[J]. Materials Science & Engineering R Reports. , 2000, 28(1 – 2): 1 – 63.

[6] Su S P, Wilkie C A. The thermal degradation of nanocomposites that contain an oligomeric ammonium cation on the clay[J]. Polymer Degradation & Stability. , 2004, 83(2): 347 – 362.

[7] Li C P, Huang C M, Hsieh M T, et al. Properties of covalently bonded layered-silicate/polystyrene nanocomposites synthesized via atom transfer radical polymerization [J]. Journal of Polymer Science: Part A: Polymer Chemistry. 2005, 43(43): 534 – 542.

[8] Mao Q, Schleidt S, Zimmermann H, et al. Molecular motion in surfactant layers inside polymer composites with synthetical magadiite[J]. Chem. Phys. , 2007, 208(19 – 20): 2145 – 2160.

[9] Almond G G, Harris R K, Franklin K R. A structural consideration of kanemite, octosilicate, magadiite and kenyaite[J]. Journal of Materials Chemistry. 1997, 7(4): 681 – 687.

[10] Isoda K, Kazuyuki K. Interlamellar grafting of γ-methacryloxypropylsilyl groups on magadiite and copolymerization with methyl methacrylate[J]. Chem. Mater. , 2000, 12(6): 1702 – 1707.

[11] Costache M C, Heidecker M J, Manias E, et al. Preparation and characterization of poly(ethylene terephthalate)/clay nanocomposites by melt blending using thermally stable surfactants [J]. Polymers for Advanced Technologies. 2006, 17(9 – 10): 764 – 771.

[12] Jang B N, Wang D Y, Wilkie C A. Relationship between the solubility parameter of polymers and the clay dispersion in polymer/clay nanocomposites and the role of the surfactant [J]. Macromolecules. 2005, 38(15): 6533 – 6543.

[13] Wang Z, Pinnavaia T J. Hybrid organic-inorganic nanocomposites: exfoliation of magadiite

nanolayers in an elastomeric epoxy polymer[J]. Chem. Mater. , 1998, 10(7): 1820 – 1826.

[14] Wang Z, Tie L A, Pinnavaia T J. Hybrid organic-inorganic nanocomposites formed from an epoxy polymer and a layered silicic acid (magadiite)[J]. Chemistry of Materials, 1996, 8(9): 346 – 353.

[15] 戈明亮. 固相法改性黏土及其在聚合物中的应用研究[D]. 广州:华南理工大学, 2008.

[16] Bledzki A K, Mamun A A, Jaszkiewicz A, et al. Polypropylene composites with enzyme modified abaca fibre[J]. Composites Science and Technology, 2010, 70: 854 – 860.

[17] Song P A, Cao Z H, Cai Y Z, et al. Fabrication of exfoliated graphene-based polypropylene nanocomposites withenhanced mechanical and thermal properties[J]. Polymer, 2011, 52: 4001 – 4010.

[18] 胡瑾, 张瑜, 邹晓轩, 等. SBS 热塑性弹性体改性回收聚丙烯的研究[J]. 塑料工业, 2011, 39(12): 37 – 40.

[19] Yun Y S, Bae Y H, Kim D H, et al. Reinforcing effects of adding alkylated graphene oxidetopolypropylene[J]. Carbon, 2011, 49: 3553 – 3559.

[20] Karahan O, Atis C D. The durability properties of polypropylene fiber reinforced fly ash concrete [J]. Materials and Design, 2011, 49: 3553 – 3559.

[21] 毕冬冬. 聚丙烯增强、增韧改性研究[D]. 大连:大连理工大学, 2012.

[22] 刘继波, 甄卫军, 陈进江, 等. 纳米 $CaCO_3$ 包覆长石填充改性 PP 的性能及结构表征[J]. 塑料工业, 2013, 41(12): 83 – 86.

[23] 陈广新, 郝广杰, 郭天瑛, 等. 聚合物/层状硅酸盐纳米复合材料的性能[J]. 高分子通报, 2002, 2: 61 – 66.

[24] 王立新, 张楷亮, 任丽, 等. 聚合物/层状硅酸盐纳米复合材料的研究进展[J]. 复合材料学报, 2001, 18(3): 5 – 9.

[25] 舒中俊, 刘晓辉, 漆宗能. 聚合物/黏土纳米复合材料研究[J]. 中国塑料, 2004, 14(3): 12 – 18.

[26] 戈明亮, 徐卫兵. 插层法制备聚合物/蒙脱土纳米复合材料的研究进展[J]. 工程塑料应用, 2002, 30(5): 58 – 61.

[27] 陈萌. 层状硅酸盐的制备、改性及应用[D]. 广州:华南理工大学, 2014.

[28] Sanchez C, Belleville P, Popalld M, et al. Applications of advanced hybrid organic-inorganic nanomaterials: from laboratory to markets[J]. Chemical Society Reviews, 2011, 40: 696 – 753.

[29] 戈明亮, 王雁武, 陈萌. magadiite 对水中 Zn^{2+} 的吸附性能研究[J]. 中国环境科学, 2015, 35(7): 2065 – 2071.

[30] 戈明亮, 贾德民. 有机季磷盐插层改性黏土诱发聚丙烯 γ 晶[J]. 高分子学报, 2010, 10(10): 1199 – 1203.

[31] 谭绍早, 张葵花, 李笃信, 等. 季磷盐改性蒙脱土的制备及性能[J]. 中南大学学报(自然科学版), 2006, 37(2): 280 – 285.

[32] 朱然, 吕亚飞. 高岭土/尼龙 1010 纳米复合材料的制备、结构与性能的研究[D]. 北京:北京化工大学, 2013.

[33] Ke Y C, Long C F, Qi Z N. Crystallization, properties, and crystal and nanoscale morphology of

PET-clay nanocomposites[J]. Journal of Applied Polymer Science, 1999, 71: 1139 – 1146.

[34] Xu Z, Gao C. In situ polymerization approach to graphene-reinforced nylon-6 composites[J]. Macromolecules, 2010. 43, 6716 – 6723.

[35] Khan A N, Ahmed B A. comparative study of polyamide 6 reinforced with glass fibre andmontmorillonite[J]. Polymer Bulletin, 2015, 72: 1207 – 1216.

[36] Li Y J, Zhu X Y, Tian G H, et al. Multiple melting endotherms in melt-crystallized nylon 10, 12 [J]. Polymer International, 2001, 50: 677 – 682.

6 麦羟硅钠石在吸附中的应用

　　随着工业进步和社会发展，水污染和土壤污染的问题越来越严重，中国已经成为环境污染大国，例如有毒的有机、无机和生物材料，电化学排放废水，制革、纺织等行业废水排放所含的许多染料和颜料等，很多具有致癌性和非生物降解性。来自工业系统的污染物造成了水和空气的污染，破坏了生态系统，严重危害了环境和人体健康，特别是重金属污染，重金属污染物稳定并且难降解，一旦进入水体环境、土壤环境则难以消除。重金属在水体中积累到一定的限度就会对水系统产生严重危害，对整个水生生态系统有很大威胁；重金属也可通过直接接触、食物链等途径危及动物和人类健康。铜、铅、镉、铬、汞等重金属能抑制人体化学反应酶的活性，使细胞中毒，损害神经组织，损害人体器官和其他组织等。因此，水体重金属污染已经成为当今世界最严重的环境问题之一。目前的环保法规对工业系统污染物处理的要求更加严格，因此本着绿色化学的原则，发展清洁、安全的化学工艺和技术是解决环境污染问题的当务之急。

　　传统的处理方法有吸附、沉淀、过滤等，吸附是最简单方便的方法。利用具有多孔结构的材料来处理含重金属离子废水的方法为吸附法，较早使用且使用较多的吸附剂是活性炭，经过多年的研究，人们逐渐开发出硅藻土、麦饭石、泥煤、黄原酸酯、硫基纤维和树脂及各种改性的具有吸附能力的材料。层状硅酸盐制备的多孔材料由于具有很高的比表面积和巨大的孔容以及其组成可以灵活调节，可用于环保领域选择性地吸附气体、液体和金属离子[1~4]。众多研究表明，硅酸盐矿物特别是由硅酸盐矿物制备的各种高比表面积的材料和多孔材料对一些重金属和危害性较大的有毒离子(如铅、铜、铬、氟、砷、汞等离子)有很强的吸附能力，可用于从水溶液中选择性地去除这些重金属离子。

　　二维层状结构硅酸盐材料 magadiite 的层板由硅氧四面体组成，由于层间有可被交换的水合阳离子，层板之间具有较好的膨胀性，magadiite 可容纳小到质子大到高分子和蛋白质等多种客体。magadiite 相比于蒙脱土等其他层状硅酸盐，离子交换能力更强，而层状硅酸盐材料的吸附能力与其离子交换能力息息相关，离子交换能力越大，对离子的吸附能力也就越大，因此 magadiite 具有良好的吸附能力。

　　Jeong 等[5]研究了 magadiite 对水溶液中 Cd^{2+} 和 Cu^{2+} 的吸附能力，结果表明，随着温度的增加，magadiite 对离子的吸附能力逐渐增强，magadiite 对 Cd^{2+} 和 Cu^{2+} 吸附能力的大小为 $Cd^{2+} > Cu^{2+}$。Fujita 等[6]将甲基硅烷偶联剂与十二烷基三甲基溴化铵改性的 magadiite 进行反应，制备出了甲基硅烷化的 magadiite，该材料可以选择性吸附分离水溶液中的脂肪醇。Guerra 等[7,26]将 N－丙基乙烯三甲氧基硅烷和双－(3－(三乙氧基硅烷)丙基)－四硫化物(TESPT)分别插入到 Na-magadiite 层间,制备了两种吸附材料,该吸附材料对有毒物质砷有较好的吸附效果。Pinto 等[8]将 N－3－三甲氧基丙基二乙烯三胺(TPT)插入到质子化的 magadiite 层间制备了 TPT-magadiite,研究了该材料对 Cd^{2+} 的吸附,结果表明,Cd^{2+} 的最大吸附量为 1.81 mmol/g。

6.1　麦羟硅钠石对重金属离子的吸附

锌、铅、铬、镉等重金属是工业界经常使用的元素。工业废水中的重金属离子污染随着工业技术的发展而变得愈发严重。其可溶盐随着污水的排放而使得自然界中的海洋、江河、农田等备受污染,并可能通过食物链的富集作用进入人体,如不加以控制,就会威胁到人类的健康和生存[9]。

目前,国内外处理重金属离子污染的方法有很多种,如反渗透法、化学沉淀法[10~11]、电渗析法[12~13]及吸附法[14~16]等。反渗透法需要用到渗透膜,渗透膜非常昂贵且易破碎,成本高;化学沉淀法一般用于吸附高浓度的重金属离子,并且需集中处理,不适合低浓度重金属离子的净化;电渗析法虽然吸附效率高,但是需要消耗很高的电能,成本也较高。吸附法不但具有经济、简单等优点,而且还可以克服其他方法在处理低浓度重金属离子时往往受工艺条件和原料成本限制的缺点[17]。在众多吸附剂中,活性炭吸附法被认为是最为有效的方法,但是活性炭的制造以及使用后的循环利用都需要比较高的成本。因此,研究人员将目光投向了来源广、成本低廉以及无二次污染的环境矿物材料,试图以成本低廉的环境矿物材料生产出合适的替代品。从理论上来说,具有微孔结构的许多物质都可以用作吸附剂,对于很多吸附剂来说,最重要的属性是比表面积和结构。另外,化学性质和吸附剂表面的极性也能影响吸附剂的性能。环境矿物材料的研究已经得到广泛的重视,研究人员也提出了具备不少上述性能的矿物,如沸石、蒙脱石、羟基磷灰石、硅藻土和黄钾铁矾等。硅酸盐类矿物以其具有原料丰富、成本低廉、环境友好等优点而备受关注。然而多数硅酸盐矿物吸附剂需要经过复杂的改性处理[18~23],才能达到使用要求,这就增加了成本,给其低廉性大打折扣。因此,找到一种成本低廉、预处理简便、吸附率高且能吸附多种重金属离子的硅酸盐类吸附剂是十分必要的。

6.1.1　麦羟硅钠石对锌的吸附

对于重金属而言,黏土矿物通过离子交换吸附或配合作用能将水体和土壤中的重金属离子吸附到其表面上来。不同黏土矿物对金属离子吸附性能不同,其吸附具有选择性。蒙脱土对 Cr^{3+}、Cu^{2+} 有很好的选择性,高岭石和伊利石对 Cr^{3+}、Pb^{2+} 有较好的亲和力。不同黏土矿物由于其构型不同,对重金属离子存在竞争吸附性。

　　虽然锌是生命活动所需要的微量元素，但锌的摄入量过多会引起中毒、高血压等，所以过量的 Zn^{2+} 也需要被吸附。黏土矿物对重金属离子的吸附性能除受自身因素影响外，还受到诸如 pH 值、温度等外界因素的影响。

　　离子交换作用、表面络合作用、物理吸附作用是矿物材料吸附重金属离子的三种主要形式。通常情况下，这三种作用同时存在于矿物材料对重金属离子的吸附过程中。magadiite 对 Zn^{2+} 的吸附机理就是三种形式共同作用的：magadiite 层间的 Na^+ 与溶液中的 Zn^{2+} 发生离子交换作用，使得 Zn^{2+} 进入到 magadiite 层间，完成了吸附过程，magadiite 表面和层间的—OH 与 Zn^{2+} 发生表面络合作用，进而达到吸附 Zn^{2+} 的目的，magadiite 具有较大的表面能，使其对 Zn^{2+} 具有较强的吸附作用。离子交换作用、表面络合作用和物理吸附作用同时存在于 magadiite 对 Zn^{2+} 的吸附过程中，其中离子交换作用和表面络合作用起主要作用，物理吸附作用起辅助作用。

　　当 magadiite 加入到 Zn^{2+} 溶液中时，Zn^{2+} 同样会与 Na^+ 发生离子交换，由于 Na^+ 的离子半径(0.102nm)较 Zn^{2+} 的离子半径(0.074nm)大，而且在离子交换时要两个 Na^+ 置换一个 Zn^{2+} 才能保持 magadiite 层间电荷平衡，因此 Zn^{2+} 通过离子交换作用进入到 magadiite 层间会使 magadiite 的层间距变小，衍射峰向大角度方向偏移。对饱和吸附后的 magadiite 进行 XRD 分析，结果显示饱和吸附后的 magadiite 的衍射峰向大角度方向偏移，说明 magadiite 通过离子交换作用吸附了 Zn^{2+}。

　　在表面络合作用模型中，重金属离子在吸附剂表面的吸附作用是一种表面络合反应，反应趋势随溶液羟基基团浓度的增加而增加，而溶液羟基基团的浓度与溶液 pH 值密切相关，pH 值较小时溶液中羟基基团浓度也较低，因此表面络合反应主要受溶液 pH 值大小的影响。Zn^{2+} 与 magadiite 表面的—OH 发生络合反应而实现吸附，其络合反应可表示如下：

$$SiOH + Zn^{2+} = SiOZn^+ + H^+ \quad 或 \quad SiO^- + Zn^{2+} = SiOZn^+$$
$$2SiOH + Zn^{2+} = (SiO)_2Zn + 2H^+ \quad 或 \quad 2SiO^- + Zn^{2+} = (SiO)_2Zn$$
$$SiOH + ZnOH^+ = SiOZnOH + H^+ \quad 或 \quad SiO^- + ZnOH^+ = SiOZnOH$$

　　物理吸附是由吸附剂和吸附质分子间作用力所引起，任何分子间均存在分子间作用力，因此任何固体表面均存在物理吸附作用。由于物理吸附是分子间的引力所引起的吸附，所以结合力较弱，吸附热较小，吸附和解吸速度也都较快，被吸附物质也较容易解吸出来，因此物理吸附在一定程度上是可逆的[24]。物理吸附作用的大小与吸附剂的表面能密切相关，而吸附剂的表面能又由吸附剂的比表面积决定，吸附剂比表面积越大，表面能就越大。magadiite 是一种二维层状结构材料，比表面积和表面能较大，因此对 Zn^{2+} 有较强的物理吸附作用，在较短的时间内即达到吸附平衡，吸附速度非常快。

　　magadiite 吸附 Zn^{2+} 的具体吸附实验如下：用 $Zn(NO_3)_2 \cdot 6H_2O$ 晶体和去离子水按一定比例配制成 Zn^{2+} 溶液，由于在配制过程中存在一定误差，所以溶液中 Zn^{2+} 准确浓度用原子吸收分光光度计测量。原子吸收分光光度计在测量 Zn^{2+} 溶液

浓度时，需要配制 Zn^{2+} 标准溶液。标准溶液配制方法为：将已配制好的1000 mg/L
的 Zn^{2+} 储备液取出部分溶液稀释成一系列所需浓度的溶液（选取 5 个不同的浓度，
数量级均为 10^{-3} mg/L），然后由低浓度到高浓度依次测量吸光度，将测得的吸光
度绘制成一次曲线，该一次曲线的相关系数达到 0.99 以上才可以作为标准曲线。
绘制好标准曲线后，即可测量待测样品中 Zn^{2+} 的吸光度，通过对照标准曲线来测
量 Zn^{2+} 溶液的浓度。

用移液管量取已知浓度的 Zn^{2+} 溶液于烧杯中，改变 magadiite 的加入量、吸附
时间、溶液 pH 值和初始溶液溶度等条件，在磁力搅拌水浴锅中进行搅拌吸附，吸
附结束后，将溶液过滤，滤液浓度由原子吸收分光光度计测量[25]。

1）magadiite 吸附 Zn^{2+} 的影响因素

Zn^{2+} 的去除率随着 magadiite 投加量的增加而增加，而吸附量却随着 magadiite
投加量的增加而减少。这是因为随着 magadiite 用量的增加，可吸附 Zn^{2+} 的活性位
点也随之增加，而且由于所吸附的 Zn^{2+} 溶液浓度是一样的，所以 Zn^{2+} 的去除率增
加。当 magadiite 用量增加时，magadiite 中剩余的未吸附活性位点数目也不断增加，
因此，单位 magadiite 吸附的 Zn^{2+} 量不断变少。陈萌[25]研究了 magadiite 用量对
Zn^{2+} 去除率与吸附量的影响，结果如图 6-1 所示。随着 magadiite 用量的增加，
Zn^{2+} 的去除率先增加后达到平衡，当 magadiite 的投加量大于 2 g/L 时，去除率达到
平衡，去除率约为 100%，说明 magadiite 对 Zn^{2+} 的去除能力非常好，所以
magadiite 的最佳投加量为 2 g/L。

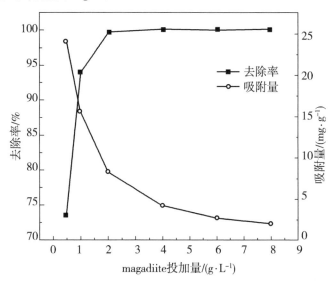

图 6-1 magadiite 添加量对 Zn^{2+} 吸附效果的影响

随着吸附时间的增加，Zn^{2+} 的去除率和吸附量先随之增加，后来达到平衡。
图6-2是吸附时间对 Zn^{2+} 去除率与吸附量的影响，吸附时间小于 60 min 时，Zn^{2+}

的去除率和吸附量均随之增加。当吸附时间为 60 min 时，Zn^{2+} 的去除率为 98.9%，吸附时间进一步增加，Zn^{2+} 的去除率变化较小，表明 60 min 以后 magadiite 对 Zn^{2+} 的吸附基本达到平衡。

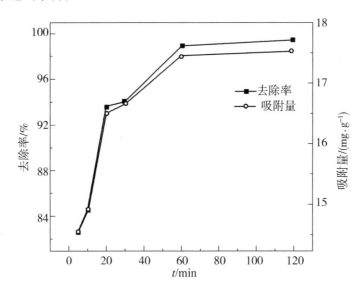

图 6 - 2　吸附时间对 Zn^{2+} 吸附效果的影响

初始 pH 值对 Zn^{2+} 的吸附具有重要影响，pH < 3 时，Zn^{2+} 的去除率非常低，随着 pH 值的增加，Zn^{2+} 的去除率迅速增加。pH 值较低时不利于 magadiite 对 Zn^{2+} 的吸附，因为溶液中存在大量的 H^+，而 H^+ 的离子半径比 Zn^{2+} 小，更容易进入到 magadiite 层间将 Na^+ 置换出来，同时由于 H^+ 与 magadiite 层间表面的活性 Si—OH 结合，降低了 Zn^{2+} 与 Si—OH 的表面络合作用。研究 pH 值对 Zn^{2+} 去除率与吸附量的影响，结果如图 6 - 3 所示。pH < 3 时，Zn^{2+} 的去除率非常低，随着 pH 值的增加，Zn^{2+} 的去除率迅速增加。

随着溶液中 Zn^{2+} 浓度的增加，Zn^{2+} 的去除率不断降低，而吸附量随 Zn^{2+} 浓度的增加先增加后达到平衡。这是因为在 Zn^{2+} 浓度较低时，magadiite 的添加量是过量的，所以去除率比较高，随着溶液中 Zn^{2+} 浓度的增加，在 magadiite 投加量不变的情况下，Zn^{2+} 过量，magadiite 表面的吸附活性位点达到饱和吸附，吸附速度降低，因此去除率也降低。当溶液中 Zn^{2+} 浓度较低时，magadiite 中活性吸附位点数目是过量的，因此单位 magadiite 的吸附量较低。随着 Zn^{2+} 浓度的增加，magadiite 中多余的活性吸附位点也开始参与 Zn^{2+} 的吸附，直至全部的吸附活性位点均参与吸附。图 6 - 4 是 Zn^{2+} 浓度对去除率与吸附量的影响。随着 Zn^{2+} 浓度的增加，Zn^{2+} 的去除率不断降低，而吸附量却不断增加，最后达到平衡，magadiite 对 Zn^{2+} 的饱和吸附量约为 42 mg/g。

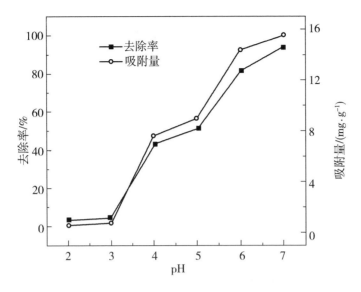

图6-3 pH值对Zn^{2+}吸附效果的影响

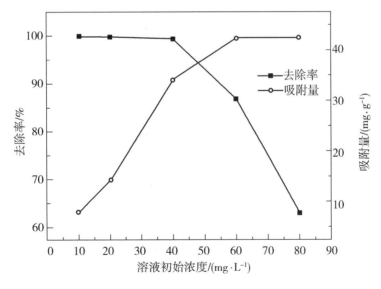

图6-4 溶液初始浓度对Zn^{2+}吸附效果的影响

2）magadiite与其他吸附剂吸附能力的比较

magadiite与kenyaite吸附性能相比较，kenyaite对Zn^{2+}的吸附效果更好。图6-5为不同添加量的magadiite和kenyaite对Zn^{2+}的吸附效果图。当magadiite和kenyaite的投加量为0.5g/L时，Zn^{2+}的去除率不高，但当投加量为1g/L时，Zn^{2+}

的去除率迅速增加，随着投加量的进一步增加，Zn^{2+} 的去除率增幅降低，吸附逐渐达到平衡，吸附平衡时的去除率约为 100%。对比 magadiite 和 kenyaite 对 Zn^{2+} 的吸附效果曲线，也表明在达到吸附平衡之前，kenyaite 对 Zn^{2+} 的去除率更高。

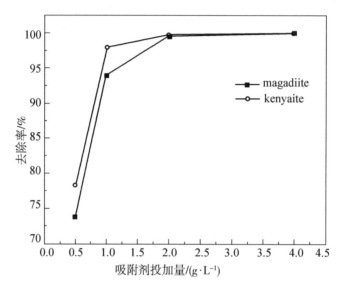

图 6-5　magadiite 和 kenyaite 的投加量对 Zn^{2+} 吸附效果的影响

　　比较 magadiite 与蒙脱土吸附性能，在相同条件下，magadiite 对 Zn^{2+} 的去除率更高，而且 magadiite 在添加量较小时即对 Zn^{2+} 有较高的去除率。这是因为相比于蒙脱土，magadiite 的活性 Si—OH 位于层间的表面，显著提高了层间电荷密度，进而提高了其对 Zn^{2+} 的交换能力。图 6-6 为不同投加量的 magadiite 和蒙脱土对 Zn^{2+} 的吸附效果图。Zn^{2+} 的去除率均随着 magadiite 和蒙脱土投加量的增加而增加，而且当 magadiite 和蒙脱土的投加量大于 2 g/L 时，Zn^{2+} 的去除率增幅均逐渐减小。图中 magadiite 和蒙脱土对 Zn^{2+} 的吸附效果曲线也表明 magadiite 对 Zn^{2+} 的去除率更高。

　　比较 magadiite 与改性 magadiite（C16TMA-magadiite）对 Zn^{2+} 的吸附性能，在相同条件下，magadiite 对 Zn^{2+} 的去除率远高于改性的 magadiite，这是因为改性的 magadiite 由于十六烷基三丁基季鏻盐的插入而具有较大的疏水性，使得改性的 magadiite 在溶液中无法与 Zn^{2+} 充分接触，进而降低了去除率。图 6-7 为不同投加量的 magadiite 和 C16TMA-magadiite 对 Zn^{2+} 的吸附效果图。magadiite 与改性 magadiite 对 Zn^{2+} 的去除率均随着投加量的增加而增加。对比 magadiite 和改性 magadiite 对 Zn^{2+} 的吸附效果曲线，也表明 magadiite 对 Zn^{2+} 的去除率要高于改性的 magadiite。

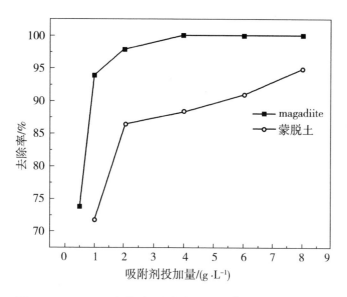

图 6-6 magadiite 和蒙脱土的投加量对 Zn^{2+} 吸附效果的影响

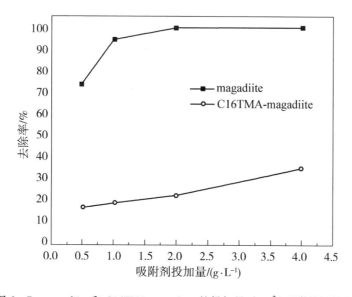

图 6-7 magadiite 和 C16TMA-magadiite 的投加量对 Zn^{2+} 吸附效果的影响

6.1.2 改性 Na-magadiite 对砷的吸附

重金属指的是原子量大于 55 的金属。砷虽不属于重金属，但其来源以及危害都与重金属相似，它的毒性极低，但其化合物均有剧毒，三价砷化合物比其他砷化合物毒性更强。砷通过呼吸道、消化道和皮肤接触进入人体，如摄入量超过排泄量，砷就会在人体的肝、肾、肺、子宫、胎盘、骨骼、肌肉等部位蓄积，与细胞中的酶系统结合，使酶的生物作用受到抑制失去活性，特别是在毛发、指甲中蓄积，从而引起慢性砷中毒，慢性中毒有消化系统症状、神经系统症状和皮肤病变等。砷还有致癌作用，能引起皮肤癌，在一般情况下，土壤、水、空气、植物和人体都含有微量的砷，对人体不会构成危害。砷主要来源于采矿、冶金、化学制药、玻璃工业中的脱色剂、杀虫剂、杀鼠剂、砷酸盐药物、化肥、硬质合金、皮革等；危害的人群主要有农民、家庭主妇、特殊职业工人群体。下面用改性和未改性的 Na-magadiite 来吸附砷。

在聚四氟乙烯反应器中自身压力下用水热法制备层状硅酸盐 Na-magadiite。简单来说就是将无定型二氧化硅凝胶的悬浮液加入到氢氧化钠溶液中，在(453 ± 1)K 的温度下维持两周，在氮气保护中在 77 K 的温度下搅拌 3 h，再经过滤，用过氧化钠溶液洗涤，得到含碱的悬浮液 Na-magadiite(M_{synt})。

使 M_{synt} 在(298 ± 1)K 的温度下氮气吹洗中悬浮在二甲基亚砜(DMSO)中 1 h。在流动的氮气下在悬浮液中加入硅烷化试剂 N - 丙基乙烯三甲氧基硅烷或双 - (3 - (三乙氧基硅烷)丙基) - 四硫化物(TESPT)搅拌 1 h，在(363 ± 1)K 的温度下搅拌 72 h。过滤得到固体产物，用 DMSO 洗涤，然后在索氏萃取器中用丙酮从层内除去插层的溶剂，在真空中干燥，得到固化产物分别记为 M_{NPTM} 和 M_{3TPT}[7,26]。

经过硅烷化试剂处理后，硅烷基团接枝到硅酸盐 M_{synt} 的层间表面，N - 丙基乙烯三甲氧基硅烷处理后最大层间距可达到 3.1 nm，净增加约 1.8 nm，用 TESPT 处理后层间距可增加约 1.2 nm。M_{synt}、M_{NPTM} 和 M_{3TPT} 的微孔面积(MS)、微孔体积(PV)和表面积(S)如表 6 - 1 所示。

表 6 - 1　硅酸盐材料的微孔面积、微孔体积和表面积[26]

Matrix	MS/(m²·g⁻¹)	PV/(cm³·g⁻¹)	S/(m²·g⁻¹)
M_{synt}	15	0.12	105.8
M_{NPTM}	68	0.21	1726.6
M_{3TPT}	79	0.22	1865.8

附加的基本原子氮和硫可以营造一个稳定的饱和阶段，从而从水溶液中提取砷。为了得到吸附曲线，将一系列样品(M_{synt}、M_{NPTM}、M_{3TPT})分别分散在浓度为从 $1.0 \sim 2.5$ mmol/dm³ 的砷阳离子水溶液中，在(298 ± 1)K 的温度下机械搅拌，放置一段时间使其达到最大吸附量(达到均衡所需要的时间大约为 18 h)，达到均衡后，用离心分离的方法将固体从上清液中分离并测定阳离子浓度。

在吸附过程中除去的砷阳离子按下面的表达式来计算：

$$N_f = (N_i - N_s)/m \tag{6-1}$$

其中，N_f 是在层状硅酸盐的侧基上吸附的物质的量，N_i 和 N_s 分别是原始溶液和达到均衡后悬浮液的物质的量，m 是用于吸附过程的固体硅酸盐的质量。

对于这个吸附过程，修改后的 Langmuir 方程可以表达为

$$N_f = \frac{K_L b C_s}{1 + b C_s} \qquad (6-2)$$

式中，C_s 是每个滴定点的上清液的最终的物质的量；N_f 是每一批样品吸附过程中每克层状硅酸盐吸附的砷阳离子的物质的量；K_L 为 Langmuir 平衡常数等温线平台可测定 K_L，它反映了在表面的吸附物的亲和力；b 是上限值，代表最大吸附量，通过反应活性位点的数量来确定。

用非线性回归拟合得到最佳的热力学和吸附等温线参数。通过分析实验数据确定系数值以得到等温吸附和热力学模型的合适拟合度(r^2)：

$$r^2 = \frac{\sum (N_{fCAL} - N_{fEXP})^2}{\sum (N_{fCAL} - N_{fEXP})^2 + (N_{fCAL} - N_{fEXP})^2} \qquad (6-3)$$

其中，$N_{fEXP}(\mathrm{mmol/g})$ 是未改性的和改性的 Na-magadiite 样品交换的二价阳离子的实验量，N_{fCAL} 是通过等温线模型得到的阳离子的量。

未改性的样品(M_{synt})和改性的样品(M_{NPTM}、M_{3TPT})在砷的水溶液中的吸附性能如图 6-8 所示。表 6-2 中列出了每克样品吸附砷的最大量(N_s)，以及 N-丙基乙烯三甲氧基硅烷中的氮原子和 TESPT 中的硫原子的最大吸附值(N_{max})。M_{3TPT} 和 M_{NPTM} 基质的 N_{max} 分别为 11.06 mmol/g、14.05 mmol/g，只能有一个阳离子渗透到基本活性中心进入 Na-magadiite 结构。氮和硫基本集中在吉普斯自由能对固液相界面相互作用有利的侧基上，吸附程度取决于基本活性中心和对应的阳离子特性，砷可能和固定在 Na-magadiite 表面的硫和氮基团络合，其模型如图 6-9 所示。

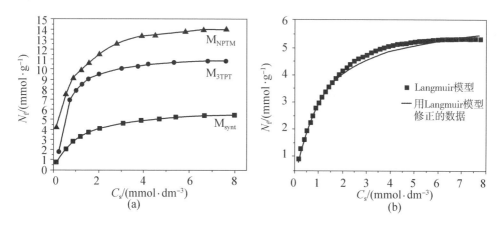

图 6-8　未改性的和改性的 Na-magadiite 样品在砷的水溶液中的吸附性能[26]

表 6-2 砷吸附到未改性和改性的 Na-magadiite 的热力学数据[26]

Adsorbent	$N_s/(\text{mmol}\cdot\text{g}^{-1})$	$N_{\max}/(\text{mmol}\cdot\text{g}^{-1})$	$-\Delta_{\text{int}}h/(\text{J}\cdot\text{g}^{-1})$	$-\Delta_{\text{int}}H^0/(\text{kJ}\cdot\text{g}^{-1})$
M_{synt}	2.12 ± 0.11	5.50 ± 0.21	8.20 ± 0.05	4.15 ± 0.12
M_{3TPT}	2.18 ± 0.12	11.06 ± 0.05	12.43 ± 0.05	5.78 ± 0.18
M_{NPTM}	2.39 ± 0.15	14.05 ± 0.12	13.54 ± 0.14	5.98 ± 0.14

Adsorbent	$K_L(\times10^{-3})$	$\Delta_{\text{int}}S(\text{kJ}\cdot\text{mol}^{-1})$	$\Delta_{\text{int}}S^0(\text{kJ}\cdot\text{mol}^{-1})$
M_{synt}	8.23 ± 0.11	22.44 ± 0.27	41.32 ± 0.13
M_{3TPT}	17.47 ± 0.11	24.28 ± 0.23	61.85 ± 0.11
M_{NPTM}	19.28 ± 0.11	24.56 ± 0.23	62.20 ± 0.13

注：反应条件为 3 g/dm² 的 Na-magadiite 样品分散在 25.0 mg/dm³ 的三价砷离子溶液中，在 pH = 2.0，(298 ±1)K 下吸附反应 360 min。

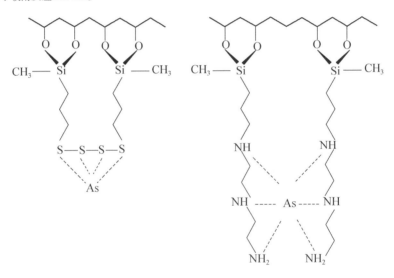

图 6-9 砷在含硅烷化试剂的 M_{synt} 的有机官能团的层状结构中的络合模型[26]

表 6-2 还列出了固液界面的基本中心和砷阳离子的平衡常数，它的值直接决定吸附程度。根据这些常数可计算得吉普斯自由能。

6.1.3 改性 Na-magadiite 吸附铀酰

铀是具有放射性的重金属离子，它的放射性危害可分为三种：直接辐射；吸入后沉积在肺部的矿石粉尘的危害；吸入的氡气及其子体产物的危害。随着核技术的发展，核工业产生的含铀放射性废物、废水越来越多，如油漆生产、制药过程和化学工业过程都会产生含铀等重金属离子的工业废水，对土壤、水生物、动植物造成危害，为减小它们对环境的影响，消除其对生态系统的危害，在对它们进行填埋或排放前需进行一些处理。目前，重金属离子的处理方法主要有化学沉淀法、离子交换法、反渗透和吸附等方法，其中吸附法操作简单、成本低，所以吸附法是最常用的一种重金属离子处理法。

magadiite 是一种比表面积较大的层状硅酸盐矿物质，具有许多独特的性能。有机和无机层之间可通过共价键形成一种无机 – 有机化合物，层状化合物可在水介质中吸附重金属净化工业废水。下面用无机 – 有机层状化合物 magadiite 吸附铀酰并讨论其动力学和热力学性能。

用硅胶、NaOH 和水制备 Na-magadiite，将其记为 M_{synt}。第一步通过均相法合成硅烷化试剂制备功能化的 M_{synt}（见图 6 – 10）。将 M_{synt} 分散在 3 – 氯丙基三乙氧基硅烷甲醇中，在(298 ±1)K 的温度下氮气吹洗 1 h，将产物记为 M_{3CPS}。第二步，将第一步得到的 M_{3CPS} 在氮气环境下分散在 2 – 巯基嘧啶甲醇悬浮液中搅拌 1 h，然后在(363 ±1)K 的温度下搅拌 72 h，将产物记为 M_{MPY}[27]。

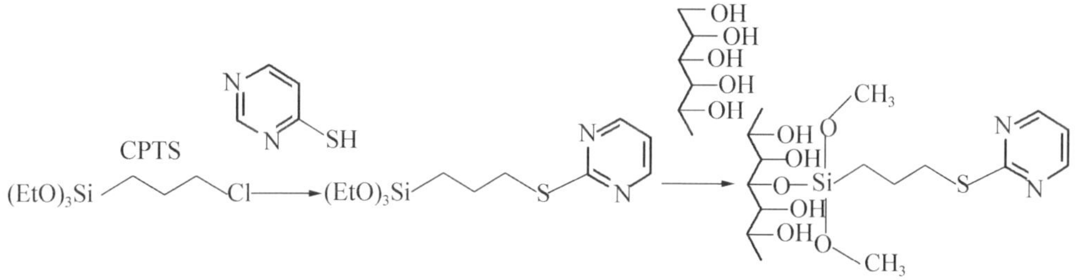

图 6 – 10　均相法合成功能化黏土[27]

为了得到吸附等温线，将一系列 M_{MPY} 样品分散在浓度为 1.0 ～ 2.5 mmol/dm³ 的铀酰阳离子水溶液中，在(298 ±1)K 的温度下机械搅拌一段时间使其达到最大吸附量（达到均衡所需要的时间约为 100min）。

Na-magadiite 功能化后出现了新的材料模型，Na-magadiite 的层间距增加了，由原来的 1.52 nm 增加到了 2.408 nm。比表面积是表征一种吸附剂吸附能力的重要参数，未改性的样品（M_{synt}）和改性的样品（M_{MPY}）的比表面积可通过 BET 方法得到，分别为(420.5 ±1)m²/g 和(516.9 ±1)m²/g。在层间插入有机分子层状结构扩张使得比表面积增加，可将这种化合物描述为介孔材料，用 BJH 方法可得到未改性的和改性的 Na-magadiite 的介孔直径分别为(26.0 ±1)nm 和(79.0 ±1)nm，但介孔分布不均。

对于等温线系列，吸附过程符合 Sips 模型。方程式为

$$N_f = \frac{N_s K_s C_s^{1/n}}{1 + K_s C_s^{1/n}} \tag{6 – 4}$$

其中，C_s 是平衡时溶液的浓度(mol/dm³)，N_f 和 N_s 分别是每克材料吸附的铀酰的物质的量和每克材料吸附的铀酰的物质的量的最大值(mol/g)，它们取决于吸附反

应点的可用数量，K_s 是平衡常数，n 是 Freundlich 指数。

为了得到适合吸附等温线的动力学模型的程度，我们将测定值的系数(r^2)定义为方程式：

$$r^2 = \frac{\sum (N_{fCAL} - \bar{N}_{fEXP})^2}{\sum (N_{fCAL} - \bar{N}_{fEXP})^2 + \sum (N_{fCAL} - N_{fEXP})^2} \tag{6-5}$$

其中，N_{fEXP}是由未改性的和改性的黏土样品的二价阳离子交换的实验量，N_{fCAL}是由吸附等温线模型得到的阳离子数量。

只有一个阳离子可以渗透到基本活性中心引进 Na-magadiite 结构，材料吸附的铀酰浓度随平衡时溶液浓度的增加而增加，最后反应达到平衡，出现等温线平台，而在相同的溶液浓度下，改性的 Na-magadiite 远比未改性的 Na-magadiite 吸附的铀酰浓度要高，表6-3 列出了 Lagergren 的伪一阶和伪二阶动力学相关数据，可通过这些数据计算未改性的和改性的材料对铀酰的吸附量。

表6-3　Lagergren 的伪一阶和伪二阶动力学相关数据

Sample	Pseudo-first-order			Pseudo-second-order		
	$k_1/$ $(\times 10^2\ \mathrm{min}^{-1})$	$N_{fCAL}/$ $(\mathrm{mmol \cdot g}^{-1})$	r^2	$k_2/$ $(\times 10^3\ \mathrm{mmol \cdot g}^{-1} \cdot \mathrm{min}^{-1})$	$N_{fCAL}/$ $(\mathrm{mmol \cdot g}^{-1})$	r^2
M_{synt}	2.1 ± 0.1	5.5 ± 0.2	0.989	10.0 ± 0.1	6.4 ± 0.5	0.989
M_{MPY}	3.4 ± 0.5	10.2 ± 0.4	0.989	14.0 ± 0.2	11.0 ± 0.2	0.999

Lagergren 准一阶反应动力学通常用方程式(6-6)表示：

$$\frac{\partial N_f}{\partial t} = k_1 (N_{fEQ} - N_f) \tag{6-6}$$

积分后用边界条件从 $t = 0$ 时的 $N_t = 0$ 到 $t = t$ 时的 $N_t = N_t$，方程的积分形式为

$$\ln(N_{fEQ} - N_f) = \ln N_{fEQ} - k_1 t \tag{6-7}$$

其中，N_{fEQ} 和 N_f 分别是在平衡时和给定时间 t 时吸附的金属的量(mmol/g)，k_1 是准一级吸附的反应常数(min^{-1})。当一个吸附反应的反应速率通过化学交换控制时，准二阶吸附模型可以更好地适应动力学实验数据，可用方程式(6-8)来表示：

$$\frac{t}{N_f} = \left(\frac{1}{k_2 N_{fEQ}^2}\right) + \left(\frac{1}{N_{fEQ}}\right)t \tag{6-8}$$

其中，k_2 是准二阶反应速率$[\mathrm{mmol}/(\mathrm{g \cdot min})]$，$k_2$ 的值可以由 t/N_f 对 t 的线性平面图的 y 轴的截距得到，在连续温度下做一系列的实验并记录下随时间变化的吸附数据，就可以知道吸附过程的动力学。

在非线性形式中，异构固体表面的 Elovich 方程可以用方程(6-9)来表示：

$$N_f = \ln(\alpha \beta t)^\beta \tag{6-9}$$

其中 α 和 β 是 Elovich 系数,分别表示原始吸附速率[mmol/(g·min)]和解吸系数(g/mmol)。

表 6-4 列出了 Elovich 模型相关数据。

表 6-4　Elovich 模型相关数据[27]

Sample	$\alpha/(\times 10^3 \text{mmol} \cdot \text{g}^{-1} \cdot \text{min}^{-1})$	$\beta/(\text{g} \cdot \text{mmol}^{-1})$	r^2
M_{synt}	13.3 ± 0.1	1.8 ± 0.2	0.988
M_{MPY}	25.5 ± 0.3	3.7 ± 0.1	0.999

吸附量随着吸附时间而变化,最初吸附量迅速增加,然后缓慢达到平衡。原始黏土吸附铀酰达到平衡的时间要比改性后的黏土长。最初的高速率吸附归因于存在暴露的基本中心可容易地与表面发生相互作用,但是当吸附速率由吸附剂离子从外部输送到内部的速率控制时,随着覆盖率的增加,表面可利用的吸附点减少,直到达到平衡。

对热力学的研究,吉布斯自由能可利用这些常数值根据方程(6-10)计算得到:

$$\Delta_{int}G = -RT\ln K_s \qquad (6-10)$$

其中,K_s 是从 Sips 模型得到的平衡常数,T 是绝对温度,通用气体常数 $R = 8.314$ J/(K·mol),相关的能量关系见方程式(6-11):

$$\Delta G = \Delta_{int}H - T\Delta_{int}S \qquad (6-11)$$

层状基质(L_x)在固态和在含铀酰阳离子(UO_2^{2+})的水溶液中的一系列插层反应的热力学循环可由下列量热反应方程式来表达:

$$L_x(aq) + UO_2^{2+}(aq) \longrightarrow [L \cdots UO_2^{2+}](sol) \qquad Q_{tit}$$

$$L_x(sol) + nH_2O \longrightarrow L_x(aq) \qquad Q_{sol}$$

$$UO_2^{2+}(aq) + nH_2O \longrightarrow UO_2^{2+}(sol) \qquad Q_{dil}$$

$$L_x(sol) + [UO_2^{2+}]_{(sol)} \longrightarrow [L_x \cdots UO_2^{2+}](sol) \qquad Q_r$$

基质水合作用的热效应为零,完成量热滴定的热效应由 $\sum Q_r = \sum Q_{tit} - \sum Q_{dil} - \sum Q_{sol}$ 计算得到。根据形成单层的焓 $\Delta_{int}h$ 和改性黏土吸附的铀酰的物质的量 N_s,相互作用的焓可以由方程式(6-12)计算:

$$\Delta_{int}H = \frac{\Delta_{int}h}{N_s} \qquad (6-12)$$

表 6-5 列出了每个体系的热力学数值,可以看出每个体系的相互作用都是自发进行的,因为焓值小于零且熵值大于零。

表6-5 未改性的和改性的 Na-magadiite 吸附铀酰的热力学数据[27]

Sample	$N_s/(\text{mmol} \cdot \text{g}^{-1})$	$N_{f\text{max}}/(\text{mmol} \cdot \text{g}^{-1})$	$-\Delta_{int}h/(\text{J} \cdot \text{g}^{-1})$	$-\Delta_{int}H°/(\text{kJ} \cdot \text{mol}^{-1})$
M_{synt}	7.9 ± 0.02	6.1 ± 0.12	45.8 ± 0.12	3.8 ± 0.02
M_{MPY}	12.8 ± 0.04	11.9 ± 0.02	67.9 ± 0.01	5.3 ± 0.10
Sample	n	$K_s(\times 10^{-3})$	$-\Delta_{int}G°/(\text{kJ} \cdot \text{mol}^{-1})$	$\Delta_{int}S°(\text{kJ} \cdot \text{mol}^{-1})$
M_{synt}	0.71 ± 0.01	3.9 ± 0.01	20.5 ± 0.11	56.0 ± 0.11
M_{MPY}	0.75 ± 0.01	9.2 ± 0.02	22.6 ± 0.09	58.0 ± 0.11

6.2 改性麦羟硅钠石对有机溶剂的吸附

随着经济的不断发展，工农业废水和生活污水排放量急剧增加，对各种污水的处理方法也在改进。传统的生化处理工艺受到微生物生长条件的约束，如 pH、温度、含盐量、有毒有害物质的影响等，对农药厂、制药厂和化工厂等排放的有毒有害废水难以达标处理。利用非金属矿物进行吸附具有成本低廉、处理效果优越、不受生物生长因素制约等优点。magadiite 是一种分层的钠聚硅酸盐，可用于吸附有机衍生物的研究，它的结构是[SiO_4]四面体。magadiite 的表面有硅醇基团，这些基团可以用各种有机硅烷改性。有机官能团可以通过共价键接枝到表面形成插层化合物，从而提高其吸附性能。下面以改性 magadiite 对醇的吸附为例研究 magadiite 对有机溶剂的吸附。

改性 magadiite 吸附醇的实验操作如下：首先用硅酸钠、SiO_2 和蒸馏水制备 Na-magadiite，再将 Na-magadiite 与十二烷基三甲基溴化铵（C12TMA）的氯化物进行阳离子交换制备 C12TMA-magadiite，在温度为100℃的减压条件下干燥2 h，再与甲苯和一定数量的正辛基三氯硅烷混合。通过改变加入的硅烷化试剂的量合成不同覆盖程度的三种硅烷化 magadiite，反应混合物在110℃下氮气回流反应2天，离心后的沉淀物洗涤除去 Cl⁻ 后，再用丙酮洗涤，最后将产物在40℃下干燥2天。

用1-丁醇和1-己醇做吸附测试，将烷基化的 magadiite 与醇（0～0.03 mol/L 的1-己醇，0～0.05mol/L 的1-丁醇）的水溶液置于离心管中，在室温下磁力搅拌2天。通过离心将吸附剂分开，上清液中乙醇的浓度通过气相色谱测定，从而得到被吸附的醇的量。醇的浓度用测得的 GC 峰的面积进行估算[28]。

硅烷化的 magadiite 的化学组成和层间距见表6-6。三种硅烷基化的 magadiite 具有辛基甲硅烷基团覆盖的不同的层间表面，将它们分别记为 C8Si（0.96）-magadiite、C8Si（1.16）-magadiite 和 C8Si（1.67）-magadiite，括号里的数字代表 magadiite 的 $14SiO_2$ 单元吸附的辛基甲硅烷基团的物质的量之比。

表6-6   硅烷化的 magadiite 的化学组成和层间距[28]

Amounts of silylating reafent per 14 SiO₂	$w(C)/\%$	$w(H)/\%$	$w(SiO_2)/\%$	Amounts of silyl groups per 14 SiO₂	Spacing/ nm	Surface coverage/%
0.80	9.81	1.84	89.3	0.96	1.84	0.55
1.1	10.7	2.34	80.5	1.16	1.99	0.45
2.0	15.7	2.58	82.7	1.67	2.14	0.32

吸附能力取决于辛基甲硅烷基团的覆盖率，夹层的硅烷醇基团与水分子的相互作用不同，所以 C8Si(1.16)-magadiite 能比 C8Si(1.67)-magadiite 吸附较多的水分子，水的吸附能力影响对水中醇的吸附。图 6-11 是 C8Si(1.16)-magadiite 和 C8Si(1.67)-magadiite 的水吸附/解吸等温线。

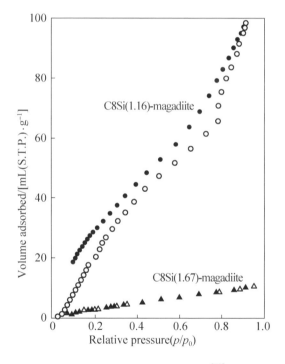

图6-11   水吸附/解吸等温线[28]

图 6-12 为 C8Si(0.96)-magadiite 在 n-癸烷和水溶液中对 1-己醇的吸附等温线。根据 Giles 和 Smith 分类，吸附等温线符合 C 型，C 型等温线是线性的并且分区显示。随着 C8Si(0.96)-magadiite 浓度的增加，吸附的 1-己醇直线增加，浓度达到 0.02mol/L 时达到最大吸附量 1.3 mol/14SiO₂。

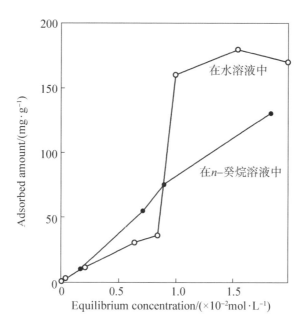

图 6 - 12　C8Si(0.96)-magadiite 的平衡浓度对 1 - 己醇的吸附量的函数[28]

另一方面，C8Si(0.96)-magadiite 在水溶液中对 1 - 己醇的吸附出现 S 型等温线。这是因为 1 - 己醇满足这些条件：①溶质分子是单官能团的，②有温和的分子间作用力，③溶剂和吸附物种存在强烈的竞争，所以出现 S 型吸附等温线。当平衡浓度低时，只有少数的 1 - 己醇被吸附，随着平衡浓度的增加，吸附的 1 - 己醇的量也增加，在平衡浓度为 0.01mol/L 时，吸附等温线存在一个平台，在这一浓度下，1 - 己醇的吸附量显著增加，之后即使浓度增加也不会发生进一步的吸附。最大吸附量约为 1.5 mol/14SiO$_2$。

硅烷化的 magadiite 吸附醇使得其层间距增加，但由于最大吸附量很大，还需考虑从水中吸附 1 - 己醇也占用层空间。用 X 射线衍射分析 C8Si(0.96)-magadiite 与 1 - 己醇的水溶液的反应，当 1 - 己醇的水溶液浓度低（< 10 mmol/L）时，C8Si(0.96)-magadiite 的层间距略有增加，为 2.03 ～ 2.08 nm。在这一浓度范围，1 - 己醇的吸附量很小，可以认为由于吸附水分子导致层间距略微增加。但由于水分子的存在，在测量中吸附醇的可能性也不能完全排除。当吸附在浓的 1 - 己醇的水溶液（> 10mmol/L）中进行时，C8Si(0.96)-magadiite 的层间距增加到 2.5 ～ 2.6 nm，可以认为 1 - 己醇的吸附量大，占据了夹层空间引起了膨胀。

C8Si(0.96)-magadiite 与 1 - 己醇的 n-癸烷溶液反应，从稀的 n - 癸烷溶液中吸附 1 - 己醇，C8Si(0.96)-magadiite 的层间距不发生改变，n - 癸烷不会插层进入烷基化的 magadiite 的夹层。当从浓的 n - 癸烷溶液中吸收 1 - 己醇时，C8Si(0.96)-magadiite 的层间距增加到约 2.9 nm，当吸附在溶液浓度为 8.37 ～ 10.4 mmol/L 的溶液中进行时，被吸附的1－己醇与辛基甲硅烷基团在层间形成密集的聚集体，层间距增加到 2.92 nm，和用纯的1－己醇处理的 C8Si(0.96)-magadiite 的层间距一样。

　　当在 n-癸烷溶液中吸附1－己醇达到饱和时，插层的1－己醇在通道间形成双分子层聚集体。当吸附在水溶液中进行时，层间距较小，可以认为是吸附的1－己醇占据了层空间从而增加了层间距，然而，由于存在吸附水分子的可能性，C8Si(0.96)-magadiite 包含1－己醇的微观结构是很难讨论的。

　　辛基甲硅烷基团的覆盖率不同，所以疏水性的辛基甲硅烷基团和亲水性的硅醇基团在层间的浓度不同，这种不同引起对于1－己醇亲和力的不同，醇的羟基基团和改性的 magadiite 的硅醇基团的相互作用是吸附1－己醇的可能的驱动力。图6－13 是 C8Si(0.96)-magadiite、C8Si(1.16)-magadiite 和 C8Si(1.67)-magadiite 吸附1－己醇后的层间距与溶液平衡浓度的关系图。

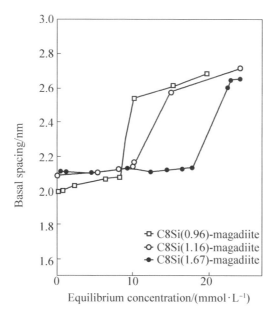

图6－13　吸附1－己醇后硅烷衍生物的层间距与平衡浓度的关系图[21]

　　C8Si(1.16)-magadiite 和 C8Si(1.67)-magadiite 也能从水溶液中吸附1－丁醇，吸附后它们的层间距不同。与吸附1－己醇类似，当溶液浓度较低（<15.2 mmol/L）时，吸附1－丁醇后 C8Si(1.16)-magadiite 的层间距增加到约2 nm；当在高溶液浓度（>200 mmol/L）情况下吸附1－丁醇时，层间距增加到约2.5 nm，最大层间距小于用纯的1－丁醇处理的 C8Si(1.16)-magadiite。在溶液浓度相对较低（<200 mmol/L）时，C8Si(1.67)-magadiite 吸附1－丁醇后层间距变化不大；在高溶液浓度（>250 mmol/L）下，吸附1－丁醇后 C8Si(1.67)-magadiite 的层间距也增加到约2.5 nm。当吸附在纯的1－丁醇溶液中进行时，层间距要比观察值小。当吸附

1-丁醇达到饱和时，C8Si(1.16)-magadiite 和 C8Si(1.67)-magadiite 的层间距非常相似。

与 C8Si(1.67)-magadiite 相比，C8Si(1.16)-magadiite 可以在较低浓度下吸附 1-丁醇。图 6-14 是 C8Si(1.16)-magadiite 和 C8Si(1.67)-magadiite 的层间距变化与 1-丁醇浓度的关系图。

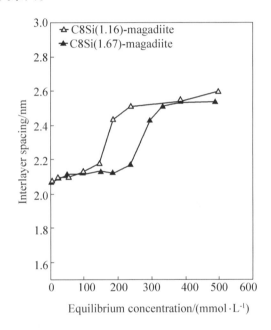

图 6-14　吸附 1-丁醇后硅烷衍生物的层间距与平衡浓度的关系图[28]

C8Si(1.16)-magadiite 可以在不同浓度下吸附 1-己醇和 1-丁醇(1-己醇和 1-丁醇分别为 10 mmol/L 和 400 mmol/L)，发生吸附后层间距改变，层间距的变化与相对浓度(C_e/C_s，其中 C_e 和 C_s 分别为平衡浓度和醇在水中的溶解度)是相关的(图 6-15)，1-己醇和 1-丁醇发生吸附的 C_e/C_s 值非常相似。此外，1-己醇和 1-丁醇在水中的溶解性可能会影响到吸附行为。

当 C8Si(1.16)-magadiite 在含 1-丁醇(22.3 mmol/L)和 1-己醇(21.5 mmol/L)的水溶液中发生吸附时，1-己醇优先吸附在 C8Si(1.16)-magadiite 上，推断出其分配系数是 16，从而在实验中可避免 1-己醇优先吸附。C8Si(1.16)-magadiite 在含有 1-丁醇(C_6OH)和 1-己醇(C_4OH)的水溶液中醇的吸附量见表 6-7。

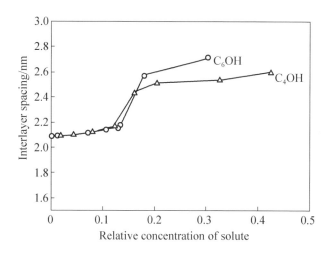

图 6 - 15　从水溶液中吸附醇后 C8Si(1.16)-magadiite 的层间距对溶质相对浓度的关系图

表 6 - 7　C8Si(1.16)-magadiite 在 C_6OH/C_4OH 水溶液中醇的吸附量

序号	C_6OH		C_4OH	
	Concentration/ (mmol·L^{-1})	Adsorbed amount/ (mg·g^{-1})	Concentration/ (mmol·L^{-1})	Adsorbed amount/ (mg·g^{-1})
1	22.3	160	21.5	8.3
2	19.7	240	41.3	140

　　无论是在水溶液还是在醇溶液中，醇的吸附量急剧增加依赖于醇的种类，1 - 己醇与 1 - 丁醇相比，1 - 己醇的吸附量在较低浓度下急剧增加。当两种醇同时被吸附相同的时间，且两种醇的浓度在 180 ～ 280 mmol/L 时，1 - 己醇被优先吸附。在共存条件下，吸附量急剧增加的醇浓度应与它们单独组分时不同。带有不同烷基基团和表面覆盖率的硅烷化的 magadiite 对不同种类醇的吸附还需进行更系统的研究，以清晰地得出优先吸附的机理。

6.3　麦羟硅钠石对二氧化碳气体的吸附

　　二氧化碳(CO_2)在新鲜空气中的体积分数约为0.03%。人生活在这个环境下不会受到危害。但当 CO_2 的体积分数达1%时，会使人感到气闷、头昏、心悸；达到4%～5%时，人会感到气喘、头痛、眩晕；如果室内 CO_2 含量过大，室内人员就会出现不同程度的中毒症状。CO_2 中毒绝大多数为急性中毒，CO_2 急性中毒主要表现为昏迷、反射消失、瞳孔放大或缩小、大小便失禁、呕吐等，更严重者还可能出现休克及呼吸停止等。

各种各样的多孔材料，如活性炭、沸石、介孔二氧化硅等已被用于 CO_2 的吸附而被广泛地研究，但是用新型材料从含 CO_2 的工业废气中有效地吸附 CO_2 仍然具有很大的挑战。层状黏土矿物也作为吸附剂被广泛研究，magadiite 是二维层状结构，层间有可被交换的水合阳离子，层板具有较好的膨胀性，而且离子交换能力强，所以 magadiite 具有良好的吸附性能。

将偏硅酸钠溶解在蒸馏水中，用浓硝酸将 pH 调节到 10.6～10.8，在 74～76℃下熟化 4 h，形成凝胶。然后将其转移到内衬有聚四氟乙烯的不锈钢高压釜内，在 150℃下热水处理 66 h，再将其过滤洗涤直到 pH 为 7 并在空气中干燥即合成 magadiite。将 magadiite 分散在水中，加入十六烷基三甲基溴化烷（CTAB）在 50℃下磁力搅拌 24 h，CTA^+ 在 $n(CTA^+)/n(Na^+)$ 为 25% 时发生离子交换，最后将材料洗涤直至发泡结束在室温下空气中干燥，即形成 25CTA-magadiite（下简写为 25CTA-MAG）。

然后制备吸附剂，具体过程如下：将支化聚乙烯亚胺（PEI）溶解在甲醇中，同时，将 magadiite（下简写为 MAG）或 25CTA-MAG 也分散于甲醇中。在此之后，边搅拌边逐步加入 PEI 溶液，以保证 PEI 能够在层状硅酸盐中良好地分散。然后将溶液在 60℃下搅拌 24 h，在 50℃下通过旋转蒸发将溶剂从混合物中除去，并在 100℃干燥一夜。将助剂命名为 MAG-PEIx 和 25CTA-MAG-PEIx，其中 x 代表样品中 PEI 的质量分数"%"前的数值。最后得到的材料随着 PEI 含量的增加发生团聚形成白色固体。

最后程序升温吸附 CO_2（CO_2-TPD）：将吸附剂放入 U 形石英反应器中，以 10℃/min 的速率加热到 150℃，并在此温度下在氦气流（30mL/min）中保持 3 h 以除去水吸附 CO_2，然后温度降到 75℃，使 CO_2（体积分数 5%，流速 20mL/min）与吸附剂接触 3 h，之后将样品转移到氦气流（20 mL/min）中处理 1 h，温度降到 30℃。CO_2 的吸附以 10℃/min 的速率在 30～150℃进行，CO_2 吸附能力是根据外部解吸校准的方法计算的[29]。

用 CO_2 程序升温吸附实验评估吸附能力，在吸附温度 75℃，吸附/解吸气体流率 20mL/min，选择吸附 3 h（研究发现吸附 3 h 时，吸附剂没有达到最大吸附量，但 3 h 后吸附缓慢，吸附量变化不大）的条件下，实验结果如图 6-16 所示，黑线是原始曲线，绿线是计算得到的曲线，蓝线是层状 PEI 的线性，红线是庞杂的 PEI 的线性。

图 6-16 中，曲线 a 是纯的 MAG 的吸附曲线，从图中可看出 MAG 不能吸附 CO_2，整个实验自始至终只有一个平坦的基线。曲线 b～d 是用 PEI 改性的样品

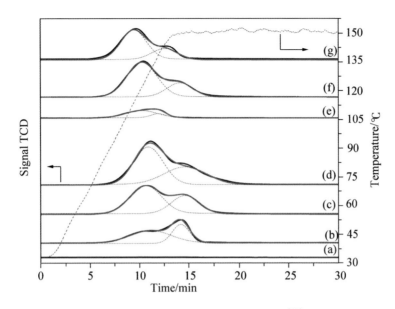

图 6 - 16 CO₂ 程序升温吸附实验结果[29]

注：(a)MAG，(b)MAG-PEI10，(c)MAG-PEI20，(d)MAG-PEI25，(e)25CTA-MAG-PEI10，

(f)25CTA-MAG-PEI20，(g)25CTA-MAG-PEI25。

MAG-PEIx 吸附剂吸附 CO_2 的吸附曲线，在 65～70℃ 开始发生解吸，在 125～
129℃ 和 150℃ 处有两个峰。曲线 e～g 是 25CTA-MAG-PEIx 吸附剂吸附 CO_2 的吸附
曲线，CO_2 的解吸阶段从 64～66℃ 附近开始，25CTA-MAG-PEI10 在 130℃ 处出现
一个解吸收峰，25CTA-MAG-PEI20 在 123℃ 和 150℃ 处有两个解吸附峰，25CTA-
MAG-PEI25 在 117℃ 和 146℃ 处有两个解吸附峰。

PEI 中有两个吸附点，暴露的层状 PEI 吸附大部分的 CO_2，庞杂的 PEI 是由聚
合物链在夹层空间凝聚形成的，吸附能力不佳，在加热过程中，CO_2 通过解吸从暴
露的 PEI 层移除，它可能通过载体气体从反应器中移除，也可能击穿下层区域进入
庞杂的 PEI。任何进入到下层的被吸附分子也可能通过扩散回到层状 PEI 表面。另
一方面，在扩散过程中，PEI 含量的增加可能会相对减少庞杂 PEI 对 CO_2 的吸附。

对于 MAG-PEIx 吸附剂，解吸的 CO_2 中大约 62% 是在暴露的层状 PEI 中，约
38% 是在夹层空间庞杂的 PEI 中。对于 25CTA-MAG-PEIx，大约 78% 是在 PEI 层
中，约 22% 是在庞杂的 PEI 中，表明 CTA^+ 的存在为 CO_2 进入暴露的 PEI 层提供了
不同的路径。但是，CTA^+ 的存在使整体的吸附能力大约减少了一半。

用 MAG-PEI25 吸附剂得到的最佳吸附结果：在 75℃ 下，6.11 mmol/g。MAG-
PEI20 和 25CTA-MAG-PEI20 在 75℃ 下的吸附能力相同，是 4.57 mmol/g。表 6 - 8
总结了 MAG-PEIx 和 25CTA-MAG-PEIx 样品的吸附能力和效率。

表6-8 MAG-PEIx 和 25CTA-MAG-PEIx 吸附剂对 CO_2 的 TPD 解吸曲线
在不同解吸收峰中的吸附能力和吸附效率

Sample	Capacity/ ($mmol \cdot g^{-1}$)	Peak1/ ($mmol \cdot g^{-1}$)	Deconv. /%	Peak2/ ($mmol \cdot g^{-1}$)	Deconv. /%
MAG-PEI10	2.79	1.70	61.01	1.09	38.98
MAG-PEI20	4.56	2.91	63.88	1.65	36.12
MAG-PEI25	6.11	3.67	60.12	2.44	39.88
25CTA-MAG-PEI10	1.06	0.85	80.40	0.21	19.60
25CTA-MAG-PEI20	4.57	3.38	74.05	1.19	25.95
25CTA-MAG-PEI25	3.41	2.49	73.12	0.92	26.88

注：以上数据由 CO_2-TPD 实验和 Avrami 模型得到。

由于大量 CTA^+ 的存在阻碍了 CO_2 在夹层空间的扩散，改变了 CO_2 进入吸附点的路径，所以 25CTA-MAG-PEI10 与 MAG-PEI10 相比，图6-16 中在 PEI 层和庞杂 PEI 上与吸附 CO_2 相关的两个峰比无 CTA^+ 存在时更强烈。25CTA-MAG-PEI20 与 25CTA-MAG-PEI25 吸附剂相比，CTA^+ 对 CO_2 扩散的阻碍作用更加明显：随着引入的 PEI 浓度的增加（MAG-PEI20 与 MAG-PEI25 相比），吸附能力也从 4.56 mmol/g 增加到 6.11 mmol/g，当 CTA^+ 存在夹层空间中时，吸附的 CO_2 减少（从 4.57 mmol/g 减少到 3.41 mmol/g），这表明表面活性剂分子确实引起了扩散。CTA^+ 的质量分数达到 20% 时对 CO_2 的扩散无干扰，所以 MAG-PEI20 和 25CTA-MAG-PEI20 的吸附能力极其相似，在这个浓度范围之上再增加 CTA^+ 的浓度会使 CTA-MAG-PEI 吸附剂的吸附能力降低。

在表6-9 中列出了 MAG-PEIx 和 25CTA-MAG-PEIx 吸附剂对 CO_2 的吸附能力和效率的数据，由于 MAG 层表面存在硅醇基团相互作用，所以比计算值更大。

表6-9 MAG-PEIx 和 25CTA-MAG-PEIx 吸附剂对 CO_2 的解吸曲线和
吸附剂中胺基团的含量和效率

Sample	q_e/($mmol \cdot g^{-1}$)	N content/($mmol \cdot g^{-1}$)	Efficiency/($mol\ CO_2 \cdot mol\ N^{-1}$)
MAG-PEI10	2.79	2.43	1.15
MAG-PEI20	4.56	4.16	1.10
MAG-PEI25	6.11	5.41	1.13
25CTA-MAG-PEI10	1.06	2.91	0.36
25CTA-MAG-PEI20	4.57	4.32	1.06
25CTA-MAG-PEI25	3.41	5.31	0.64

注：以上数据由 CO_2-TPD 实验和 Avrami 模型得到。

　　图 6 - 17 是吸附剂的解吸动力学曲线,吸附的 CO_2 基本上在 15 min 内完成解吸。为了更详细地得到 CO_2 和胺基团在 PEI 间的相互作用种类,提出了动力学模型,MAG-PEIx 和 CTA-MAG-PEIx 在 75℃ 下吸附 CO_2 3 h 后,对 CO_2 进行等温解吸得到动力学数据,解吸实验符合 Avrami 模型:

$$q_t = q_e [1 - \exp(-(k_A t)^{n_A})] \tag{6 - 13}$$

其中 q_t 代表在时间 t 时 CO_2 的解吸量,q_e 是 CO_2 总的解吸量(达到吸附平衡时),k_A 是 Avrami 动力学常数,n_A 是 Avrami 指数,与存在不同的反应机理有关。q_e、n_A 和 k_A 的值可通过非线性回归计算得到。

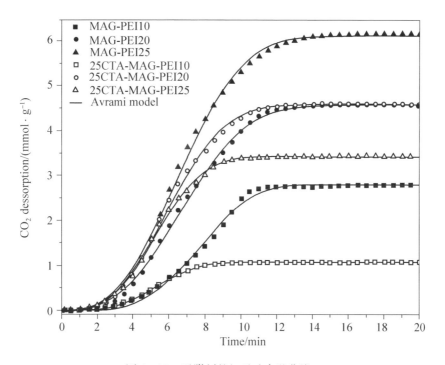

图 6 - 17　吸附剂的解吸动力学曲线

　　为了证明 Avrami 的充分性,根据归一化标准偏差计算得一函数:

$$SD(\%) = \sqrt{\frac{\sum [(q_{t(\exp)} - q_{t(\text{calc})})/q_{t(\exp)}]^2}{N - 1}} \times 100 \tag{6 - 14}$$

其中 SD(%) 是标准偏差,$q_{t(\exp)}$ 是在时间 t 时 CO_2 解吸量的实验数据,$q_{t(\text{calc})}$ 是通过 Avrami 模型计算得到的解吸量,N 是实验点的总数,结果列于表 6 - 10 中。

表 6 - 10　从适合 Avrami 模型的 CO_2 解吸等温线计算得的动力学参数和标准偏差

Sample	$q_e/(\text{mmol}\cdot\text{g}^{-1})$	n_A	k_A/min^{-1}	SD/%	R^2
MAG-PEI10	2.79	3.77	0.12	5.16	0.99735
MAG-PEI20	4.56	2.83	0.13	2.03	0.99901
MAG-PEI25	6.11	2.77	0.13	2.47	0.99800
25CTA-MAG-PEI10	1.06	3.49	0.17	2.62	0.99954
25CTA-MAG-PEI20	4.57	2.86	0.15	3.49	0.99841
25CTA-MAG-PEI25	3.41	3.04	0.17	2.98	0.99880

由于存在不同的解吸原理，得到的 n_A 值的范围为 $2.77\sim3.77$。无 CTA^+ 离子比 CTA^+ 离子存在时对 CO_2 分子的黏结作用更强，MAG-PEIx 解吸 CO_2 的 k_A 值比 CTA-MAG-PEIx 的 k_A 值要低。在较弱的相互作用中，CTA^+ 离子的存在增加了 CO_2 与暴露的 PEI 层相互作用的浓度，而无 CTA^+ 离子存在时，也就是在 MAG-PEIx 样品中则刚好相反。表 6 - 10 中低的标准偏差(低于 8%)和相关因子(在 0.99735 和 0.99954 之间)也表明 Avrami 模型是恰当的。

参 考 文 献

[1] 赵磊, 董发勤, 杨玉山, 等. 层状硅酸盐矿物在污水处理和净化中的应用[J]. 中国矿业, 2007, 16(4): 89 - 91.

[2] 陈鹏. 对重金属离子高吸附性层状硅酸盐矿物材料的制备研究[D]. 武汉: 武汉理工大学, 2007.

[3] 干方群, 周健民, 王火焰, 等. 不同粘土矿物对磷污染水体的吸附净化性能比较[J]. 生态环境, 2008, 17(3): 914 - 917.

[4] Xie G, Liu Z, Zhu Z, et al. Simultaneous removal of SO_2 and NO_x from flue gas using a CuO/Al_2O_3 catalyst sorbent I. Deactivation of SCR activity by SO_2 at low temperatures [J]. Journal of Catalysis, 2004, 224: 36 - 41.

[5] Jeong S Y, Lee J M. Removal of heavy metal ions from aqueous solutions by adsorption on magadiite [J]. Bulletin of the Korean Chemical Society, 1998, 19: 218 - 222.

[6] Fujita I, Kuroda K, Ogawa M. Adsorption of alcohols from aqueous solutions into a layered silicate modified with octyltrichlorosilane [J]. Chemistry of Materials, 2005, 17: 3717 - 3722.

[7] Guerra D L, Airoldi C, Viana R R. Adsorption of arsenic(V) into modified lamellar kenyaite [J]. Journal of Hazardous Materials, 2009, 163: 1391 - 1396.

[8] Pinto A A, Guerra D L, Aroldi C. Modified kenyaite with TPT silane for cadmium adsorption from aqueous solution [R]. Rio de Janeiro Brazil: 11th International Conference on Advance Materials, 2009.

[9] Codman M, Slovenia J, Drolc A. Study of impacts of treat wastewater to the Krka river[J]. Water

Science and Technology, 2001, 44(6): 47 - 54.

[10] 李东伟, 袁雪, 王克浩, 等. 化学沉淀 - 铁氧体法处理重金属废水试验研究[J]. 重庆建筑
     大学学报, 2007, 292: 90 - 109.

[11] 马彦峰, 吴韶华, 单连斌. 沉淀法处理含重金属污水的研究[J]. 环境保护科学, 1998, 24
     (3): 1 - 3.

[12] 薛德明, 刘景清, 宋德政, 等. 电渗析法处理含锌废水实验[J]. 水处理技术, 1984, 10(1):
     44 - 48.

[13] 陈浚. 电渗析法处理含铅废水的研究[D]. 北京: 北京化工大学, 2004.

[14] 刘晓明, 杨翠英, 宋吉勇. 用活性炭为吸附剂处理含 Cr(VI)电镀废水探讨[J]. 山东科技大
     学学报, 2005, 24(2): 107 - 109.

[15] 吴艳林. 活性炭纤维处理含镉废水的研究[J]. 辽宁城乡环境科技, 2002, 22 (10):
     15 - 17.

[16] 黄巍. 活性炭吸附法处理含铬电镀废水探讨[J]. 江苏环境科技, 2001, 14(3): 18.

[17] 李国华, 程媛, 何莹. 一种从废水中去除重金属离子并固化及回收方法[P]. 中国:
     102583620 A, 2012 - 02 - 16.

[18] Xiong W, Peng J. Development and characterization of ferrihydrite modified diatomite as a phosphorus
     adsorbent[J]. Water Reseach, 2008, 42: 4869 - 4877.

[19] 李虎杰, 刘爱平, 易成发, 等. 膨润土对 Cd^{2+} 的吸附作用及影响因素[J]. 中国矿业, 2004,
     13(11): 79 - 81.

[20] 刘云, 吴平霄, 党志. 柱撑蛭石吸附去除废水中重金属离子的实验研究[J]. 矿物岩石,
     2006, 26(4): 8 - 13.

[21] Liu Y, Wu P, Dang Z, et al. Heavy metal removal from water by adsorption using pillared
     montmorillonite[J]. Acta. Geologica. Sinica, 2006, 80(2): 219 - 225.

[22] 王泽红, 陶士杰, 于福家, 等. 天然沸石的改性及其吸附 Pb^{2+}、Cu^{2+} 的研究[J]. 东北大学
     学报: 自然科学版, 2012, 33(11): 1637 - 1640.

[23] 刘菁, 邓苗, 胡子文, 等. 海泡石改性及吸附 Zn^{2+} 研究[J]. 岩石矿物学杂志, 2011, 30
     (4): 716 - 720.

[24] 刘大中, 王锦. 物理吸附与化学吸附[J]. 山东轻工业学院学报, 1999, 13(2): 22 - 25.

[25] 陈萌, 层状硅酸盐的制备、改性及应用[D]. 广州: 华南理工大学, 2014.

[26] Guerra D L, Pinto A A, Airoldi C, et al. Adsorption of arsenic(III) into modified lamellar Na-
     magadiite in aqueous medium-thermodynamic of adsorption process. [J]. Journal of Solid State
     Chemistry, 2008, 181: 3374 - 3379.

[27] Guerra D L, Pinto A A, de Souza J A, et al. Kinetic and thermodynamic uranyl (II) adsorption
     process into modified Na-magadiite and Na-kanemite[J]. Journal of Hazardous Materials, 2009,
     166: 1550 - 1555.

[28] Fujita I, Kuroda K, Ogawa M. Adsorption of alcohols from aqueous solutions into a layered silicate
     modified with octyltrichlorosilane[J]. Chem. Mater. , 2005, 17: 3717 - 3722.

[29] Vieira R B, Pastore H O. polyethylenimine-magadiite layered silicate sorbent for CO_2 capture [J].
     Environ. Sci. Technol. , 2014, 48: 2472 - 2480.

7 麦羟硅钠石在催化材料中的应用

　　工业体系产生的污染物对我们的环境产生严重的威胁，它们污染了水和空气，破坏了生态系统，严重危害了环境和人体健康。传统的污染物处理方法，吸附、沉淀、过滤都只是对污染物的分离，并未将其完全分解，化学处理和生物膜处理成本高，同时可能会产生对环境有害的二次污染物。由于光催化技术利用太阳能就能彻底分解空气和废水中的污染物，并可以重复利用，运行成本低，可在常温常压下操作，不会产生二次污染，因此受到人们越来越多的关注。目前，光催化技术在工业环保、除菌保洁、降低能耗等领域得到了广泛的应用，在污水处理方面具有巨大的潜力。二氧化铁由于机械性能和化学性质稳定，对人体和环境无毒性，成本低廉，便于制备，被认为是最有前景的光催化剂之一，但是二氧化铁等光催化剂只能利用紫外光，而太阳能光谱中46%为可见光，只包含5%～7%的紫外线光，丰富的可再生太阳能是环境问题的一种新的推动力，具有可持续性，因此可见光催化剂引起了人们的极大关注。

　　层状硅酸盐材料层板仅由硅氧四面体组成，具有可膨胀性，是作为催化剂载体的良好选择。在无机柱撑黏土材料中，层状硅酸盐在层间引入了 TiO_2，由于特有的孔道结构和层间距，具有独特的光催化活性，所以复合材料 Ti-PILC 的光催化活性要好于单纯的 TiO_2。一方面，层状硅酸盐大的比表面积和层间距使得 TiO_2 的分散度增大，对降解物有一定的吸附与富集作用；另一方面，由于层状硅酸盐的层间域对 TiO_2 的限域尺寸效应，进入层间的 TiO_2 在纳米级别，有利于光催化反应的进行。

　　Yang 等[1]用 AgBr 以离子交换法与层状硅酸盐凹凸棒土（attapulgite）复合，制备了 Ag-AgBr/attapulgite 复合催化剂，显示出高效的光催化效果，其催化活性比单纯的 AgBr 好。首先载体使得 Ag-AgBr 的分散度增大，使罗丹明 B（RhB）吸附在 AgBr 表面，增大催化速度，其次进入层间的 AgBr 尺寸更小，活性更高。Park 等[2]以正硅酸乙酯柱撑的 magadiite 和 kenyaite 为载体负载 Ni、Pd 催化剂，提高了甲烷氧化反应的转化效率，热稳定性得到增强。

　　层状黏土经柱撑后，比表面积增大，孔道尺寸可调，热稳定性提高，具有大量可用的 Bronsted 酸和 Lewis 酸催化活性位，因此，利用柱撑黏土作为酸催化剂或催化剂载体，可以使反应物容易接近催化活性位，而且由于孔道可调，也提高了催化反应的选择性。Mishra 等[3]通过调整锰/铁的物质的量之比合成了一系列铁－锰混合氧化柱撑黏土，以其为催化剂，以丙酮和三氯乙烯的催化分解为探针反应，寻找适合于挥发性有机化合物的分解反应的催化剂，实验结果表明锰含量高的催化剂对丙酮的降解有较高的催化活性，而含铁量高的催化剂对三氯乙烯的分解表现了较高的催化活性。

7.1 负载铝型催化剂

7.1.1 负载铝型催化剂 Al/PMH

张丛等[4]先采用水热合成法制备 magadiite，然后用 C16TMA 改性 magadiite，再将正癸胺、正硅酸乙酯(TEOS)依次加入改性的 magadiite 中，混合反应后，离心分离、干燥，得到柱撑后的黏土材料 PQMH，最后再将 PQMH 置于马弗炉中，以 5℃/min 的速率升温至550℃，保持4h，再降至室温，即得到相应的 magadiite 基多孔异质结构材料 PMH。采用后合成法将不同量的 $NaAlO_2[n(Si)/n(Al)$ 为 5、10 和 15]沉积在 magadiite 基多孔异质结构材料 PMH 上，即可合成负载铝型催化剂 Al/PMH[3]。

有研究报道[5~6]，不同的铝源可以通过嫁接的方式与骨架孔壁有效地结合。因此，引入铝后，铝进入载体 PMH 孔道内，与孔道内壁发生作用，样品的层间距减小，随着铝的增加，孔道堵塞，衍射峰消失。张丛[4]以 PMH 为载体，采用后嫁接法制备了不同硅铝物质的量之比的固体酸催化剂 x-Al/PMH$[x=n(Si)/n(Al)]$，图 7－1a 为它们的 XRD 谱图。由图可知，载体 PMH 材料的特征晶面(001)衍射峰明显，层间距为 2.98 nm，引入铝后，15-Al/PMH(001)晶面衍射峰略有减弱，随着 Al 含量的增加，10-Al/PMH(001)晶面衍射峰宽化，层间距减小，而 5-Al/PMH 的 (001)晶面衍射峰弥散消失，没有形成氧化铝的晶相。

引入铝后，Al 与载体的 Si—O 键发生了相互作用但载体的结构没有破坏。图 7－1b 为 x-Al/PMH 催化剂的 FTIR 谱图。由图可见，波数 3500 cm^{-1}和 1629 cm^{-1}处的特征吸收峰归属于 H—O—H 键的伸缩振动峰和弯曲振动峰，载体 PMH 和引入铝后的 x-Al/PMH 样品在 1240 cm^{-1}和 1083 cm^{-1}处均出现了归属于 magadiite 五元环的特征峰和 Si—O—不对称伸缩振动特征峰，表明载体的结构没有发生变化。对于 PMH，在 819 cm^{-1}和 462 cm^{-1}处分别归属于 Si—O—Si 对称伸缩振动和 magadiite 的六元环的特征峰，在引入铝后吸收峰的相对强度显著增强，表明 Al 与载体的 Si—O 键发生了相互作用生成了金属氧键。

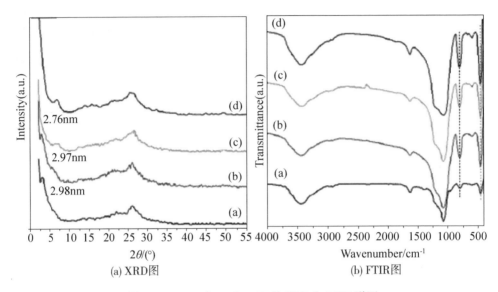

图 7 - 1   PMH 和 x-Al/PMH 的 XRD 和 FTIR 谱图

注：(a)PMH，(b)15-Al/PMH，(c)10-Al/PMH，(d)5-Al/PMH。

张丛[4]为进一步探讨 Al/PMH 催化剂的结构特征及表面性质，对 x-Al/PMH 进行了氮气吸附－脱附分析，发现 x-Al/PMH 的氮气吸附－脱附曲线形状相似，依据 Brunauer 分类法，其等温线为 I 和 IV 混合型等温线，x-Al/PMH 样品在低相对压力（p/p_0：0.05～0.2）下，由于 Al 嫁接到 PMH 孔道中类似分子筛的结构上，使得吸脱附曲线分离，微孔特征不明显。然而，与载体 PMH 不同的是，在相对压力较高（p/p_0：0.2～0.4）时，x-Al/PMH 样品存在超大微孔到较小介孔的孔径分布，吸附曲线没有明显的突越。在相对压力 0.4～0.1 处出现一个明显滞后环，根据 De Boer 的吸脱附回环形状分类，属于 B 型，表明在层间存在平行板壁的狭缝形孔或圆柱形孔，与载体 PMH 类似，表明负载后孔道结构并没有发生明显变化。

根据 BET 方程计算可得 15-Al/PMH、10-Al/PMH 和 5-Al/PMH 的比表面积分别为 369.6、280.1 和 187.3 m^2/g，总孔容依次为 0.35、0.27 和 0.24 cm^3/g，如表 7 - 1 所示。NaAlO$_2$ 溶液能促进 Si—O 键的断裂，可能会导致层间部分介孔结构重排[8]，另外，铝的引入使得层间通道骨架密度增加引起比表面积和孔容的减小，所以随着铝含量的增加，即 $n(Si)/n(Al)$ 的减小，样品的比表面积和孔容呈现逐步减小趋势。因此采用后合成法，铝可以通过嫁接的方式与载体 PMH 孔道表面的羟基结合，从而固载于 PMH 当中，一定数量的铝占据了孔道表面，导致 PMH 的孔径减小，比表面积和孔容减小。但是，由于该类催化剂的酸性活性位大都分布在具有大比表面积的载体 PMH 孔道的表面，使得反应物易于与其作用，因此，x-Al/PMH 是一种良好的固体酸催化剂。

表 7 - 1 x - Al/PMH 催化剂的结构参数[4]

Samples	Surface area[a]/ $(m^2 \cdot g^{-1})$	Total pore volume/$(cm^3 \cdot g^{-1})$	Average pore size[b]/nm	$n(Si)/n(Al)$[c]	Acid sites/ $(mmol \cdot g^{-1})$[d]
PMH	729.2	0.66	3.8/5.6	—	0.17
15-Al/PMH	369.6	0.35	1.88	13.2	0.74
10-Al/PMH	280.3	0.27	1.89	8.7	0.85
5-Al/PMH	187.3	0.24	1.86	4.4	0.91

注：(a) 表面积是通过 N_2 吸附曲线用 BET 方程计算所得；
　　(b) 孔径是通过 N_2 脱附曲线用 BJH 模型计算所得；
　　(c) 通过 SEM-EDS 分析所得；
　　(d) 通过 NH_3-TPD 分析所得。

通过后嫁接法将 $NaAlO_2$ 嫁接到介孔硅上得到含铝的 PMH 衍生物，由于钠离子的存在并不能直接产生 B 酸[8]，张丛[4]通过铵离子取代钠离子，经焙烧后产生质子，提供一定的酸度。催化剂的表面酸性可以通过程序升温脱附分析(NH_3-TPD)得到。从 NH_3 脱附曲线可以知道，载体在 150～230℃ 间有一弱的脱附峰，引入铝后的三个样品在 150～500℃ 范围内都有很宽的脱附峰，且呈现两个脱附峰，低温脱附峰出现在 150～260℃ 范围内，高温脱附峰出现在 250～500℃ 范围内，表明三个样品均具有不同强度的酸性位，其中，低温脱附峰归因于载体表面的酸位，高温脱附峰归因于引入铝后产生的酸位。随着铝含量的增加，样品的总酸量也逐渐增加。PMH 和 x-Al/PMH 的酸量见表 7 - 1。

张丛[4]以 x-Al/PMH 为催化剂，邻苯二酚(CAT)和叔丁醇(TBA)烷基化生成对叔丁基邻苯二酚(4-TBC)的反应为探针反应，考察 Al 嫁接后得到的多孔 magadiite 基异质结构复合材料 PMH 的催化性能。铝的引入，使 4-TBC 的转化率相对于载体 PMH 大大提高。

对于催化反应，反应物的转化率和产物的选择性与催化剂的酸量和酸类型有关。对于催化剂 x-Al/PMH，随着 Al 引入量的增加，邻苯二酚转化率略有下降，通过后嫁接法引入的 Al 可以通过嫁接的方式与孔道内类似于分子筛结构的硅骨架孔壁有效地结合。图 7 - 2 为 Al 嫁接到载体 PMH 可能的化学作用示意图，PMH 载体孔结构大小影响 Al 在硅骨架孔壁上的分布。当 Al 的引入量较小时(15-Al/PMH)，反应物可以进入催化剂孔道内，充分利用孔道内的催化活性位，随着 Al 引入量的增加(10-Al/PMH 和 5-Al/PMH)，壁厚增加，层间距减小，部分活性中心不能被利用。

$$AlO_2^- + 2H_2O \longrightarrow Al(OH)_4^- \quad (1)$$

Si
O
Si–O–Si–O–Si
O
Si
+Al(OH)$_4^-$
Si
O
Si–O–Al$^-$–O–Si
O
Si
+Si(OH)$_4$

(2)

图 7－2　Al 嫁接到载体 PMH 可能的化学作用示意图[4]

当 Al 的引入量较小时(15-Al/PMH)，该样品的层间距有略微减小，表明样品的壁厚较薄，层间距较大，催化剂的择形作用不明显；随着 Al 引入量的增加(10-Al/PMH)，壁厚增加，层间距减小，催化剂对产物进行择形，对位取代的产物 4-TBC 可以从孔道出来，副产物留在孔道内，因而 10-Al/PMH 对产物 4-TBC 的选择性较高。当 Al 引入量达到一定值后(5-Al/PMH)，孔道堵塞，其择形效果受到限制，反应物的吸附只能发生在催化剂外表面，导致大量处于孔道内的催化活性位不能利用，使得 4-TBC 选择性大大降低，表明 10-Al/PMH 具有良好的择形性。其择形催化作用示意图如图 7－3 所示。

CH$_3$
H$_3$C–C–CH$_3$
OH
OH
OH
(CH$_3$)$_3$C
(CH$_3$)$_3$C

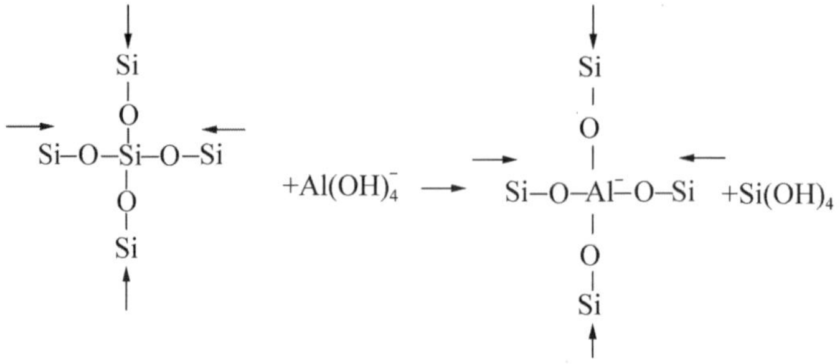

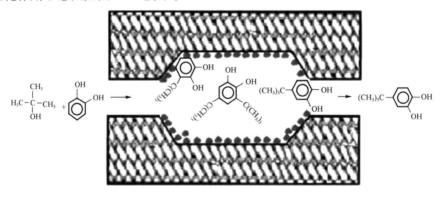

图 7－3　催化剂的择形催化作用示意图[4]

7.1.2　Al-magadiite 基多孔异质结构材料 PAMH

为提高材料的酸性，在合成 magadiite 为主体的 PMH 材料基础上，改变主体材料组成，将铝引入到 magadiite 的层板上，合成 Al-magadiite(AM)，即将硅溶胶、铝溶胶、氢氧化钠和去离子水混合，放入密闭高压反应釜中，于 150℃ 自生压力下水热处理 72 h，反应结束后，将产物抽滤、水洗、干燥得到白色粉体样品。并以其作为主体，以季铵盐－中性胺作为共模板剂制备一种新型多孔 AM 基异质结构酸性材料 PAMH。

PAMH 的形成机理和 PMH 基本相同，以 AM 为主体材料，通过离子交换法将 magadiite 层间的水合钠离子用表面活性剂季铵盐 CTAB 置换出来，CTAB 在层间可能以杂乱堆积的方式排列，扩大了 magadiite 的层间距，同时使得层间表面的亲水性质变成亲油性质，助表面活性剂正癸胺引入后，与 CTAB 的疏水链发生相互作用，使得改性的 AM(QAM)在其作用下进一步发生溶胀，加入无机前驱体正硅酸乙酯(TEOS)，在正癸胺的溶剂化和碱性作用下，进入 magadiite 层间，由于层间吸附水的存在，TEOS 在正癸胺的碱性催化作用下，以表面活性剂 CTAB 和正癸胺形成的胶束为结构模板剂，水解缩聚形成水合的二氧化硅骨架，经 550℃焙烧处理，除去了层间的共模板剂，同时，水合的二氧化硅骨架脱水形成稳定的类似分子筛结构的二氧化硅柱撑骨架，即形成了新型 AM 基多孔异质结构材料 PAMH。张丛[4]对 PAMH 的组成、结构及形貌进行了表征，然后研究了 PAMH 的表面酸性及其催化性能。

图 7-4 为 PAMH 制备过程中不同阶段样品的 XRD 谱图。主体(AM)、预柱撑后(QAM)、双柱撑后(PQAMH)以及焙烧后(PAMH)的样品层间距依次是 1.46 nm、2.58 nm、3.29 nm 和 3.20 nm。其中，AM 的层间距要小于 magadiite 的层间距，由于 Al 离子半径(0.161 nm)小于 Si 离子半径(0.190 nm)，在晶化过程中 Al 与硅氧键发生了作用，引入到 magadiite 层板上，导致(001)晶面特征衍射峰向高角度发生了偏移。经 CTAB 改性后，预柱撑产物 QAM 的层间距略有增加。引入正癸胺和 TEOS 后，其层间距显著增加，经焙烧除去有机模板剂后，层间距变化较小，表明表面活性剂正癸胺与无机前驱体 TEOS 对孔道高度的形成起着关键性的作用。

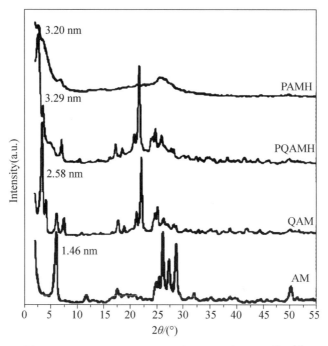

图 7-4   AM、QAM、PQAMH 和 PAMH 的 XRD 谱图[4]

　　PAMH 制备过程中形貌的变化如图 7 – 5 所示。图中左列为 PAMH 制备过程中不同阶段样品的 SEM 图，右列为 PAMH 制备过程中不同阶段样品的 TEM 图。AM 整个粒子是由大量平板堆积而形成的玫瑰花瓣状形貌，但是与 magadiite 不同的是，组成 AM 的平板尺寸不均一，部分发生弯曲[5]。通过图 7 – 5b 的 TEM 图片可看出一些小的球形颗粒均匀分散在层板上。AM 由不同尺寸的层片组成，且片层边缘较模糊。膨化后，层间距的扩大导致玫瑰花状形貌的破坏，并伴随着片层平行排列，玫瑰花瓣状的形貌消失（图 7 – 5c）。加入中性胺和 TEOS 后，片状形貌变得不规整（图 7 – 5e），经焙烧后，PAMH 样品（图 7 – 5g）表面粗糙，但依然可以看出 PAMH 是由不同尺寸的片状结构平行排列组成，焙烧去除有机物的同时，通道并未坍塌。

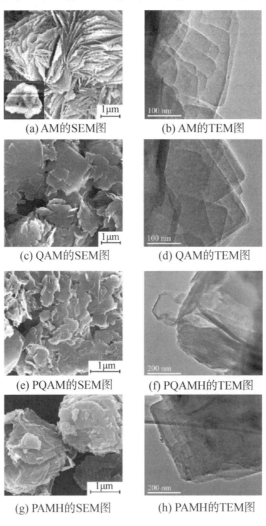

(a) AM的SEM图　　　　　　(b) AM的TEM图

(c) QAM的SEM图　　　　　　(d) QAM的TEM图

(e) PQAM的SEM图　　　　　(f) PQAMH的TEM图

(g) PAMH的SEM图　　　　　(h) PAMH的TEM图

图 7 – 5　AM、QAM、PQAMH 和 PAMH 的 SEM 图和 TEM 图[4]

注：图（a）中的插图为低倍数下的 SEM 图。

张丛[4]为进一步证实得到的 AM 的孔道已被撑开，对样品进行了 HRTEM 表征。图 7 - 6 为 PAMH 制备过程中不同阶段样品的 HRTEM 图。图中样品具有清晰的明暗条纹，暗条纹为层板，明条纹为孔道，表明样品均具有均匀的孔径分布和有序的层间距。其中，AM 孔道较窄(图 7 - 6a)，经插层后，QAM 层间距显著增大，且孔道变得清晰(图 7 - 6b)，加入中性胺和 TEOS 后，PQAMH 孔道变宽(图 7 - 6c)。PAMH 材料在合成过程中，层间距的变化由 1. 45 nm(magadiite)经 CTAB 预柱撑后增加到 2. 60 nm(QAM)，双柱撑后增加到 3. 35 nm(PQAMH)以及焙烧后变为 3. 15 nm(PMAH)。

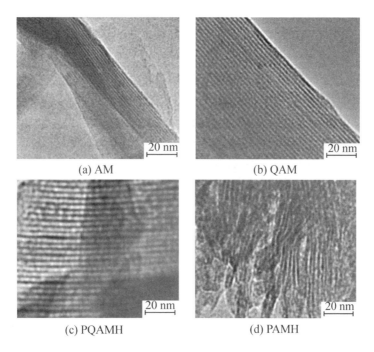

(a) AM

(b) QAM

(c) PQAMH

(d) PAMH

图 7 - 6 AM、QAM、PQAMH 和 PAMH 的 HRTEM 图[4]

以 AM 为主体，经柱撑后得到的材料 PAMH 为微 - 介孔材料，其比表面积大大增加，孔径分布比 PMH 更加均匀，材料中存在超大微孔和较小的介孔，无较大的介孔。合成材料是 AM 片层撑开而形成的多孔材料，在 PAMH 层间存在平行板壁的狭缝形孔或圆柱形孔。AM 孔径分布不均匀，柱撑后的样品 PAMH 材料孔径分布变窄且呈单峰分布，孔径分布主要集中在 1. 4 ～ 2. 7 nm 范围内，最可几孔径为 2. 2 nm，层间表面活性剂在形成异质结构的过程中起着重要的结构导向作用。根据 BET 方程计算得到 AM 材料的比表面积为 26. 3 m^2/g，经柱撑后，PAMH 的比表面积增大为 741. 2 m^2/g，孔容为 0. 56 cm^3/g。

Al 引入到 magadiite 层板后，提高了材料的表面酸量。由程序升温脱附分析

（NH₃-TPD）可以得到固体酸催化剂 PAMH 表面酸量和酸强度。从 NH₃ 脱附曲线可知，PAMH 的总酸量和中强酸性位数量相对于 PMH 明显增加，总酸量从 0.17 mmol/g 增加到 0.52 mmol/g。其中，PMH 在 150～230℃有一弱的低温脱附峰，PAMH 呈现两个脱附峰，低温脱附峰出现在 150～230℃范围内，高温脱附峰出现在 450～600℃范围内，PAMH 具有不同强度的酸性位存在。催化剂表面酸性位有两种类型，分别为 L 酸和 B 酸，可以通过吡啶吸附红外光谱分析得到，能接受电子对的物质为 L 酸，能给出 H⁺的物质是 B 酸[4]。

　　主体材料中铝的加入可以使制得的多孔材料的酸性结构和酸量发生变化。图 7-7 为 PMH 和 PAMH 吡啶吸附原位红外光谱图，可以通过红外光谱图来判断样品吸收酸的量。波数 1540 cm⁻¹和 1450 cm⁻¹处的特征吸收峰为吡啶在 B 酸和 L 酸位上的吸收振动谱带，波数 1490 cm⁻¹处的特征吸收峰为吡啶在 L 酸和 B 酸位上化学吸附的振动谱带。PMH 和 PAMH 均具有 B 酸和 L 酸两种酸位，根据波数 1540 cm⁻¹和 1450 cm⁻¹处吸收峰的面积可粗略估算样品上两种酸性位的相对酸量，在 100℃，PAMH 样品上 L 酸量和 B 酸量均大于 PMH；随着温度的升高，PAMH 的 B 酸量相对于 PMH 下降较快，但是其 L 酸量相对仍多于 PMH 的 L 酸量；在 200℃后，PAMH 样品上 L 酸量明显高于 B 酸量。PAMH 酸性的增加来源于在 magadiite 中引入的铝，且铝的掺入是 L 酸增加的主要原因。

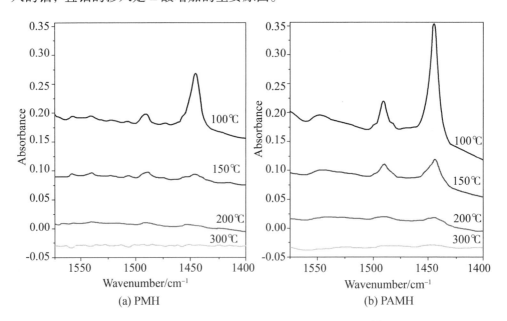

图 7-7　PMH 和 PAMH 的吡啶吸附红外光谱图[4]

表 7 – 2 列出了多孔异质结构材料 PMH 和 PAMH 作为催化剂催化邻苯二酚和叔丁醇烷基化生成 4-TBC 反应的催化性能。PAMH 相对于 PMH，4-TBC 的转化率提高，从 22.4% 增加到 33.1%，同时 4-TBC 的选择性大大提高，中强酸性位有利于 4-TBC 的生成，表明以 AM 为主体合成的多孔异质结构材料 PAMH 确实比 magadiite 为主体合成的多孔异质结构材料 PMH 提高了材料的表面酸性。因此，通过改变主体材料的组成，可以提高多孔异质结构材料的表面酸性，调变 Al 的含量可调控酸量及酸类型，主体骨架 Al 的引入使其 L 酸位量明显高于 B 酸量。

表 7 – 2　PMH 和 PAMH 的催化烷基化反应性能[4]

Catalysts	Conv/%	Sel 4-TBC/%	Sel 3-TBC/%	Sel 3，5-DTBC/%
PAMH	33.1	24.1	56.2	16.4
PMH	22.4	2.1	93.5	3.6
10-Al/PMH	95.3	76.3	0.5	23.2

注：3-TBC、3，5-DTBC 为反应过程中的副产物。

与后嫁接法合成的 10-Al/PMH 相比，4-TBC 的转化率和选择性均较低，主要原因是其表面酸量（0.52 mmol/g）较 10-Al/PMH（0.85 mmol/g）低。PAMH 催化活性中心主要为层板中引入的铝产生的酸性位，其孔径分布主要集中在 1.4 ～ 2.7 nm 范围内，最可几孔径为 2.2 nm。而 10-Al/PMH 催化活性中心主要为 PMH 孔道内类似于分子筛的骨架上嫁接的 Al 产生的酸性位，其孔径分布主要集中在 1.6 ～ 2.4 nm 范围内，最可几孔径为 1.9 nm，孔径分布相对 PAMH 较窄，主要是 Al 的引入导致载体 PMH 壁厚增大，通过后嫁接法合成的 10-Al/PMH 催化剂具有较好的择形催化作用。Al 引入的先后次序不同为固体酸催化剂的制备提供了两种新的制备方法，在固体酸催化反应中具有潜在的应用前景。

7.2　负载锆型催化剂

7.2.1　负载锆型催化剂 SZ/PMH

张丛[4] 采用均匀沉淀法可将不同质量分数（10%，30%，50%）的 ZrO_2 沉积在 magadiite 基多孔异质结构材料 PMH 上，合成负载型催化剂 SZ/PMH 材料（wSZ/PMH，w 为 ZrO_2 的质量分数）。

在 ZrO_2 均匀沉淀的过程中，PMH 材料的孔道被分散到其内的无机盐八水合氯氧化锆（$ZrOCl_2 \cdot 8H_2O$）水溶液水解形成的构晶阳离子 ZrO^{2+} 与尿素不断水解生成的构晶阴离子 OH$^-$ 形成 Zr(OH)$_4$ 前驱体沉淀堵塞，ZrO$_2$ 在载体表面形成均匀的单层分散，30% SZ/PMH 样品被推测可能具有较好的酸催化活性。

图 7 - 8 为载体和不同锆负载量的 wSZ/PMH 的 SEM 图。负载前 PMH 材料为层状结构，且表面光滑。负载 SZ(SO$_4^{2-}$/ZrO$_2$)后，H$_2$SO$_4$ 磺化处理没有破坏样品的层状结构，样品 wSZ/PMH 材料仍然保持片层结构(图 7 - 8b～图 7 - 8d)。负载后的样品表面变得粗糙，10% SZ/PMH 样品(图 7 - 8b)片状结构完好，表面可观察到细小(<10 nm)的颗粒均匀地分散在载体表面，随着锆含量的增加，30% SZ/PMH 样品(图 7 - 8 c)表面颗粒变得密集，当锆含量增加到 50% 时，样品(图 7 - 8 d)表面有明显的球形 ZrO$_2$ 粒子团聚体(30～45 nm)，同时也可以看到一些游离的 ZrO$_2$ 粒子。

(a) PMH (b) 10%SZ/PMH

(c) 30%SZ/PMH (d) 5%SZ/PMH

图 7 - 8　PMH 和 wSZ/PMH 的 SEM 谱图[4]

能谱仪(EDS)分析表明，30% SZ/PMH 含有最高的 Zr/Si 原子比(1/7.8)和最高的 Zr/S 原子比(1/0.6)(见表 7 - 3)，表明该样品可能具有更多的酸性位。10% SZ/PMH 样品 ZrO$_2$ 负载量较少，50% SZ/PMH 样品则由于 ZrO$_2$ 负载量过多而发生 ZrO$_2$ 粒子团聚现象，同时导致部分游离的 ZrO$_2$ 粒子，粒子分布的非均质性和部分孔道内的堵塞导致 Zr 及 S 含量偏低。因此，推测 30% SZ/PMH 样品可能具有较好的酸催化活性。

表7-3 不同锆负载量的 wSZ/PMH 的结构参数[4]

Samples	Surface area[a]/ $(m^2 \cdot g^{-1})$	Total pore volume/ $(cm^3 \cdot g^{-1})$	Average pore size[b]/nm	$n(Si):n(Zr):n(S)$[c]	Acid sites[d]/ $(mmol \cdot g^{-1})$
PMH	729.2	0.66	1.9/3.9	—	0.17
10% SZ/PMH	158.2	0.24	1.88	28.3:1:0.22	0.75
30% SZ/PMH	125.1	0.17	1.86	7.8:1:0.60	1.02
50% SZ/PMH	65.5	0.11	1.88	17.2:1:0.26	0.91

注：(a)表面积是通过 N_2 吸附曲线用 BET 方程计算所得；

(b)孔径是通过 N_2 脱附曲线用 BJH 模型计算所得；

(c)通过 SEM-EDS 分析所得；

(d)通过 NH_3-TPD 分析所得。

张丛[4]为进一步探讨催化剂的结构性质，对不同锆负载量的 wSZ/PMH 进行了 N_2-吸脱附分析。负载后的样品存在超大微孔和较小的介孔，随着锆负载量的增加，SZ 进入孔道堵塞了部分微孔，导致微孔特征变得不明显，也不存在较大的介孔，在层间存在平行板壁的狭缝形孔或圆柱形孔，与载体 PMH 类似，孔道结构并没有发生明显变化。负载后的样品，相对于载体，比表面积显著下降，且随着 SZ 负载量的增加，样品的比表面积和孔容呈现逐步减小趋势，这都是由于 SZ 将部分孔道堵塞造成的。相应的比表面积、孔径和孔容等结构参数见表7-3。

对催化剂的表面酸性通过 NH_3-TPD 进行测量发现，未负载载体在 $150 \sim 230℃$ 处有一弱的脱附峰，负载后的三个样品均具有不同强度的酸性位，在 $100 \sim 500℃$ 范围内都有很宽的脱附峰，且呈现两个脱附峰，低温脱附峰出现在 $150 \sim 230℃$ 范围内，高温脱附峰出现在 $275 \sim 500℃$ 范围内，30% SZ/PMH 样品的酸位点比 10% SZ/PMH 和 50% SZ/PMH 都高，这些酸性位来自于 SZ。

张丛[4]以 SZ/PMH 为催化剂，以柠檬酸和正丁醇催化合成柠檬酸三丁酯（TBC）为探针反应，考察催化剂的催化性能。酸催化剂在酯化反应中可作为一个质子传递者，使—OH 基变成—O^+H_2 而容易异裂，主要反应方程式如图7-9所示。

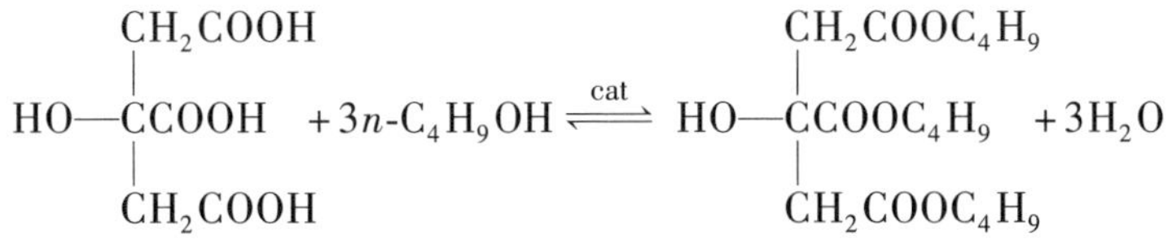

$$\begin{array}{ccc} CH_2COOH & & CH_2COOC_4H_9 \\ | & & | \\ HO—CCOOH & +3n\text{-}C_4H_9OH \underset{}{\overset{cat}{\rightleftharpoons}} & HO—CCOOC_4H_9 & +3H_2O \\ | & & | \\ CH_2COOH & & CH_2COOC_4H_9 \end{array}$$

图7-9 酸催化剂在酯化反应中的主要反应方程式[4]

催化剂的活性不仅与样品表面的酸量有关，而且与酸的类型有关。不同锆负载量的 wSZ/PMH 样品相对于载体 PMH 在柠檬酸和正丁醇的酯化反应中均显示出很高的催化活性，柠檬酸转化率和 TBC 收率大小顺序为 30% SZ/PMH > 50% SZ/PMH > 10% SZ/PMH。而以 SZ 与 PMH 机械混合后样品 SZ-PMH（以 SZ 的负载量为 30% 计）为催化剂，其转化率和 TBC 收率均小于三个负载样品。柠檬酸和正丁醇酯化反应的催化活性中心是 B 酸，30% SZ/PMH 具有较高的酸量和 $n(S)/n(Zr)$，SZ 的酸性来源于载体 PMH 表面羟基缺失及硫氧键的诱导作用，可以在 Zr 离子上产生强 L 酸位，反应过程中产生的水分子可吸附在催化剂的表面，与 L 酸位作用，产生极强的 B 酸中心，因而，该催化剂具有较高的柠檬酸转化率和 TBC 收率（即显示较高的催化活性）。由于 10% SZ/PMH 具有相对较大的比表面积和孔体积，使得其 TBC 选择性较大，三个负载型催化剂的 TBC 选择性大小顺序为 10% SZ/PMH > 30% SZ/PMH > 50% SZ/PMH。表 7-4 为不同锆负载量的催化剂的酯化性能数据。

表 7-4 不同锆负载量的 wSZ/PMH 酯化性能数据[4]

Samples	柠檬酸转化率/%	TBC 选择性/%	TBC 收率/%
10% SZ/PMH	86.3	98.2	84.7
30% SZ/PMH	93.4	96.6	90.2
30% SZ/PMH-re	85.9	54.1	46.4
50% SZ/PMH	92.1	95.9	88.3
SZ/PMH	86.1	79.8	68.3
PMH	57.3	38.3	22.3

注：30% SZ/PMH-re 是指离心乙醇洗涤分离后重复使用的 30% PZ/PMH。

由表 7-4 可知，离心回收的 30% SZ/PMH-re 第一次重复使用，转化率降为 85.9%，而选择性大幅度降至 54.1%，TBC 收率大幅下降约 45 个百分点，催化剂严重失活，30% SZ/PMH 几乎不能重复利用。

对初次使用完并洗涤后的催化剂 30% SZ/PMH 进行热重分析，探索其失活的原因，发现：在 30～1000℃ 范围内，30% SZ/PMH 负载型催化剂总体失重 32.5%，其热分解分为三个阶段，在 30～146℃ 温度范围内，物理吸附水脱附，样品失重约 4.9%；在 146～580℃ 温度范围内有较大失重，主要包括未完全反应的柠檬酸和 TBC，失重量约 17.4%；在 580～1000℃ 温度范围内，催化剂中 SZ 分解，样品失重约 10.2%。失重主要集中在 146～580℃ 温度范围内，30% SZ/PMH 负载型催化剂表面和孔道内吸附的产物 TBC 未完全去除。催化剂活性中心被有机物覆盖是导致其失活的原因之一。柠檬酸含有三个羧基（—COOH）和一个羟基（—OH）的特殊结构对很多金属离子具有较强的络合作用,由于柠檬酸对 Zr 离子的络合能力强于载体对 Zr 离子的作用力,导致 30% SZ/PMH 负载型催化剂 Zr 流失,使得催化剂活性下降。

对于催化反应,反应物的转化率和产物的选择性与催化剂的酸量和酸类型有关。三个不同锆负载量的 wSZ/PMH 催化剂的柠檬酸转化率和 TBC 收率大小顺序为 30% SZ/PMH > 50% SZ/PMH > 10% SZ/PMH,而三个负载型样品的 TBC 选择性大小顺序为 10% SZ/PMH > 30% SZ/PMH > 50% SZ/PMH,负载型催化剂的催化活性中心主要是由 SZ 产生的,PMH 载体的孔结构大小影响 SZ 在孔道内的分布,进而影响反应物的转化率和产物的选择性。

7.2.2 WO₃ 修饰的锆掺杂负载型催化剂 yWO₃-PMH-xZr

WO₃/ZrO₂ 是一种环境友好的固体酸催化剂,具有较高的热稳定性和酸催化性能,单纯的 ZrO₂ 作为载体的缺点是比表面积低,几乎没有选择性,而非晶相和四方相的 ZrO₂ 作为载体具有较高的比表面积,因此常用于作为催化剂的载体。另一种方法是使 ZrO₂ 与一种具有较高比表面积的载体相结合,例如将 ZrO₂ 掺杂进入具有较大比表面积的分子筛中。孙嫚[6]将具有较高比表面积、热稳定性和微介孔结构的 PMH-xZr[$x = n(Zr)/n(Si)$]作为载体,探讨了 WO₃ 与载体的相互作用及其催化性能。

孙嫚[6]以 PMH-0.1Zr 为载体,采用浸渍法制备了不同负载量的负载型固体酸催化剂 yWO₃-PMH-0.1Zr(y 表示 WO₃ 的质量分数,y = 5%、15% 和 25%),并用 X 射线衍射分析 yWO₃-PMH-0.1Zr 的结构。结果表明:在负载 WO₃ 后,载体 PMH-0.1Zr 材料的孔道被分散的 WO₃ 堵塞,负载型催化剂 5% WO₃-PMH-0.1Zr 中,WO₃ 的负载量较低,存在 WO₃ 正交晶相的较弱的衍射峰;随着负载量的增加,15% WO₃-PMH-0.1Zr 出现 WO₃ 正交晶相特征衍射峰,且 WO₃ 微晶开始聚集;随着 WO₃ 的负载量的继续增加,这些特征衍射峰强度增强,WO₃ 在载体 PMH-0.1Zr 上出现颗粒团聚现象,催化剂 25% WO₃-PMH-0.1Zr 的衍射峰相对强度更高,更高的 WO₃ 负载量可能产生更多的 WO$_n$/ZrO₂ 混合氧化物纳米粒。载体 PMH-0.1Zr 材料为表面光滑的层状结构,负载 WO₃ 后,样品 yWO₃-PMH-0.1Zr 材料仍然保持片层结构,但表面变得粗糙。

yWO₃-PMH-0.1Zr 的 N₂ 吸脱附等温线为典型的 Ⅰ 型和 Ⅳ 型混合等温线,在相对压力为 0.05 ～ 0.2 范围内观察到的吸附特征为逐渐增加,近似线性的 N₂ 吸附曲线;在相对压力为 0.4 ～ 1 范围内出现一个明显的滞后环,归属于 H4 型狭缝型孔结构,表明形成了多孔材料。对载体和负载样品进行结构分析发现,在 1 ～ 100 nm 范围内,孔径分布不均匀,孔径分布主要集中在 0.5 ～ 1.7 nm 和 2 ～ 4.2 nm 范围内。

根据国际理论与应用化学协会（IUPAC）的分类，载体和不同 WO$_3$ 负载量 yWO$_3$-PMH-0.1Zr 样品为微 – 介孔材料。载体 PMH-0.1Zr 的比表面积为 401.6 m^2/g，孔容为 0.29 cm^3/g，负载 WO$_3$ 后使得载体比表面积和孔容减小，5% WO$_3$-PMH-0.1Zr、15% WO$_3$-PMH-0.1Zr、25% WO$_3$-PMH-0.1Zr 的比表面积分别为 208.5m^2/g、181.2m^2/g、146.5m^2/g，孔容分别为 0.19 cm^3/g、0.19 cm^3/g、0.15 cm^3/g。可见，适中的负载量能够使 WO$_3$ 粒子均匀地分散在 PMH-0.1Zr 载体表面及孔道内表面。

孙嬛[6] 将苯甲酰氯、过量的苯甲醚和新鲜活化后的催化剂 yWO$_3$-PMH-0.1Zr 放入烧瓶中，反应混合物在 80℃ 下反应 3h 后，过滤，用气相色谱分析滤液的催化性能。结果发现，负载相同含量（15%）的 WO$_3$ 的 PMH-0.1Zr 催化剂在 400 ~ 800℃ 之间不同的煅烧温度下进行煅烧后，苯酰化催化活性不同。高温下煅烧的催化剂比低温下煅烧的催化剂活性高，高温 700℃ 下煅烧催化剂具有更高的催化活性。高温下煅烧的 WO$_3$ 可与载体 PMH-0.1Zr 相互作用产生具有催化活性的 WO$_n$/ZrO$_2$ 纳米颗粒，而 WO$_3$ 也具有较好的正交晶型，相比在低温下煅烧样品的 WO$_3$ 具有更高的活性，这可能与载体本身所具有的结构与酸性有关。

接着孙嬛[6] 又研究了载体 PMH-0.1Zr 和 700℃ 煅烧后的不同 WO$_3$ 负载量的 yWO$_3$-PMH-0.1Zr 催化苯酰化反应的转化率、选择性和产率。结果发现，80℃ 反应 3h，载体 PMH-0.1Zr 的选择性只有 83.5%，但是，负载 WO$_3$ 之后，催化活性有了明显的增加。当 WO$_3$ 负载量为 5% 时，转化率为 93.7%，增加 WO$_3$ 的负载量至 15%，转化率提高至 98.5%，但是继续增加 WO$_3$ 的负载量至 25% 时，其转化率略有下降，为 91.7%，但仍高于载体在苯酰化反应中的转化率。苯甲酰氯与苯甲醚的傅克酰基化反应的催化活性中心为 L 酸，负载 WO$_3$ 后增加了 L 酸的酸强度，提高了反应的活性。5% WO$_3$-PMH-0.1Zr 催化剂活性低于 15% WO$_3$-PMH-0.1Zr，是因为 WO$_3$ 的负载量较少，未能产生更多的活性位；而 25% WO$_3$-PMH-0.1Zr 催化剂活性低于 15% WO$_3$-PMH-0.1Zr，是因为 WO$_3$ 的负载量过多发生团聚，致使比表面积减少而不能暴露出更多的活性中心。所以 700℃ 煅烧催化剂 15% WO$_3$-PMH-0.1Zr 具有最高的催化活性。

7.3　负载银型催化剂

对于 Ag 基可见光催化剂，贵金属纳米 Ag 的表面等离子体共振效应使其在可见光区具有明显的特征吸收，在光催化降解有机污染物、分解水等方面表现优异。AgBr 作为感光材料，具有较强的可见光感光性；另外，Br$^-$ 易被空穴氧化生成

Br 原子，而本身的氧化性也较强，故催化活性较好。AgBr 虽是一种高效的光活性物质，但在反应介质中不能稳定分散且易于团聚，在应用中受到了很大的限制。如果把 AgBr 分散在合适的载体上，可以提高催化剂的稳定性及其光催化活性。

李光文等[7]利用离子交换法，以水热合成的层状硅酸盐 magadiite 为载体，使 Ag^+ 与 magadiite 的 Na^+ 交换，然后与 Br^- 反应生成 AgBr，负载在 magadiite 上，经光还原合成了新型的 Ag-AgBr/magadiite 可见光复合光催化剂。该催化剂当 Ag^+/magadiite 配比为 2 mmol/g 时具有的最大反应速率常数 $k = 0.0276 min^{-1}$。负载 AgBr 后，部分 AgBr 进入层间，层间距从 1.55nm 增大到 1.57nm。合成的 magadiite 为片状结构组成的层状硅酸盐特征的玫瑰花瓣状球形颗粒，片层结构很明显，整个粒子直径为 15～20 μm。负载前 AgBr 粒径为 0.5～1 μm，负载到 magadiite 上后，AgBr 的分散性有较大的改善，平均粒径为 3～5nm，均匀分散在 magadiite 片层上，但当 AgBr 负载量较低时，AgBr 分布很不均匀，局部形成了约 50nm 的大颗粒。

不同 AgBr 负载量复合催化剂 Ag-AgBr/magadiite 的吸收强度均大于 AgBr。pH 值会影响催化剂的活性，pH 逐渐增大时，反应溶液中倾向于形成离子半径较大的银氨络离子 $[Ag(NH_3)_2]^+$，难以进入 magadiite 层间实现与 Na^+ 的离子交换；同时 pH 的增加也会导致非光活性物质 AgOH 的形成，致使其光催化活性降低。所以 pH 增大，Ag-AgBr/magadiite 复合光催化剂的光催化降解速率常数减小。

用酸处理 Na-magadiite 后形成的 H-magadiite 表面存在大量硅羟基团，引入某些有机化合物可以形成柱撑配合物，增大其层间距，同时柱撑配合物也可以作为前驱体，继续引入其他的有机、无机离子。通过这种方法，用有机铵盐如十六烷基三甲基溴化铵（CTAB）、四丁基氢氧化铵（TBAOH）等改性 magadiite，改性过的 magadiite 具有较大的比表面积、纳米孔径分布和较高的热稳定性，同时可改变硅酸盐片层表面的亲水性能，通过对层间距和孔道结构的调控，可以制备性能更佳的吸附材料和催化材料。李光文等[7]用盐酸处理 magadiite 得到 H-magadiite，然后将有机柱撑剂 TBAOH 引入 magadiite 层间，得到 TBA-magadiite，再以 TBA-magadiite 为载体，按照合成 Ag-AgBr/magadiite 的方法合成 Ag-AgBr/TBA-magadiite 复合光催化剂。然后研究了 AgBr 负载量和制备 pH 值对光催化性能的影响，结果表明当 Ag^+/TBA-magadiite = 2 mmol/g，制备 pH = 11.0 时光催化活性最佳。

AgBr 为颗粒状，magadiite 为玫瑰花状，TBAOH 柱撑后的 magadiite 复合物表现为层板剥离，不再是原始的玫瑰花状，呈板条状，当负载 AgBr 后，形成了均匀的 AgBr/TBA-magadiite 复合结构，AgBr 分散在 TBA-magadiite 片层上，如图 7-10 所示。

以预柱撑的 TBA-magadiite 为载体，得到的 Ag-AgBr/TBA-magadiite 复合可见光催化剂的催化活性要优于 Ag-AgBr/magadiite。因为 magadiite 的层板易于被 TBAOH 柱撑剥离，AgBr 被更好地分散负载到 TBA-magadiite 片层上，增强了其光催化性能。

(a) AgBr

(b) magadiite

(c) TBA-magadiite

(d) Ag-AgBr/ TBA-magadiite

图 7 - 10　样品的 SEM 照片[7]

注：（d）Ag-AgBr/TBA-magadiite 的 Ag+/TBA-magadiite 为 2 mmol/g。

7.4　其他负载型催化剂

7.4.1　负载镍型催化剂 Ni/SPM

　　Park 等[2]按 H-magadiite∶己二酸二癸酯（DDA）∶正硅酸乙酯（TEOS）= 1∶6∶10 的物质的量之比将反应物置于室温下反应，得到 DDA/TEOS 共插层的 H-magadiite 溶胶，离心后用去离子水将溶胶中的 TEOS 溶解，将产物过滤，用乙醇洗涤后在烘箱中干燥，得到产品 SOPM。然后将 SOPM 置于 600℃下加热去除模板剂 DDA 和 TEOS 溶解后的残余物质，得到 SPM。然后将 SPM 与 Ni(NO₃)₂ 的溶液混合搅拌反应，将分散后的溶液在 80℃下干燥，接着将干燥后的产物在 750℃降解，得到 Ni 型负载催化剂 Ni/SPM。催化剂 Ni/SPM 在 750℃、一个大气压下连续气体流动的微型石英反应器内进行催化反应。

　　SPM 可以形成稳定的柱撑结构。研究表明，TEOS 的快速水解有利于形成较稳定的柱撑结构，柱撑后层状结构稳定性好。SPM 材料是较小的中孔结构（0.2 ～ 3.0nm），其平均孔径为 3.0nm，平均孔径的结构与 SPM 的层间距大致相同。SPM 和 H-magadiite 的 BET 表面积和微孔与非孔表面积如表 7 - 5 所示。由于直径小于 0.2 nm 的微孔数量大大增加，比表面积增加，柱撑后得到的产物 SPM 的表面积是 H-magadiite 的十几倍。而负载 Ni 的催化剂 Ni/SPM 性能稳定，催化甲烷氧化 100 h

后其催化性能依然稳定。

表 7-5 H-magadiite 和 SPM 的物理性能[2]

Samples	Molar ratios of reactant mixture			d_{001} at various temperatures/nm			S_{BET}	S_{mic}	S	H-K pore size/nm
	HK	DDA	TEOS	600℃	700℃	800℃				
SPM	1	6	10	4.48(3.33)	4.35(3.20)	—	1057	725	332	2.5
H-magadiite				1.15			50			

注：S_{BET} 是 N_2 BET 表面积；S_{mic} 和 S 分别是从 N_2 吸附数据图中获得的微孔和非孔表面积；H-K 孔径是指 Horvath-Kawazoe 孔径，是从氩气吸附数据中获得。

7.4.2 负载有机大分子肌红蛋白催化剂

Peng 等[8]用四丁基溴化铵（TBAOH）对 magadiite 进行插层改性，得到 TBA-magadiite 混合溶液，接着在 TBA-magadiite 中缓慢滴加肌红蛋白（Mb），将混合物在室温下搅拌得到胶体混合物，将混合物干燥，得到负载肌红蛋白的催化剂 Mb-magadiite，并通过催化叔丁基过氧化氢氧化苯二铵测定其催化性能。

比较插层前和 Mb 插层后 magadiite 的 XRD 图谱（如图 7-11），负载肌红蛋白后 magadiite 的层间距由 1.56 nm（Na-magadiite）增大到 4.32 nm，由于反应过程中水分子的溶胀作用，使得层间距比 Mb 单分子（3.0nm）和 magadiite 层厚（1.12 nm）的平均值的和（4.12 nm）还要大。Mb-magadiite 的尺寸大致为 30 nm。

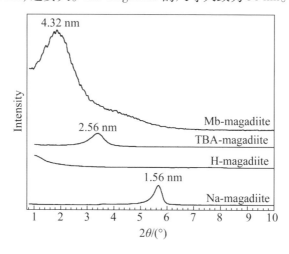

图 7-11 插层前和 Mb 插层后 magadiite 的 XRD 图谱[8]

通过 Mb-magadiite 在有机溶剂中的表现可以判定其催化活性和稳定性。Mb 的催化性能与不同有机溶剂的疏水性能有关，当有机溶剂的疏水性太低，如二氧杂环乙烷作为溶剂，Mb 和 Mb-magadiite 都完全失去其催化能力，没有催化反应发生；在有机溶剂的疏水能力适中的情况下，如以丙酮和丁酮作为溶剂，Mb-magadiite 表现出较好的催化活性和稳定性，其催化性能和稳定性分别是 Mb 的 5.38 和 3.35 倍；当有机溶剂的疏水性能较强时，如以甲苯作为有机溶剂，Mb-magadiite 的催化性能与 Mb 相当，与未固定的 Mb 相比，反应 30min 后，未固定的 Mb 的催化性能只有 Mb-magadiite 反应的 56%。magadiite 能有效地保护 Mb 不被有机溶剂损坏，尤其是在有机溶剂疏水性适中的情况下。有机溶剂的疏水性越好，催化活性越高，但magadiite 固定的 Mb 的催化活性不同，有机溶剂对固定的 Mb 的影响更加复杂，催化剂载体和有机溶剂对 Mb 的催化能力都有影响。

表 7 - 6 为 Mb 和 Mb-magadiite 在不同疏水性的有机溶剂中的催化动力学常数。在丙酮和丁酮作为有机溶剂时，Mb-magadiite 的 K_m、V_{max} 常数和 k_{cat} 比 Mb 的大，在以丁酮作为有机溶剂时，Mb-magadiite 的 V_{max} 常数和 k_{cat} 值是 Mb 的 14 倍，丙酮作为有机溶剂时，Mb-magadiite 的 V_{max} 常数和 k_{cat} 值是 Mb 的 5 倍；在甲苯作为有机溶剂时，Mb-magadiite 的 K_m、V_{max} 常数和 k_{cat} 值比 Mb 的低。k_{cat}/K_m 表示催化反应特殊常数，丁酮作为有机溶剂时，Mb-magadiite 的 k_{cat}/K_m 值是 Mb 的 2.5 倍，而在丙酮和甲苯作为有机溶剂时，Mb-magadiite 的 k_{cat}/K_m 值与 Mb 几乎接近。

表 7 - 6　Mb 和 Mb-magadiite 在不同疏水性的有机溶剂中的催化动力学常数[8]

催化剂	溶剂	K_m/ mmol·L^{-1}	V_{max}/ (μmol·L^{-1}·min^{-1}·mg^{-1})	k_{cat}/ ($\times 10^{-3}$·min)	(k_{cat}/K_m)/ ($\times 10^{-3}$L·min^{-1}·mmol^{-1})
Mb	丙酮	0.31	1.81	15.38	49.61
	丁酮	1.16	0.32	2.72	2.34
	甲苯	0.54	0.78	6.61	12.24
Mb-magadiite	丙酮	1.83	10.57	89.84	49.09
	丁酮	6.88	4.72	40.12	5.83
	甲苯	0.28	0.42	3.56	12.71

Mb-magadiite 和 Mb 在不同的有机溶剂中具有不同的微环境，不同的微环境对Mb 的催化反应具有不同的影响。所以在不同的有机溶剂中，Mb-magadiite 和 Mb 的K_m 和 k_{cat} 值明显不同。同时，反应物在不同有机溶剂中的分子运动和扩散受到的限制不同，K_m 和 k_{cat} 值也不同。在丙酮和丁酮作为有机溶剂时，Mb-magadiite 的 k_{cat} 值比 Mb 的大，Mb-magadiite 具有更高的催化活性。

一般认为，在催化反应中，水分子可以被有机溶剂分子替代，导致催化剂在有机溶剂中被分解和破坏，有机溶剂对水分子的作用越弱，催化剂的活性越高，Mb

的催化能力越高。然而，magadiite 的固定使有机溶剂对 Mb 分子的影响发生了变化，Mb-magadiite 在有机溶剂的疏水性适中的情况下，催化性能最好。那是因为 magadiite 的固定对 Mb 分子有保护作用，Mb 分子插层进入 magadiite 层间，当有机溶剂与 Mb 分子接触的时候，柱撑基体 magadiite 对 Mb 分子进行了保护；水分子对 Mb 也有保护作用，Mb-magadiite 中的 Mb 表面的水分子因为 magadiite 的保护，使其在一定程度上避免被有机溶剂分子排出，减少了有机溶剂分子对 Mb 分子的破坏，使 Mb-magadiite 具有更高的催化活性；Mb-magadiite 出色的催化性能还与其在有机溶剂中具有更好的分散性能有关。

7.4.3　负载钽型催化剂

Sun 等[9]在 Na-magadiite 中加入 HCl 制得 H-magadiite，H-magadiite 与辛胺室温反应制得辛胺-magadiite 凝胶（Ⅰ）。可通过两种方法制得 Ta 柱撑 magadiite，方法 A：将 Ta（OC_2H_5O）$_5$ 加入到辛胺-magadiite 中混合（Ⅱ）搅拌；方法 B：将 Ta（OC_2H_5O）$_5$ 和辛胺混合（Ⅲ）搅拌后加入到辛胺-magadiite 凝胶中搅拌。将方法 A 和 B 的产物洗涤干燥后制得产物。同时，通过方法 A 制得 Si 柱撑 magadiite。所有制得产物在 NH_4NO_3 中以 80℃回流一夜，在 700℃下煅烧，分别制得了催化剂 Ta-magadiite 和 Si-magadiite，柱撑产物相关信息见表 7-7。

表 7-7　柱撑产物表相关信息[9]

Samples	Aging time/h			Pillaring method	Surface areas/($m^2 \cdot g^{-1}$)
	Ⅰ	Ⅱ	Ⅲ		
Ta-magadiite-1	24	24	—	A	155
Ta-magadiite-2	72	72	—	A	221
Ta-magadiite-3	72	96	72	B	245
Ta-magadiite-4	96	96	96	B	314
Si-magadiite	72	72	—	A	204

注：Ⅰ是辛胺-magadiite 凝胶阶段；Ⅱ是指 Ta（或 Si）和辛胺-magadiite 混合阶段；Ⅲ是指 Ta 和辛胺混合阶段。

Ta 和 Si 可以成功柱撑进入 magadiite 中。图 7-12 为各样品的 XRD 图谱，Na-magadiite 和 H-magadiite 的层间距分别为 1.57 nm 和 1.16 nm，Ta-magadiites 和 Si-magadiite 的层间距在 1.14～1.61nm（层间距根据实验条件的不同而有差别）。根据柱撑条件的不同，Ta-magadiites 和 Si-magadiite 的表面积也不同，随着柱撑时间的增加，表面积增大，Ta-magadiites 和 Si-magadiite 的表面积在 155～314 m^2/g，比

Na-magadiite(26m²/g)和 H-magadiite(36 m²/g)大很多，这是柱撑的显著效果。

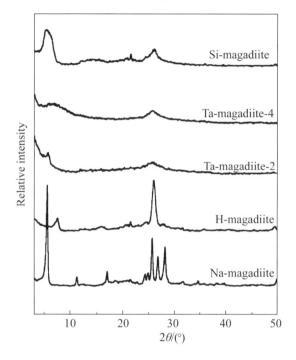

图 7 - 12　Na-magadiite、H-magadiite、Ta-magadiite-2、Ta-magadiite-4
和 Si-magadiite 的 XRD 图谱[9]

　　为了更好地了解柱撑材料的催化性能，Sun 通过 NH₃-TPD 方法测试了 Ta-magadiites 和 Si-magadiite 的酸性，结果发现 Ta-magadiites 具有较大数量的酸性位，包括弱的酸性位和酸性适中的酸性位，而 Si-magadiite 仅仅含有较少的弱酸性酸性位。

　　Ta-magadiites 的催化性能主要由其表面积决定的，大表面积的催化剂拥有更多的活性位点，随着表面积的增加，催化性能随之增加。表 7 - 8 为 Ta-magadiites、Si-magadiite 和其他固体催化剂催化环己酮肟气相贝克曼(Backman)重排制己内酰胺的反应情况。Ta-magadiite-4 拥有最大的表面积(314 m²/g)，其具有最好的催化性能，肟的转化率和内酰胺的选择性分别为 99.1% 和 97.5%。Ta-magadiite-1 的表面积最小(155 m²/g)，相应催化性能最低。随着催化剂的表面积增加，肟的转化率和内酰胺的选择性催化随催化剂表面积增加而增加。由于 Si-magadiite 含有的催化活性位点较少，所以 Si-magadiite 的催化性能较低。

表 7 -8　Ta-magadiites、Si-magadiite 和其他固体催化剂催化贝克曼重排反应情况[10]

Samples	Oxime conversion/%	Lactam selectivity/%	Lactam yield/%	Reference
Ta-magadiite-1	82.1	80.1	65.8	
Ta-magadiite-2	91.7	85.2	78.2	
Ta-magadiite-3	94.4	91.6	86.5	[10]
Ta-magadiite-4	99.1	97.5	96.6	
Si-magadiite	75.3	82.4	62.0	
Ta-ilerite[a]	97.1	89.1	86.5	
Ta-ilerite[b]	98.9	96.7	95.6	[12]
Silicalite-1	95.4	97.5	93.0	[13]

Ta-magadiite-4 从反应开始到反应 8 h，催化活性最好，Si-magadiite 开始的催化活性较低，接着在接下来的 8 h 内彻底地失去催化活性，并且有副产品产生。

7.4.4　负载铜型催化剂

Maeno 等[10]将 magadiite 加入到含有四甲基乙撑二胺（TMEDA）的 Cu（ClO$_4$）$_2$·6H$_2$O 甲醇溶液中（TMEDA：Cu^{2+} =1：1），混合均匀后搅拌，然后过滤洗涤干燥制得 Cu-magadiite 浅蓝色粉末。

Cu^{2+} 可成功进入 magadiite 层中，Cu-magadiite 的层间距从 1.52 nm 缩减到 1.39 nm，Cu^{2+} 通过离子交换将 Na^{2+} 替换为 Cu^{2+}，并与 TMEDA 和 OH$^-$ 发生反应。

用催化剂 Cu-magadiite 催化 2，6 - 二甲基苯酚（DMP）氧化偶联反应如图 7 - 13 所示，反应结果见表 7 - 9，催化反应条件为 1 个大气压的 O$_2$，328 K。

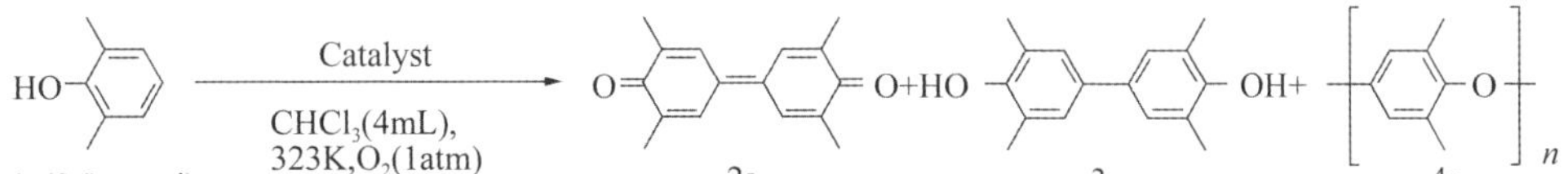

图 7 - 13　Cu-magadiite 催化 DMP 氧化偶联反应方程式[10]

表 7 -9　Cu-magadiite 催化 DMP 氧化偶联反应结果[a][10]

Entry	Catalyst	Time/h	Conv.[b]/%	Yield[b]/%	
				2a	4a
1	Cu-magadiite	12	75	67	3
2	Cu-magadiite	18	>99	95	4
3[c]	Cu-magadiite	18	>99	94	4

Entry	Catalyst	Time/h	Conv.[b]/%	Yield[b]/%	
				2a	4a
4[d]	Cu-magadiite	18	>99	94	4
5[e]	Cu-magadiite	48	>99	95	3
6	Cu-SiO₂	12	>99	60	3
7	Cu-mordenite	12	51	27	2
8	Cu(mono)-magadiite	12	15	2	2

注: [a] 反应条件: 催化剂(Cu: 17.5μmol), 1a(0.4mmol), CHCl₃(3.5mL), 328K, O₂(1 atm)。

[b] 由 ¹H NMR 测试所得。

[c] 1 次再利用。

[d] 2 次再利用。

[e] Cu-magadiite (Cu: 0.58 μmol), 1a (0.4 mmol), CHCl₃(3.5 mL), MeOH (0.1 mL), 353 K, O₂(10 atm)。

异质催化剂 Cu-magadiite 有无机固体支撑使催化剂具有更高的稳定性和持久性。氧化偶联反应后 Cu-magadiite 可以通过简单的过滤回收再利用, 而不会失去其催化活性和选择性。Cu-magadiite 是一种催化 DMP 反应生成 3, 3′, 5, 5′-四甲基联苯醌(DPQ)的稳定的异质催化剂, 同时, Cu-magadiite 还可以用在连续的流动反应系统中, 将 Cu-magadiite 置于管状不锈钢反应釜中, DMP 溶解于 CHCl₃/EtOH 中(500 mL, 体积比为4/1), 在反应过程中持续通 O₂, 可以成功制备出 DPQ, 产率高达92%, 其反应过程如图 7 - 14。

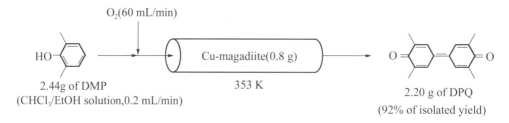

图 7 - 14 Cu-magadiite 催化氧化 DMP 为 DPQ 的连续反应流程图[10]

7.4.5 负载铒和钴型催化剂

Oliveira 等[11]在制备 magadiite 的水热合成基础上加入含 Er 和 Co 离子的溶液, 硅胶溶于氢氧化钠溶液中, 搅拌得到白色悬浮液, 加入 Er(NO₃)₃·5H₂O 或 Co(NO₃)₂·6H₂O 后搅拌, 将搅拌均匀的混合物置于聚四氟乙烯反应釜中于50℃下反应, 产物过滤洗涤, 50℃干燥即得产物 Er-magadiite 和 Co-magadiite。

水热合成法可以将金属离子插入 magadiite 层间。Na-magadiite 的层间距为 1.58 nm,

H-magadiite 层间距为 1.10 nm，而 Er-magadiite 的层间距为 1.50 nm，Co-magadiite 的层间距为 1.48 nm，金属离子的加入使得层间距变小。Er-magadiite 的形貌呈现片层状结构，晶格条纹清晰，板层和结晶条纹整齐清楚，晶状状态较好，其 TEM 如图 7-15 所示。

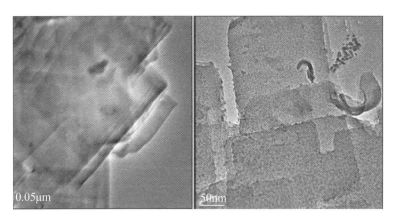

图 7-15   Er-magadiite 的 TEM 图 [11]

表 7-10 为合成硅酸盐的质构特性（包括表面积、孔容、孔径）。离子交换过后，magadiite 的内部层间域发生变化，孔径分布存在微孔（7 nm）和较宽分布的内消旋大孔（27 nm），所以 Co^{3+} 和 Er^{3+} 与 Na^+ 发生离子交换后，层间距减小，孔容和表面积增大。

表 7-10   合成硅酸盐的质构特性（包括表面积、孔容、孔径）[11]

Catalyst	S_g/（$m^2 \cdot g^{-1}$）	V_p/（$cm^3 \cdot g^{-1}$）	D/nm	NH_3（uptake）/（$\mu mol \cdot g^{-1}$）
Na-magadiite	39	0.11	27	1.5
H-magadiite	54	0.15	12.4	128.2
Er-magadiite	41	0.18	17.9	21.7
Co-magadiite	47	0.19	13.7	12.6

Na-magadiite 由于钠离子的存在，缺乏酸性位，由于 H-magadiite 中的 Na^+ 被 H^+ 取代，H-magadiite 具有相对中性的酸碱度。magadiite 是由硅氧六元环组成的层状结构，层间含有大量羟基，Co-magadiite 的结构变化很少，其酸性变化也不大。Er_2O_3 本身没有酸性位，Er-magadiite 的酸性也取决于 magadiite 本身的羟基结构，故酸性变化也不大。

Oliveira 等[11]用丁醛和氰乙酸乙酯的 Knoevenagel 缩合制 2-氰基-3 丙基丙烯酸乙酯（ECPA）反应研究 Co-magadiite 与 Er-magadiite 的催化性能，结果列于表 7-11 中。Co-magadiite 与 Er-magadiite 作为催化剂，反应 1 h 时丁醛的转化率较高，Er-magadiite 的选择性可达到 95%，而 Co-magadiite 的选择性可以忽略不计。影响催化效果的因素为酸性位和不同无机离子的引入，强酸性和适中酸性对 Knoevenagel 缩合反应没有影响，弱酸性是其催化性能提高的一大因素，同时催化效果与 magadiite 层状结构和三价离子的引入有关。适当的温度可以使 Er-magadiite 的催化能力大增，反应转化率和选择性在 120℃ 最高，但反应过后催化剂的反应转化率随时间的增加而逐渐下降。

表 7-11　在硅酸盐催化条件下的丁醛和氰乙酸乙酯的 Knoevenagel 缩合反应情况[11]

Catalyst	Conversion of butyraldehyde/%	Selectivity to ECPA/%
H-magadiite	0.1	—
Al-magadiite	1.0	—
Er-magadiite	12.3	95
Co-magadiite	4.8	—

注：反应条件为 90℃，甲苯作为溶剂，反应 4 h，催化剂含量 100 mg。

参 考 文 献

[1] Yang Y G, Zhang G K. Preparation and photocatalytic properties of visible light driven Ag-AgBr/attapulgite nanocomposite [J]. Applied Clay Science, 2012, 67: 11-17.

[2] Park K W, Jung J H, Seo H J, et al. Mesoporous silica-pillared kenyaite and magadiite as catalytic support for partial oxidation of methane [J]. Microporous and Mesoporous Materials, 2009, 121 (1): 219-225.

[3] Mishra T, Mohapatra P, Parid K M. Synthesis, characterisation and catalytic evaluation of iron-manganese mixed oxide pillared clay for VOC decomposition reaction [J]. Applied Catal. B: Environmental. 2008, 79: 279-285.

[4] 张丛. 新型多孔 magadiite 基异质结构的合成、表征及应用研究 [D]. 北京：北京化工大学，2012.

[5] Superti G B, Oliveira E C, Pastore H O. Aluminum magadiite: an acid solid layered material [J]. Chem. Mater., 2007, 19: 4300-4315.

[6] 孙嫚. 锆掺杂 magadiite 多孔粘土异质结构催化剂的合成及催化性能 [D], 北京：北京化工大学，2014.

[7] 李光文，刘建军，左胜利，等. 银-溴化银/麦羟硅钠石可见光催化剂的制备及其光催化性能[J]. 化学研究，2014，25(4): 410-416.

[8] Peng S, Gao Q, Liu H, et al. Catalytic activity and stability of magadiite-immobilized myoglobin in organic solvents[J]. Chinese Journal of catalysis, 2008, 29(5): 458-462.

[9] Sun J K, Kim M H, Seo G, et al. Preparation of tantalum-pillared magadiite and its catalytic performance in Beckmann rearrangement[J]. Res. Chem. Intermed., 2012, 38: 1181-1190.

[10] Maeno Z, Mitsudome T, Mizugaki T, et al. Selective C—C coupling reaction of dimethylphenol to tetramethyldiphenoquinone using molecular oxygen catalyzed by Cu complexes immobilized in nanospaces of structurally-ordered materials[J]. Molecules, 2015, 20: 3089 – 3106.

[11] Oliveira M E R, Filho E C S, Filho J M, et al. Catalytic performance of kenyaite and magadiite lamellar silicates for the production of a, b-unsaturated esters[J]. Chemical Engineering Journal, 2015, 263: 257 – 267.

[12] Ko Y , Kim M H , Kim S J , et al. Vapor phase Beckmann rearrangement of cyclohexanone oxime over a novel tantalum pillared – ilerite [J]. Chemical Communications, 2000, 10: 829 – 830.

[13] Kim M H , Ko Y , Kim S J , et al. Vapor phase Beckmann rearrangement of cyclohexanone oxime over metal pillared ilerite[J]. Applied Catalysis A General, 2001, 210(1): 345 – 353.

8 麦羟硅钠石制备沸石分子筛

8.1 沸石分子筛简介

沸石是当今世界新兴的矿产资源，1756 年被发现于冰岛的玄武岩孔洞内，对其进行吹管分析加热，有明显的爆沸现象，因此取名为 Zeolite，意为沸腾的石头，简称沸石[1]。分子筛(molecular sieve)是指具有选择性吸附性质的材料，分子筛跟沸石的界限并不是很清楚，故通常混称为沸石分子筛[2]。

沸石分子筛包括两大类：天然沸石和人工合成沸石。天然沸石是在自然界中形成的，由于自然界水热条件的不稳定性等因素，天然沸石的纯度和结晶度参差不齐，一般需要对其提纯或改性。而人工合成沸石可通过控制工艺参数，选择适宜的条件进行合成，其结晶度较好、晶相较单纯，有较高的应用价值。目前人们已经通过人工合成方法得到了在自然界中发现的 35 种沸石和一些自然界中还没有发现的分子筛，人工合成沸石分子筛凭借其独特的魅力，已经成为一个独特的领域[3]。

8.1.1 沸石分子筛的骨架结构与种类

沸石分子筛具有三维骨架结构，骨架是由硅氧四面体[SiO_4]和铝氧四面体[AlO_4]通过共用氧原子连接而成，这些基本结构单元被统称为 TO_4 四面体或 T 原子，所有 TO_4 四面体通过共享氧原子连接成多元环和笼，被称之为次级结构单元，这些次级结构单元组成沸石分子筛的三维骨架结构，骨架中由环组成的孔道或笼是沸石的最主要结构特征。骨架中空部分(沸石分子筛的孔道和笼)可由阳离子、水或其他客体分子占据，这些阳离子和客体分子可以被其他阳离子和客体分子所交换，骨架结构可以看成是由一个或多个次级结构单元连接而成[4]，通过这些次级结构单元不同的连接可以产生许多结构类型。图 8-1 列出了几种常见的沸石分子筛的骨架结构[5]。

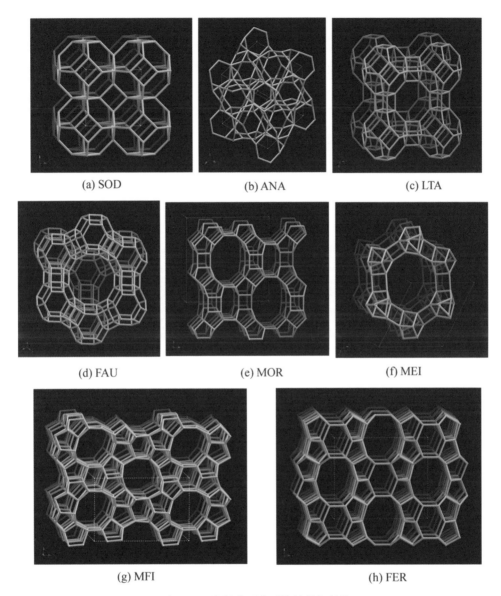

图 8 - 1　常见沸石分子筛的骨架结构

8.1.2　沸石分子筛的性质

　　沸石分子筛具有以下特殊性质[2]：①骨架组成的可调变性；②高的表面积和吸附容量；③吸附性质能被控制，可从亲水性到憎水性；④可被调整的酸性或其他活性中心的强度和浓度；⑤规则的孔道，且孔径大小在多数分子的尺寸(0.5～1.2 nm)范围之内；⑥孔腔内有较强的电场；⑦复杂的孔道结构允许沸石分子筛对产物、反应物或中间物有形状选择性；⑧阳离子的可交换性；⑨良好的热稳定性、化学稳定性和水热稳定性；⑩良好的可再生性，可通过加热或减压除去吸附的分子等。

8.1.3　沸石分子筛的应用现状

20 世纪 50 年代，Linde 公司首次利用 NaA 型沸石分离正、异构烷烃，60 年代初首次应用 X 与 Y 型沸石作为裂解催化剂的主要成分，改变了石油炼制的面貌，使沸石开始大量应用于石油炼制与加工的催化过程。沸石还被大量应用于吸附分离过程，如天然气的干燥、脱 CO_2、脱硫等净化领域，正异构烷烃的分离、二甲苯异构体分离、烯烃分离、$O_2 - N_2$ 分离等分离领域，以及作为主要成分应用于洗涤液工业[6]。

沸石分子筛是很好的选择性催化剂，可通过分子的形状和大小对过渡态或反应物进行选择。沸石分子筛也是很好的酸催化剂和活性金属或反应基团的载体，还常作为氧化催化剂。沸石分子筛还是很好的离子交换剂，现在大量的沸石分子筛被用来替代磷酸盐作为洗涤剂的添加剂来软化水（沸石中的钠离子交换水中的钙和镁离子），减少磷酸盐引起的环境污染。表 8 - 1 列出了沸石分子筛的主要应用领域[6~8]。

表 8 - 1　沸石分子筛的应用

用途	领域	详细应用
吸附剂	干燥	天然气、裂化气、化学溶剂
	分离	微孔材料：常温下分离气体混合物（如分离空气制备氧气）、烷烃分离、二甲苯异构化分离、烯烃分离、糖分离 介孔材料：色谱柱填料
	纯化	除去天然气中的 CO_2，在低温空气分离过程中除去 CO_2，除去天然气和石油液化气中的硫化物
	吸附	清除 Hg、NO_x、SO_x 等有害物质，气体储存
催化剂或催化剂载体	石油，化工	烷基化、裂解、加氢裂化、异构化、氢化与脱氢、甲醇转化汽油、精细化工制备
	无机反应	H_2S 氧化、CO 氧化、NO 的还原、分解水成氧气和氢气
离子交换剂	日化，环保，农业	纯净水制备、洗涤剂的添加剂、吸附放射性粒子（核废料处理）、废水处理、缓释化肥
多孔结构	高科技	微电极、新电化学电池、太阳能转化（如储热、储冷）、量子点和量子线器件、光电材料、敏感元件
其他		造纸填料、水泥、动物饲料添加剂

8.2　不同模板剂麦羟硅钠石转晶制备沸石分子筛

目前沸石分子筛的合成方法主要包括：水热合成法、溶剂热合成法、干胶法、高温快速晶化合成法、微波合成法、转晶法、晶种法等。magadiite 制备沸石分子筛主要是通过转晶法直接将 magadiite 作为硅源运用转晶原理制备沸石分子筛，或是将 magadiite 作为晶种制备沸石分子筛。

沸石分子筛的转晶是微孔晶体化学中一个比较常见的现象，很多开放微孔结构属介稳态，因此可以利用这种特点采用一种特殊的合成方法，通过这种方法，可以对沸石分子筛的生成机理有进一步的了解，也可以得到与传统方法合成的分子筛不同的新型分子筛。转晶合成分为两种情况，一种是利用沸石分子筛作为另一种沸石分子筛的合成原料，另一种是一些非沸石结构在一定的条件下转晶成沸石结构。

8.2.1　PEG 为模板剂制备沸石分子筛

Feng 等[9]用 magadiite 转晶制备了 silicalite-1，采用 PEG 200 为模板剂，相对于白炭黑作为硅源，magadiite 转晶制备的 silicalite-1 具有更高的结晶度。

第一种方法：用 magadiite 作为硅源合成 ZSM-5，反应物的物质的量之比为 $SiO_2 : NaOH : TPABr : H_2O = 1 : 0.2 : 0.1 : 35.4$。将 NaOH、四丙基溴化铵（TPABr）、magadiite 溶解在去离子水中，搅拌混合后，将混合物放置在聚四氟乙烯反应釜中 150℃反应 1.5～4 天，结晶完成后用去离子水洗、过滤后干燥。

第二种方法：反应物的物质的量之比为 $SiO_2 : TPAOH : H_2O = 1 : 1.18 : 20$。将 magadiite 溶解在四丙基氢氧化铵（TPAOH）的溶液中，混合物在室温下搅拌后在聚四氟乙烯反应釜内以 135～175℃下反应 1～3 天，结晶完成后用去离子水洗、过滤后干燥。

方法一的反应产物列于表 8-2 中，实验结果表明，PEG 200 的使用对 magadiite 转晶成 silicalite-1 起到了一定的作用，反应除了生成 silicalite-1 外还生成 kenyaite 和 quartz 等副产物，且随着反应时间的增加，副产物从 kenyante 变为 quartz。

表 8-2　方法一的产物

Layered silicate		$T/℃$	t/h	Product(s)
As-made	magadiite	150	48	silicalite-1 + kenyaite + magadiite
			56	silicalite-1 + kenyaite
			60	silicalite-1 + kenyaite
			66	silicalite-1 + quartz
			72	silicalite-1 + quartz
			96	silicalite-1 + quartz
	kenyaite	150	60	silicalite-1
	octosilicate	150	60	silicalite-1

续表 8 – 2

Layered silicate		$T/℃$	t/h	Product(s)
Calcined	magadiite	150	36	silicalite-1
			60	silicalite-1 + quartz
			96	quartz
	kenyaite	150	36	silicalite-1 + kenyaite
			60	silicalite-1 + quartz
			96	silicalite-1 + quartz
Fumed silica		150	96	silicalite-1

当反应温度为 150℃和 175℃时，方法二所获得的产物为单相 silicalite-1，结晶度分别为 13% 和 30%，结晶度随着反应温度的增加而增加。当反应温度为 135℃时，产物为薄片组成的球状结构，当反应温度增加到 150℃时，反应产物变为棒状结构，当反应温度增加到 170℃时，产物呈扭曲的不规则形状，如图 8 – 2 所示。

(a) 135 ℃

(b) 150℃

(c) 175 ℃

图 8 – 2 方法二不同温度下 magadiite 转晶成 silicalite-1 的 SEM 图

8.2.2 短链铵盐为模板剂制备沸石分子筛

短链季铵盐(TAA$^+$)，如四甲基铵根离子(TMA$^+$)、四乙基铵根离子(TEA$^+$)、四丙基铵根离子(TPA$^+$)、四丁基铵根离子(TBA$^+$)是非常重要的有机模板剂，利用这四种模板剂合成出的沸石分子筛达数十种，它们在合成中所起的作用也不尽相同。其主要作用为：①结构导向作用，一般结构导向作用是指有机物容易导向一些小的结构单元、笼或孔道的生成，从而影响整体骨架的生成，但它与骨架结构间不存在——对应关系，在沸石合成中人们发现 TMA$^+$ 易导向生成方钠石笼、四元环和双四元环，TEA$^+$ 易导向生成双三元环，TPA$^+$ 和 TBA$^+$ 作为结构导向剂分别易导向生成五元环和双五元环等；②平衡骨架电荷，影响产物的骨架电荷密度。

Selvam 等[10~11]以 TEA$^+$ 为模板剂，将 magadiite 转化成丝光沸石(MOR)，过程如下：将 Na-magadiite 与 TEAOH、KOH 和 H$_2$O 混合，加入偏铝酸钠，在室温下搅拌，175℃下反应 24h，即可得到 MOR，初始反应物的物质的量之比为 Na$_2$O：K$_2$O：Al$_2$O$_3$：SiO$_2$：H$_2$O：TEAOH = 0.33：0.08：0.025：1：32：0.35。

经化学组成分析发现，用 Na-magdiite 为主要原料制备的 MOR 与市售的相比，$n(SiO_2)/n(Al_2O_3)$ 更低，粒径更小，比表面积略微减小，酸度相差很大。市售的 MOR 在合成过程中没有用到模板剂，而用 Na-magdiite 为主要原料制备的 MOR 在制备过程中用 TEAOH 作为模板剂，使得产物 MOR 的结晶度得到很大的提高。

图 8-3 为 Na-magdiite 与合成产物的 X 射线粉末衍射谱图。Na-magdiite 的层间距为 1.56nm，用 Na-magdiite 为主要原料制备的 MOR 与市售的 MOR 的 X 射线衍射图谱一致，并且其结晶峰的强度更好，结晶效果更好，市售的 MOR 结晶度为 31%，而用 Na-magdiite 为主要原料制备的 MOR 结晶度接近 100%。

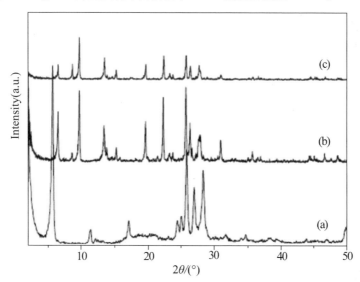

图 8-3　Na-magdiite 与产物的 X 射线粉末衍射谱图[11]

注：(a)Na-magdiite，(b)由 Na-magdiite 以 $n(SiO_2)/n(Al_2O_3)$ 为 13.4 制备的 MOR，

(c)市场提供的 $n(SiO_2)/n(Al_2O_3)$ 为 18.7 的 MOR 样品。

用扫描电子显微镜观察用 Na-magdiite 为主要原料制备的 MOR 和市售的 MOR 的形貌，发现市售的 MOR 具有更大的颗粒尺寸，而用 Na-magdiite 为主要原料制备的 MOR 达到了纳米级尺寸。MOR 为多微孔材料，用 Na-magdiite 为主要原料制备的 MOR 的 BET 比表面积为 $419\ m^2/g$，孔容为 $0.17\ cm^3/g$，市售 MOR 的比表面积为 $440\ m^2/g$，孔容为 $0.18\ cm^3/g$。

用 Na-magdiite 制备的纳米级 MOR 与市售 MOR 吸附对二甲苯，其动力学吸附曲线如图 8 - 4 所示，实验合成的 MOR 吸附容量为 $35\ mg/g$，比市售的 MOR 吸附容量（$29\ mg/g$）高。

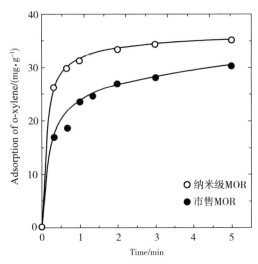

图 8 - 4 制备的纳米级 MOR 与市售 MOR 对二甲苯的吸附的动力学曲线[11]

Bengoa 等[15]将偏铝酸钠、氢氧化钠、短链季铵盐和 magadiite 加入到去离子水中，在室温下搅拌，使溶液充分混合，此时溶液的配比为 $x\mathrm{Na_2O} : y\mathrm{Al_2O_3} : \mathrm{SiO_2} : z\mathrm{H_2O} : 0.2\mathrm{TAA^+}$。然后将溶液转移至不锈钢反应釜中密封。恒温箱预热至 140℃ 后，将反应釜放入恒温箱中于自生压力下静态晶化 3 天冷却，洗涤、抽滤至滤液为中性，100℃ 下干燥即得产品。将产品在 550℃ 下煅烧 10 h，去除有机模板剂。表 8 - 3 列出了以 $\mathrm{TEA^+}$、$\mathrm{TPA^+}$、$\mathrm{TBA^+}$ 为模板剂合成产品的转晶情况。

表 8 - 3 不同实验条件下反应物晶像

产物编号	$\mathrm{TAA^+}$	$n(\mathrm{SiO_2})/n(\mathrm{Al_2O_3})$	$n(\mathrm{M_2O})^{\mathrm{b}}/n(\mathrm{SiO_2})$	$n(\mathrm{H_2O})/n(\mathrm{Na_2O})$	温度/℃	晶相
1	$\mathrm{TMA^+}$	6.5	0.96	45	140	OFF
2	$\mathrm{TEA^+}$	6.5	0.96	45	140	ANA
3	$\mathrm{TPA^+}$	6.5	0.96	45	140	ANA
4	$\mathrm{TBA^+}$	6.5	0.96	45	140	ANA

产物编号	TAA$^+$	$n(SiO_2)/n(Al_2O_3)$	$n(M_2O)^b/n(SiO_2)$	$n(H_2O)/n(Na_2O)$	温度/℃	晶相
5	TMA$^+$	400	0.96	45	140	SOD
6	TEA$^+$	400	0.96	45	140	ANA
7	TPA$^+$	400	0.96	45	140	ANA
8	TBA$^+$	400	0.96	45	140	ANA
9	—	400	0.96	45	140	ANA
10	TMA$^+$	400	0.28	45	140	SOD + Q^c
11	TEA$^+$	400	0.28	45	140	MOR + Q
12	TPA$^+$	400	0.28	45	140	MFI + ANA + Q
13	TBA$^+$	400	0.28	45	140	ANA + Q
14	—	400	0.28	45	140	ANA + MOR + Q
15	TMA$^+$	400	0.28	125	140	MOR + Q
16	TEA$^+$	400	0.28	125	140	MOR + Q
17	TPA$^+$	400	0.28	125	140	MFI
18	TBA$^+$	400	0.28	125	140	MOR + Q + MFI
19	TBA$^+$	400	0.28	315	180	MFI
20	—	400	0.28	125	140	MOR + Q

注：^{a} 反应溶液中 $n(TAA^+)/n(SiO_2) = 0.2$；^{b} 在使用 TMA$^+$ 的时候，$M_2O = K_2O + Na_2O$；^{c} Q = α-quartz。

反应物料中的 $n(SiO_2)/n(Al_2O_3)$ 对最终产物的结构和组成起着重要的作用，低 $n(SiO_2)/n(Al_2O_3)$ 的沸石是从低 $n(SiO_2)/n(Al_2O_3)$ 的原始物料体系晶化而成的，高硅沸石是从高 $n(SiO_2)/n(Al_2O_3)$ 的原始物料体系晶化而成的，一般情况下，物料中的 $n(SiO_2)/n(Al_2O_3)$ 总是高于晶化产物组成的 $n(SiO_2)/n(Al_2O_3)$，多余的硅往往留在溶液中。

初始物料的 $n(H_2O)/n(Na_2O)$ 是指反应体系的碱度。通过调节 H_2O 的加入量，从而达到改变初始溶液 pH 的目的。改变初始物料 H_2O 的加入量，会影响各种物质在溶液中的聚合态和浓度，因此影响反应速率和产物结构，甚至影响晶化过程。

Sang 等人[12]通过研究 MFI 型沸石分子筛的合成发现，在低碱度时，有很少的硅溶解，更多的硅参与到合成的晶化过程，从而更容易生成沸石分子筛。相反，一旦碱度升高，很多的硅溶解在溶液中，很少的硅参与到晶化过程，导致石英相的生成。这表明高碱度更容易生成石英相，因此，可以通过增大溶液的 $n(H_2O)/n(Na_2O)$ 来去除石英相。

将 $n(H_2O)/n(Na_2O)$ 从 45 增大至 125，可以达到降低碱度的目的，在 TPA$^+$ 的存在下，有纯相和结晶好的 MFI 型沸石分子筛生成。当使用 TEA$^+$ 为模板剂时，生成的产物为 MOR，同时伴随着石英相的合成。在 TMA$^+$ 的存在下，有痕量的 MOR 和石英相的生成，这说明 TMA$^+$ 已经失去对方钠石笼的导向作用。在 TBA$^+$ 的存在下，有痕量的 MFI 相生成，这说明 magadiite 已经有转晶成 MFI 的趋势。在这个合成条件下，TBA$^+$ 比较容易生成聚合物，从而失去导向作用，而升高反应温度和增大初始溶液的 $n(H_2O)/n(Na_2O)$，能够很好地抑制 TBA$^+$ 的聚合。因此，升高体系温度至 180℃，增大 $n(H_2O)/n(Na_2O)$ 到 315，其产物的 XRD 图如图 8 - 5 所示，magadiite 完全转晶成 MFI 型沸石分子筛，产物中没有任何杂相生成。

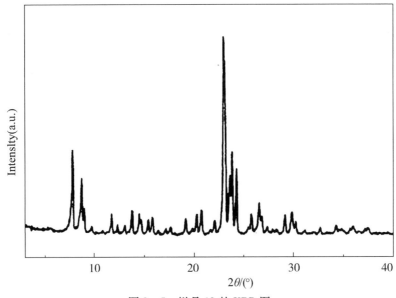

图 8 - 5　样品 19 的 XRD 图

在不使用 TAA$^+$ 的情况下，样品 20 为 MOR，同时有石英相的生成，与在相同条件下使用 TEA$^+$ 为模板剂（样品 16）所得到的产物一致，表明 TEA$^+$ 并没有存在于丝光沸石的骨架结构中。所以使用 TMA$^+$ 会有 OFF 型沸石分子筛生成，使用 TEA$^+$ 会有丝光沸石生成，使用 TPA$^+$ 和 TBA$^+$ 会有 MFI 型沸石分子筛的生成。OFF 型沸石分子筛是在低硅铝比、高碱度的条件下生成的，MOR 和 MFI 型沸石分子筛是在高硅铝比、低碱度的条件下生成的。在 TMA$^+$ 和 TEA$^+$ 存在时，并不能生成 MFI 型沸石分子筛。

8.2.3　哌啶为模板剂制备镁碱沸石

Pal-Borbely 等[13~14]利用哌啶为模板剂，通过固相和液相两种方式将 magadiite 转晶制备出了具有很好耐酸性和热稳定性的镁碱沸石，在 5mol/L 的 HCl 溶液中能够稳定存在 3h，在 1000℃ 下仍能保持结构的完整性。

实验过程如下：沸石的组成物质的量之比为 $Na_2O : SiO_2 : Al_2O_3 : H_2O = 1 :$

8.6：0.214：75，以 Na[AlO₂] 和硅胶作为铝源和硅源制备 magadiite，在130℃下反应
5天，水洗，干燥，并将反应物加入到质量分数为30%的 Na₂SO₄ 水溶液中，在室温下
风干，制备的 magadiite 混合物各组分物质的量之比为 Al₂O₃：SiO₂：Na₂O：H₂O =
1：37：3.01：31.2。H₂O 一部分是以羟基的形式存在于结构中的，另一部分是以
分子的形式存在于产物硅凝胶层间结构中的。接着以硅凝胶、Al₂(SO₄)₃·18H₂O、
NaOH 溶液和哌啶为原料，通过水热反应制备镁碱沸石，反应物的物质的量之比为
Al₂O₃：SiO₂：Na₂O：H₂O：哌啶：Na₂SO₄ = 1：30：4.29：1200：13.4：3，在高
压灭菌锅中反应，温度为150℃，反应10天，反应后产物经过水洗后进行干燥。

　　为了探究最佳的实验条件，反应在聚四氟乙烯内衬的不锈钢反应釜中进行，将
magadiite 加入高温耐火玻璃试管中，用微量注射器加入适量的哌啶，密封后反应
试管放在高温加热炉内150℃下加热70 h，直到试管内没有冷凝气体即为反应终止，
将反应试管用液氮冷却，避免蒸气和爆燃过程导致的组分流失，之后再加入模板剂
哌啶，再结晶过程中 magadiite 晶种存放在高温灭菌器中，结晶产物水洗干燥后在
氮气中以550℃加热1 h去除模板剂，然后在空气中存放4 h，产物为白色固体镁碱
沸石，再用氯化铵与反应产物进行离子交换，用氨水调节 pH = 8，将其转化为氨基
盐的形式。

　　表8-4为经过水洗和铵盐离子交换的固相方法制备的再结晶镁碱沸石产物
（FER-Ⅱ，FER-Ⅲ）、没有模板剂平衡反应合成的镁碱沸石（FER-Ⅰ）以及普通方法
合成的用水作为中介的镁碱沸石（FER-C）的初始物料组成以及铵离子交换量。镁碱
沸石的铵离子交换容量明显低于铝本体合成的镁碱沸石的含量，表明在本体合成的
镁碱沸石产物中存在额外的铝结构。

表8-4　制备镁碱沸石的初始物料组成以及铵离子交换量

Sample	$n(Si)/$ $(mmol·g^{-1})$	$n(Al)/$ $(mmol·g^{-1})$	$n(Na)^a/$ $(mmol·g^{-1})$	$n(NH_4)/$ $(mmol·g^{-1})$	$n(EFAL)^b/$ $(mmol·g^{-1})$	$n(Si)/n(Al)$ Bulk	$n(Si)/n(Al)$ Framework
FER-Ⅰ	15.37	1.305	0.313	—	—	11.8	—
NH₄-FER-Ⅰ	15.51	1.324	0.010	1.010	0.314	11.7	15.4
FER-Ⅱ	15.58	1.067	0.297	—	—	14.6	—
NH₄-FER-Ⅱ	15.72	1.080	0.010	0.904	0.176	14.6	17.4
FER-Ⅲ	15.56	1.013	0.422	—	—	15.4	—
NH₄-FER-Ⅲ	15.77	1.021	0.015	0.875	0.146	15.4	18
FER-C	15.07	1.666	0.294	—	—	9.1	—
NH₄-FER-C	15.26	1.627	0.005	1.13	0.497	9.4	13.5

注：ᵃ 1000℃焙烧。

　　　ᵇ 非骨架结构 Al（Al_{bulk}-NH₄）。

表 8 – 5 列出了 FER-Ⅲ 的化合物组成以及 magadiite 的总量，从表中可以看出，与初始物料相比，水洗过的镁碱沸石试样含有大量的铝元素和少量的硅元素，由此可推断硅酸钠可能是结晶过程中的副产物，同时固相法制备的镁碱沸石水洗后也发现含有大量的硅和钠元素，但是只含有少量的铝元素。这些数据表明 78% 的硅用于合成 magadiite 晶种，从附带 Al 的 magadiite 的 $n(Si)/n(Al)$ 和制备出的镁碱沸石的比例可以得出，转化为镁碱沸石 FER-Ⅰ，FER-Ⅱ 和 FER-Ⅲ 的硅元素的比例分别是 57.7%、71.6%、75.3%。而对于 FER-C，其产率则为 60.4%。

表 8 – 5   FER-Ⅲ 的化合物组成以及 magadiite 的总量

Material	Amount/g	Content/mmol		
		Si	Al	Na
FER-Ⅲ	44.4[a]	691	45.0	18.7
Washing water	14.6[b]	177	0.1	96.7
Sum	59.0	868	45.1	115.4
Applied reactant	59.0[a]	887	43.5	112.4

注：[a] 1000℃ 焙烧。

[b] Si、Al 和 Na 的含量在水洗后测得。

制备的镁碱沸石具有较高的抗酸性，样品 FER-Ⅱ 被 5mol/L 的 HCl 浸泡 3 h 后只有 0.057 mmol/g 的铝被腐蚀掉，铝的去除导致 FER-Ⅱ 离子交换容量从 0.053 mmol/L 增加到 0.851 mmol/L，这表明铝骨架的镁碱沸石被酸腐蚀后铝含量有少量的变化而非铝骨架的镁碱沸石基本没有变化。

图 8 – 6 为样品 FER-Ⅲ 和 FER-C 的 SEM 图，图 8 – 6a 为含铝 magadiite 结构制备的 FER-Ⅲ 的 SEM 图，图 8 – 6b 为固相法制备的 FER-Ⅲ 的 SEM 图，图 8 – 6c 为液相法制备的 FER-Ⅲ 的 SEM 图，图 8 – 6d 为传统用碱性氧化铝和硅胶为原料通过水热反应制备的 FER-C 的 SEM 图。从图中可以看出，图 8 – 6a 为 40 ～ 50 nm 厚的薄片状结构堆砌而成的更大的团聚体，尺寸为 3 ～ 5 μm。图 8 – 6b 结晶的尺寸和形状为典型的通过固相法再结晶制备的镁碱沸石样品，没有发生团聚，而是呈分散状。图 8 – 6c 为片状结构堆砌而成的，边缘呈锯齿状。图 8 – 6d 薄片状结构较为规整，排列成尺寸为 0.5 ～ 1.5 mm 的规则结构，单片层尺寸为 50 ～ 100 nm，大于在哌啶存在下 150℃ 制备的镁碱沸石的尺寸，同时，该结构不只是简单的单晶结构，不能通过超声波处理使其分散。

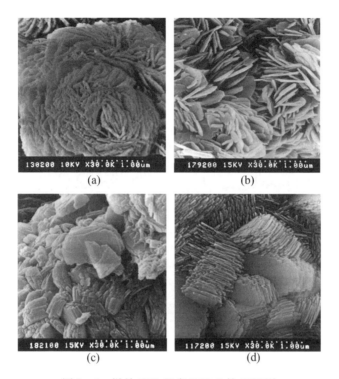

图 8 - 6　样品 FER-Ⅲ 和 FER-C 的 SEM 图

8.2.4　以四甲基溴化铵为模板剂制备菱钾沸石

王瑜[8]以四甲基溴化铵为模板剂,通过 magadiite 转晶的方法制备了菱钾沸石(offretite),具体制备过程如下:在 H_2O 中依次加入 $NaAlO_2$、NaOH、KOH、TMABr,搅拌至完全溶解后,加入自制的 magadiite,在室温下搅拌至溶液混合均匀。此时溶液组成的物质的量之比为 K_2O : Na_2O : Al_2O_3 : SiO_2 : H_2O : TMA^+ = 3.6 : 3.6 : 1 : 6.5 : 320 : 1.5。将初始反应混合物放入不锈钢反应釜中密闭,置于恒温箱中,在 140 ℃下晶化反应 3 天,冷却,抽滤洗涤至滤液为中性,100℃下干燥即得产品。将得到的产品在 550 ℃煅烧 10 h,去除有机模板剂。

采用 XRD 对所得样品进行晶相分析(如图 8 - 7 所示),毛沸石的 XRD 谱图与菱钾沸石极其相似,可以初步判定合成的样品为菱钾沸石。

采用 X 射线荧光光谱对样品进行元素组成分析,分析结果如表 8 - 6 所示,所合成样品的 $n(SiO_2)/n(Al_2O_3)$ = 6.3,与初始反应物的 $n(SiO_2)/n(Al_2O_3)$ 极为接近,这说明反应物中的 Al 几乎全部参与到转晶中,并未部分溶解于溶液中。在产物中,钾的含量远比钠的含量大,这可能意味着钾离子在菱钾沸石的晶化过程中起主要的结构导向作用。

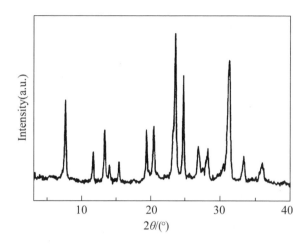

图 8 - 7 样品的 XRD 谱图

表 8 - 6 样品的主要化学组成

组成(氧化物)	SiO_2	Al_2O_3	K_2O	Na_2O
质量分数/%	48.1	13.0	7.1	0.9

Bengoa 等人[15]通过研究发现初始凝胶的 $n(TMA^+)/n(Si)$ 对生成菱钾沸石的形貌有很重要的影响，随着 $n(TMA^+)/n(Si)$ 比值的增大，菱钾沸石的形貌可以由颗粒聚集转变成很规则的六方棱柱。王瑜[8]对所得样品进行 SEM 分析，结果如图8 - 8 所示，可以看到样品是由小颗粒聚集而成的块状。

图 8 - 8 样品的扫描电镜图片[8]

比表面积分析是一种能够检测菱钾沸石和毛沸石是否发生共生现象的一种有效的分析手段，这是因为菱钾沸石的比表面积在 350 m^2/g 左右，如果发生与毛沸石的共生现象，毛沸石会阻塞菱钾沸石的十二元环孔道，从而导致菱钾沸石的比表面积降低，二者共生的产物 T 沸石的比表面积在 210 m^2 左右，因此，通过比表面积的测定能够判断二者是否发生共生现象。

实验中测定了菱钾沸石在 $-196℃$ 时的氮氧吸附数据，利用 BET 方程计算其比表面积，并与文献中报道的标准菱钾沸石进行对比，结果列于表 8－7 中。从表中可以看出，样品的比表面积与标准的菱钾沸石接近，且高于 T 沸石的比表面积，这说明合成的样品为纯相菱钾沸石，并未与毛沸石发生共生现象。

表 8－7　样品和标准菱钾沸石的比表面积

样本	BET 比表面积/($m^2 \cdot g^{-1}$)
样品	351
菱钾沸石(标准)	339

菱钾沸石的最大孔径为 0.63 nm，介于 ZSM-5(0.5 nm)和八面沸石(0.74 nm)之间，而毛沸石的最大孔径为 0.4 nm，因此通过测定分子筛的静态饱和水吸附量是另一种可以判断共生现象的手段，这是由于水分子的直径为 0.4 nm，毛沸石的存在会影响菱钾沸石的静态饱和水吸附量。

实验测得样品的静态饱和水吸附量(质量分数)，同时与标准样品 ZSM-5 和 NaY 的吸附量进行对比，其结果列于表 8－8。从表中结果可知，样品的静态饱和水吸附量在 NaY 和 ZSM-5 之间，这说明吸附量与孔径大小有直接关系。样品的吸附量与之前文献报道的极为接近，进一步说明所合成的菱钾沸石为纯相，并未与毛沸石发生共生现象。

表 8－8　样品、ZSM-5 和 NaY 的静态饱和水吸附量

样本	静态饱和水吸附量/%
样品	16.3
NaY	25.4
ZSM-5	<1

8.2.5　以乙二胺为模板剂制备镁碱沸石

镁碱沸石(fenierite)，骨架类型为 FER 型，属正交晶系，是一种由硅铝酸盐形成的中孔、高硅沸石，由于其独特的孔道结构，使得其在催化、分离及膜反应器等领域具有一定的应用价值。在以六氢毗哒为模板剂时，magadiite 可以通过水热和固相两种方式转化成镁碱沸石[13~14]。但六氢哌啶的价格昂贵，国内生产的较少，

基本上依赖于进口。王瑜[8]选用价格较低的乙二胺(EDA)为模板剂,通过一系列的探索,将magadiite转晶制备出镁碱沸石。

镁碱沸石的制备过程如下:在H_2O中依次加入$NaAlO_2$、NaOH、KOH和适量自制的magadiite,充分混合后加入乙二胺,由于乙二胺具有强的挥发性,立即将反应混合物置于不锈钢反应釜中密闭,此时溶液组成的物质的量之比为Na_2O:SiO_2:Al_2O_3:H_2O:EDA=0.01:1:0.005:30:20。恒温箱预热至160℃后,将反应釜放入恒温箱中于自生压力下静态晶化48 h,冷却,抽滤洗涤至中性,100℃下干燥即得产品。将产品在500℃下煅烧10 h,去除有机模板剂。

采用XRD对所得样品的晶相组成进行分析(图8-9),与分子筛标准XRD谱图进行对比,整个谱图符合镁碱沸石的特征衍射峰,确定晶相为纯相镁碱沸石。

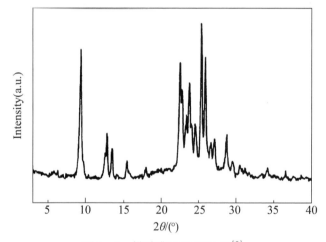

图8-9 镁碱沸石的XRD图[8]

将镁碱沸石在500℃煅烧10 h后,采用X射线荧光光谱(XRF)对其进行元素组成分析,分析结果如表8-9所示。计算得到产物的硅铝比组成为$n(Si)/n(Al)$=32.2,为高硅沸石分子筛。

表8-9 镁碱沸石XRF元素分析结果[11]

主要组成元素	质量分数/%
O	48.4
Si	40.6
Al	1.2
Na	2.7

通过产物的扫描电镜分析(图8-10),我们可以看出产物的形貌由片状小单晶组成,呈现出典型的镁碱沸石晶体形貌。其晶体形貌均一,也进一步说明了样品为纯相。

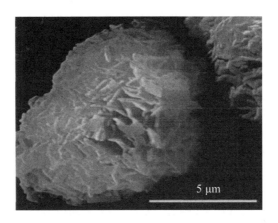

图 8-10 镁碱沸石的扫描电镜图片[8]

王瑜[8]为了研究反应条件对产物的影响，从而达到控制与调节沸石的合成反应的目的，探究了在转晶过程中反应原料的碱度、晶化时间、晶化温度、模板剂用量等因素对转晶制备镁碱沸石的影响。将初始反应物的 $n(SiO_2)/n(Al_2O_3)$ 固定为200，表 8-10 列出了初始凝胶组成和合成的条件对产物晶相的影响。

表 8-10　在不同实验条件下产物的晶相

产品编号	影响因素					晶相
	温度/℃	时间/h	$n(H_2O)/n(SiO_2)$	$n(Na_2O)/n(SiO_2)$	$n(EDA)/n(SiO_2)$	
1	160	48	20	0.01	20	m + F
2	160	48	30	0.01	20	F
3	160	48	40	0.01	20	m + F
4	160	48	30	0	20	m + F
5	160	48	30	0.05	20	F + Q
6	160	48	30	0.01	24	F
7	160	48	30	0.01	16	m + F
8	160	24	30	0.01	20	m + F
9	160	36	30	0.01	20	m + F
10	160	42	30	0.01	20	F
11	160	168	30	0.01	20	F + Q
12	140	48	30	0.01	20	m + F
13	180	48	30	0.01	20	F + Q

注：m 为 magadiite，F 为镁碱沸石，Q 为 α-quartz。

温度的变化会影响水在反应釜中自生压力的改变，从另一个角度影响沸石的晶化与晶化产物的结构，所以温度是沸石分子筛合成中的重要影响因素。晶化温度的变化也可影响凝胶与凝胶间液相中多硅酸根离子与铝酸根离子的聚合状态及聚合反应，凝胶的生成、溶解与转变，成核和晶化生长以及介稳态间的相变发生变化等。

在沸石分子筛的合成过程中，一种产物可以从某反应体系在一定温度范围内晶化一定时间后得到，若是超出了这个特定的时间，则会得到另一种产物，而未达到这个晶化时间，则不会生成这种产物或者结晶度低。模板剂的用量直接影响着合成的成本，对合成有着重要的影响。使用模板剂的量少，会导致转晶不完全，使用过多又会造成成本的浪费。

8.2.6　其他模板剂制备沸石分子筛

Zones 等[16]利用 magadiite(以 N，N，N′，N′－四甲基脲为模板剂制备的)成功合成出 SSZ-15、ZSM-5、ZSM-12、ZSM-15、EU-2、ZSM-48、ZSM-39、FU-1 等不同类型的沸石分子筛，所使用的模板剂分别为 N，N，N-三甲基环戊基铵、Bis-1，4-双奎宁环丁烷、六甲胺、N，N，N-三甲基糠基铵、N，N，N-二甲基－乙基－环戊基铵和乙基－三甲基铵。

首先以 N，N，N′，N′－四甲基脲为模板剂制备 magadiite，具体过程如下：N，N，N′，N′－四甲基脲、硅酸盐(SiO$_2$ 质量分数为 29.22%，Na$_2$O 质量分数为9.08%)、NaOH(质量分数为 50%)和 H$_2$O 在聚四氟乙烯内衬的不锈钢反应釜中140℃下反应 7 天，冷却洗涤干燥后得到产物 magadiite。接着通过转晶法制备沸石，具体过程如下：以 magadiite 作为硅源加入 H$_2$O、质量分数为 50% 的 NaOH 溶液搅拌均匀后在聚四氟乙烯内衬的不锈钢反应釜中 180℃下反应 72 h，冷却洗涤若干次后过滤干燥得到产物。用同样的方法改变初始物料配比(见表 8－11)合成出 SSZ-15、ZSM-5、ZSM-12、ZSM-15、EU-2、ZSM-48、ZSM-39、FU-1 不同类型的沸石分子筛。

表 8－11　不同条件下的沸石分子筛产物

Example No.	Template	/g	magadiite/g	Al$_2$(SO$_4$)·16H$_2$O/g	NaOH/g	H$_2$O/mL	Time/d	Temp./℃	Phases
1	B	2.00	1.50	0.16	0.20	15	3	200	ZSM-5
2	A	1.33	1.03	0.16	0.13	10	3	150	SSZ-15
3	E	2.00	1.50	0.16	0.20	15	3	200	ZSM-12
4	F	2.00	1.50	0.16	0.20	15	3	200	60% EU-2
5	H	1.50	1.50	0.16	0.20	15	3	180	ZSM-48
6	I	0.51	0.50	0.16	0.08	5	3	180	ZSM-12
7	D	2.00	1.50	0.16	0.04	15	1	230	ZSM-39
8	B	2.01	1.53	0.16	0.01	14	1	230	ZSM-5
9	J	2.00	1.50	0.16	0.04	15	1	230	20% FU-1

8.3 麦羟硅钠石形成中间体后转晶制备沸石分子筛

8.3.1 含铝中间体形成后转晶制备沸石分子筛

用 magadiite 代替传统的硅源，可以很大程度上降低合成成本，具有一定的商业价值。研究 magadiite 作为单一硅源对转晶制备沸石分子筛是很必要的，因此 Pal-Borbely 等[17]对其进行了详细的研究，具体方法如下：首先按 $Na_2O : (9-2x)SiO_2 : xAl_2O_3 : 75H_2O (x=0.035, 0.214)$ 的比例制备了 Al-magadiite，然后将其与四丙基氢氧化铵（TPAOH）或四丁基氢氧化铵（TBAOH）混合，在 135℃ 下反应若干小时后，在 100℃ 下干燥后得到 ZSM-5 和 ZSM-11 分子筛。

图 8-11 为结晶时间与结晶温度关系的曲线图，从图中可以看出：结晶度和晶化速率都随着模板剂用量的减少而降低，结晶速率与 TPA^+ 的用量成正比，与初始反应物组成的酸度成反比；曲线 e 为硅胶作为硅源的结晶曲线，与传统硅源合成的 ZSM-5 相比，以硅胶为硅源，在相同的合成条件下，并不能生成 ZSM-5 分子筛，或者结晶度很低、结晶速率非常慢。而合成此类型的沸石分子筛的主要成本是在模板剂的用量上，因此用 magadiite 作为硅源不仅减少了模板剂的用量，降低了合成的成本，还可以对合成进行调控。

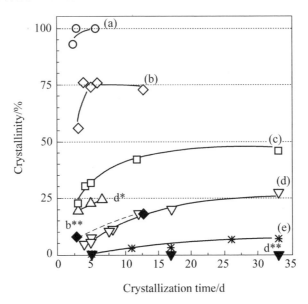

图 8-11 结晶时间与结晶度关系曲线图

注：曲线 a、b、c、d、e 分别代表每 96T 原子中 4、3、2、1、0.5 倍 TPA^+ 添加量的结晶曲线，b＊＊代表硅胶作为硅源每 96Si 原子中 3 倍 TPA 添加量的结晶曲线，d＊代表每 96T 原子中 1 倍 TPA 和 3 倍 TMA 添加量的结晶曲线，d＊＊代表以硅胶作为硅源每 96Si 原子中 1 倍 TPA 添加量的结晶曲线。

图 8-12 为模板剂对沸石分子筛 ZSM-11 的合成的影响，从图中可以看出，以每 96T 原子有 4TBA 含量的模板剂合成的分子筛明显优于每 96T 原子有 2TBA 含量的模板剂合成的分子筛，在结晶速度和结晶度方面都具有明显的优势。

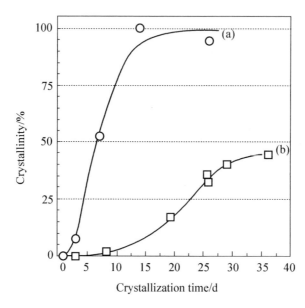

图 8-12　H-[Si，Al]-magadiite(128)结晶生成 ZSM-11 的结晶度随结晶时间的变化图
注：(a)每 96T 原子有 4TBA，(b)每 96T 原子有 2TBA。

8.3.2　含锰中间体形成后转晶制备沸石分子筛

由于过渡金属离子的氢氧化物在高碱度的情况下很容易溶解，通过传统的水热合成方法并不能得到纯相的含有过渡金属离子的沸石分子筛，因此 Ko 等[18]利用 magadiite 很好的离子交换性，先将过渡金属离子 Mn 离子交换到 magadiite 的层空间中，然后通过转晶制备沸石分子筛 Mn-silicalite-l，得到纯相的含有过渡金属离子的沸石分子筛。合成 Mn-siliealite-l 的具体过程如下：首先制备 Na-magadiite，然后加入盐酸搅拌，得到 H-magadiite。将 H-magadiite 与氢氧化锰在 80℃ 下搅拌，得到 Mn-magadiite。最后将 Mn-magadiite 与 TPAOH 混合，在 160℃ 下反应 3 天，经洗涤干燥后，得到最终产物。

该方法合成的 Mn-silicalite-1，Mn^{2+} 位于结构单元的取代位上，Mn/Si 的比率较高。煅烧过的 Mn-silicalite-1 正交晶系，而在吸附 H_2O 分子后，几何构型发生改变，转变成单斜晶系。利用 magadiite 合成出具有高纯度和高 Mn 含量的 Mn-silicalite-1，为将来合成含有其他过渡金属离子的沸石分子筛的研究开拓了一个新的研究方向。

图 8-13 是层状硅酸盐 magadiite 通过离子交换得到 Mn-magadiite 的结构示意图，从图中可以看出 magadiite 中的硅羟基和 Mn 离子发生离子交换固定在 magadiite

的层状结构中，形成 Mn-magadiite。

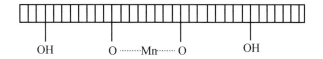

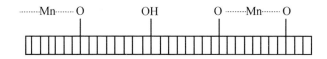

图 8-13 锰离子交换后的 magadiite 结构假想图[18]

图 8-14 表示 Mn-magadiite 和合成 Mn-silicalite-1 的电子自旋共振图谱，从曲线 a 可以看出 Mn 以 $Mn(H_2O)^{2+}$ 的形式存在于 magadiite 几何结构中，曲线 c 说明煅烧过的 Mn-silicalite-1 属正交晶系，而吸附 H_2O 分子后，转变成单斜晶系。

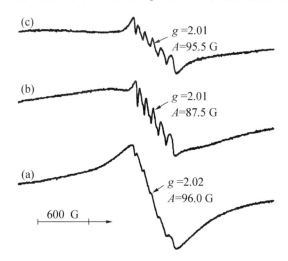

图 8-14 Mn-magadiite 和合成 Mn-silicalite-1 的电子自旋共振图谱[18]

注：（a）Mn^{2+} 交换后的 magadiite，（b）用 Mn^{2+} 交换后的 magadiite 合成的 Mn-silicalite-1，

（c）Mn-silicalite-1 在 550℃ 煅烧 4 h 后的样品。

图 8-15 为 Mn-silicalite-1 的红外图谱，曲线中 $1005\,cm^{-1}$ 处的峰为附加吸收峰，该峰在纯 silicalite-1 的红外光谱中不存在，说明 Mn 代替杂环原子进入 silicalite-1 的结构中由于 T-O-T 不对称振动形成了吸收峰。

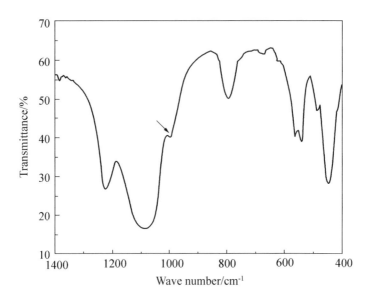

图 8 - 15　Mn-silicalite-1 的红外图谱[18]

8.4　晶种法制备沸石分子筛

　　转晶法都需要在有机导向剂或者模板剂的存在下才能制得沸石分子筛，有机结构导向剂的引入使得所得样品的硅铝比在一定程度上有了很大提高，但是有机结构导向剂的引入却带来了新的缺点。首先，采用的这些有机结构导向剂结构复杂并且十分昂贵，极大地提高了生产成本；另外，目前一般是采用煅烧的方法来除去这些存在于沸石分子筛中的有机结构导向剂，这样一来也造成了大量能源的消耗和严重的环境污染。因此，开发一种新型的在无模板体系中得到微孔沸石分子筛的方法是十分有必要的。近年来，很多研究者在无模板法合成沸石分子筛方面做了很多工作，他们利用晶种促进的方法得到多种沸石分子筛，对于采用晶种法合成沸石分子筛的策略，早期的研究专家们在缩短晶化时间和提高产品质量方面做了很多研究，对于晶种在晶化过程中所起到的作用以及具体的晶化机理，还有待于深入的研究。

　　徐浪浪[3]采用 magadiite 作为晶种，按照水热法在无模板体系下成功合成丝光沸石分子筛。具体步骤是：首先将一定量的去离子水、氢氧化钠和铝源按照一定的比例进行混合，室温下搅拌至清液，接着将硅源加入到该溶液中继续强磁力搅拌，然后以无机层状硅酸盐作为晶种加入到上述混合溶液中，在室温下继续搅拌 0.5 h，放置在静态釜中 170℃ 下晶化一段时间，晶化结束后固体产物经过冷却、抽滤分离、水洗至接近中性，80℃ 下烘干即得样品。并通过 XRD、SEM 等多种表征手段对产品进行分析，以及对分子筛晶化过程进行深入研究。

在体系中不使用有机结构导向剂就能得到沸石分子筛，晶种法促进沸石分子筛的水热合成路线在工业应用上具有很大的应用前景，所得到的沸石分子筛具有晶粒小、晶化时间短的优点。徐浪浪[3]分别考察了体系中初始组成和晶化条件等各种参数对最后晶相的形成以及产物的特征的影响。这些参数主要包括初始硅酸盐凝胶的硅铝比、碱硅比、晶化温度、硅源、铝源等，如表8-12所示。

表8-12 初始成分对最后晶相形成的影响

样品编号	晶种量比例	硅源	铝源	$n(Na_2O)/n(SiO_2)$	$n(SiO_2)/n(Al_2O_3)$	温度/℃	晶种	$n(Si)/n(Al)$	产率/%
1		白炭黑	铝酸钠	0.129	25.36	170	magadiite	—	72.8
2		白炭黑	铝酸钠	0.195	25.36	170	MOR（M）	—	67.7
3		白炭黑	铝酸钠	0.230	25.36	170	MOR（M）	—	58.4
4	M：SiO₂ = 50%（质量比）	白炭黑	铝酸钠	0.241	25.36	170	MOR	7.06	55.1
5		白炭黑	铝酸钠	0.260	25.36	170	MOR	—	44.2
6		白炭黑	铝酸钠	0.241	50.72	170	MOR	10.8	43.6
7		白炭黑	铝酸钠	0.241	101.44	170	MOR（M）	—	42.6
8		白炭黑	铝酸钠	0.241	25.36	150	MOR（M）	—	58.1
9		白炭黑	铝酸钠	0.241	25.36	130	magadiite	—	66.8

注：M 代表 magadiite；$n(Si)/n(Al)$ 通过 ICP 测得。

以 magadiite 作为晶种合成沸石分子筛的情况为例，固定晶化温度为 170 ℃，反应时间为 24 h，$n(H_2O)/n(SiO_2) = 47.3$，晶种量为 magadiite：$SiO_2 = 50\%$，考察不同 $n(Na_2O)/n(SiO_2)$ 对合成的影响，当 $n(Na_2O)/n(SiO_2)$ 低于 0.23 时有 magadiite 残余，而当 $n(Na_2O)/n(SiO_2)$ 在 0.241～0.26 之间均能生成纯相 MOR，因此合成体系的 $n(Na_2O)/n(SiO_2)$ 应该控制在 0.241～0.26 之间，否则产品中会混有杂相，影响产品的纯度。

样品 4、5、6 属于纯相丝光沸石分子筛，通过此种方法得到大量丝光晶粒，它们彼此团聚成 3～4 μm 的球饼，当 $n(Na_2O)/n(SiO_2)$ 下降之后，各个晶粒之间彼此连接更为紧密，并且呈现出取向生长的趋势。硅铝比的增加也会出现这种趋势，当 $n(SiO_2)/n(Al_2O_3)$ 升高至 50.72，各个晶粒直接连接更为紧密，而从宏观上来看，则表现为丝光饼块表面更为光滑。通过 ICP 对 4、6 样品的 $n(Si)/n(Al)$ 进行测定，发现样品 6 的 $n(Si)/n(Al)$ 为 10.78。

徐浪浪[3]还考察了初始凝胶中硅铝比对沸石分子筛合成的影响，从表8-12中的样品 4、6、7 可以发现，只有当 $n(SiO_2)/n(Al_2O_3)$ 在 25.36～50.7 时，才能得到纯相 MOR，当初始凝胶中的 $n(SiO_2)/n(Al_2O_3) = 101.44$ 时，有大量 magadiite 的残余，这表明凝胶中铝含量的减少不利于丝光沸石分子筛的晶化。一般来讲，丝光沸石分子筛都是在低碱度，$n(Si)/n(Al)$ 较高的条件下合成的，而多余的硅往往是留在溶液中以溶硅的形式出现，但是也不能一味地通过提到硅铝比的方式来得到高硅丝光沸石。

从沸石分子筛的合成来讲，晶化的温度对于所得分子筛的晶体孔结构有着重要的影响，高温下容易形成很大的水蒸气压，得到的孔结构和孔体积往往会明显缩小，相反，则往往得到较大的孔结构和孔容。从另外一方面来讲，因为在体系中引入了前驱体层状硅酸盐，需要考虑层状硅酸盐的稳定性问题，一般来讲，在体系温度极高的情况下，层状硅酸盐的结构会发生破坏，如果在整个晶化的过程中晶种的稳定性很好，这样会导致大量的层状硅酸盐残留，使得最后晶相不纯。

为此，徐浪浪[3]考察了温度对丝光沸石形成的影响，通过观察可以发现，当晶化温度为 130 ℃时，magadiite 基本上没有消溶，而此时丝光沸石相没有出现；当温度升至 150 ℃时，出现了丝光沸石与 magadiite 的混合相，表明 magadiite 的消溶是随着温度的升高而增加的，同时形成丝光沸石的最低温度是 150 ℃；当温度升至170 ℃时，magadiite 在 24 h 之内完全消溶。

参 考 文 献

[1] Cronstedt A F. Ronoch beskrifning om en obekant barg art, som kallas zeolites[J]. Akademeins Handlingar Stockholm, 1756, 18: 120 – 123.

[2] 徐如人，庞文琴. 无机合成与制备化学[M]. 北京：高等教育出版社，2001.

[3] 徐浪浪. 晶种法沸石分子筛的高效绿色合成及其形成机理的深入认识[D]. 上海：华东师范大学，2013.

[4] 徐如人，庞文琴，屠昆岗. 沸石分子筛结构与合成[M]. 长春：吉林大学出版社，1987.

[5] Database of Zeolite Structures[EB/OL]. [2017 – 06 – 01]. http://asia. iza-structure. org/IZA-SC/ftc_ table. php.

[6] Szostak R. Handbook of molecular sieves [M]. New York: Van Nortrand Reinhold, 1992.

[7] Baerloeher C H, Mceusker L B, Olson D H. Altas of zeolite frame work types [M]. 6th ed. Holland: ElsevierSeienee, 2007.

[8] 王瑜. magadiite 的合成及其转晶制备沸石分子筛研究[D]. 大连：大连理工大学，2010.

[9] Feng F X, Balkils K J. Recrystallization of layered silicates to silicalite-1 [J]. Microporous and Mesoporous Matericals, 2004, 69(1 – 2): 85 – 96.

[10] Selvam T, Sehwieger W. Synthesis and characterization of mordenite(MOR) zeolite derived from a layeredsilieate, Na-magadiite [J]. Studies in Surface Science and Catalysis, 2002, 142: 407 – 414.

[11] Selvam T, Mabande G T P, Schwieger W, et al. Selective isopropylation of biphenyl to 4, 4'-DIPB over mordenite(MOR) type zeolite obtained from alayered sodium silicate magadiite[J]. Catalysis Letters, 2004, 94(1 – 2): 17 – 24.

[12] Sang S Y, Chang F X, Liu Z M, et al. Difference of ZSM-5 zeolites synthesized with various

templates[J]. Catalysis Today, 2004, 93 – 5: 729 – 734.

[13] Pal-Borbely G, Beyer H K, Klyozumi Y, et al. Syntllesis and characterization of a ferrierite made by recrystallization of analuminium-containing hydrated magadiite[J]. Microporous and Mesoporous Materials, 1998, 22(1 – 3): 57 – 68.

[14] Onyestyak G, Pal-Borbely G, Rees L V C. Dynamic and catalytic studies of H-ferrierites made by hydrothermal and dry state syntheses[J]. Microporous and Mesoporous Materials, 2001, 43(1): 73 – 81.

[15] Bengoa J F, Marehetti S G, Gallegos N G, et al. Stacking faults effeets on shape selectivity of offretite[J]. Industrial & Engineering Chemistry Research, 1997, 36(1): 83 – 87.

[16] Zones S I, Franeiseo S. Preparation of crystalline zeolites using magadiite: 4676958 [P]. 1987.

[17] Pal Borbely G, Beyer H K, Kiyozumi Y et al. Recrystallization of magadiite varieties isomorphieally substituted with aluminum to MFI and MEL zeolites [J]. Microporous Materials, 1997, 11(1 – 2): 45 – 51.

[18] Ko Y, Sun J K, Kim M H, et al. New route for synthesizing Mn-siliealite-1 [J]. Microporous and Mesoporous Materials, 1999, 30(2 – 3): 213 – 218.

⑨ 麦羟硅钠石在其他领域的应用

9.1 麦羟硅钠石制备药物载体

理想的药物载体须具备生物相容性好、无细胞毒性、无免疫原性、载药量高和成本低廉等特性，目前研究最多的 5-FU * 药物载体的层状硅酸盐（magadiite）材料主要有蒙脱土、有机蒙脱土、羟基磷灰石、层状双氢氧化物等[1~3]。magadiite（MAG）的离子交换能力远大于蒙脱土等传统硅酸盐材料，且具有优异的吸附性能和生物相容性，可以作为生物酶和蛋白质的固定载体材料。相对于聚乳酸－羟基乙酸共聚物（PLGA）等价格昂贵的有机高分子材料，壳聚糖（CS）具有良好的生物相容性、生物可降解性和可再生性，没有细胞毒性和免疫原性，来源广泛、价格低廉，而且 CS 结构中的羟基和氨基等活性官能团既容易与 5-FU 通过静电作用、氢键和化学键等分子作用力来增加载药量，又可用于连接细胞内外的靶向配体，实现靶向送药治疗[4]。笔者结合 MAG 和 CS 作为 5-FU 的新型药物载体研究其潜在的应用价值。选择纯 MAG 和有机改性产物 MAG-CTAB 和 MAG-CTAB-CS 等作为 5-FU 的药物载体材料，考察其对 5-FU 载药量的大小，并探讨在人工模拟胃液（pH = 1.35 的 HCl 溶液）和肠液（pH = 7.4 的磷酸盐溶液）环境中体外释放行为，从释放动力学角度分析药物释放机理。

9.1.1 制备药物载体复合材料并计算其载药量

将纯 MAG 和有机改性产物 MAG-CTAB、MAG-CTAB-CS 等材料分别于去离子水中超声分散得均匀悬浮液。然后分别往上述 3 种悬浮液中加入 5-FU 溶液，置于恒温水浴锅中 60℃下磁力搅拌，待充分反应后进行离心分离，采用紫外分光光度计测量上清液的吸光度，并计算载药反应后溶液中剩余的 5-FU 浓度。将离心沉淀用去离子水洗涤，恒温烘干得药物载体复合材料，分别标记为：MAG/5-FU、MAG-CTAB/5-FU 和 MAG-CTAB-CS/5-FU。

利用紫外分光光度计测量出充分反应后上清液在 265 nm 处的吸光度，得出剩

---

* 5-FU，胸苷酸合成酶抑制药，是尿嘧啶 5 位上的氢被氟取代的衍生物。

余 5-FU 的浓度，并采用以下浓度差减法计算各种药物载体复合材料的载药量：

$$Q = \frac{(c_0 - c_e)}{m}V$$

式中，Q 为药物载体复合材料中载药量的大小，mg/g；c_0 和 c_e 分别为 5-FU 的初始浓度和反应结束后的剩余浓度，mg/mL；V 为反应溶剂的体积，mL；m 表示载体材料的质量，g。

计算得三种药物载体材料的载药量大小顺序为：MAG-CTAB-CS > MAG-CTAB > MAG，分别为 162.29 mg/g、130.59 mg/g 和 98.18 mg/g。有机改性后的 MAG 比纯 MAG 的载药量高，有机改性后层间距的增大和介孔的增多均可提高药物 5-FU 载入的空间和接触面积，而且引入的有机改性剂分子链与 5-FU 形成化学键、氢键或静电作用力等，改善 MAG 片层的界面性质，可以为 5-FU 分子的载入提供良好的界面环境[5]。

9.1.2　药物载体复合材料的性能表征

笔者利用 X 射线衍射分析、傅里叶变换红外光谱和扫描电子显微镜对药物载体的性能进行了分析。

图 9-1 为药物 5-FU 和 MAG、MAG-CTAB、MAG-CTAB-CS 等载体材料及其药物载体复合材料的 XRD 图谱。由图 9-1 可知，5-FU 分别在 $2\theta = 28°$ 和 $2\theta = 15°\sim$ 20°附近有明显的衍射峰，在其他位置有相对较弱的结晶峰。由图 9-1b 可知，MAG/5-FU 的 XRD 图谱与纯 MAG 相比有明显的变化，001、002、003 峰和五指峰等衍射峰均变得弥散，药物 5-FU 插层进入到 MAG 的层空间，MAG 晶体有序结构受到一定程度的破坏，插层结构撑大了层间距，因此 001 衍射峰往小角度方向偏移，衍射峰宽度增加但强度降低；002、003 峰和 $2\theta = 24.368°\sim 28.378°$ 的五指峰的强度增强了，而 5-FU 在这几处对应有明显衍射峰，也说明 5-FU 确实进入了 MAG 内，药物载体复合材料的总体晶型和层状结构并没有被破坏[6]，MAG/5-FU 和 MAG 的整个 XRD 图谱仍然相似。复合材料的层间距大小与载药量大小相一致，载药量越大，药物载体复合材料的层间距就越大。5-FU 插层进入到 MAG-CTAB 和 MAG-CTAB-CS 的层空间内，两种改性后的 MAG 的层间距分别增加到 3.94 nm 和 4.08 nm(见图 9-1c)。

药物 5-FU 与纯 MAG 和有机改性后的 MAG 相互作用的机理主要有以下四种可能：(1)5-FU 分子被三种载体材料通过表观物理吸附作用吸附到层表面和介孔间隙等；(2)MAG 层空间 Na+ 和水合 H+ 被插层进入层间的 5-FU 通过离子交换反应置换出来；(3)5-FU 与三种载体材料的 Si—OH 反应形成化学键、氢键，或与层间

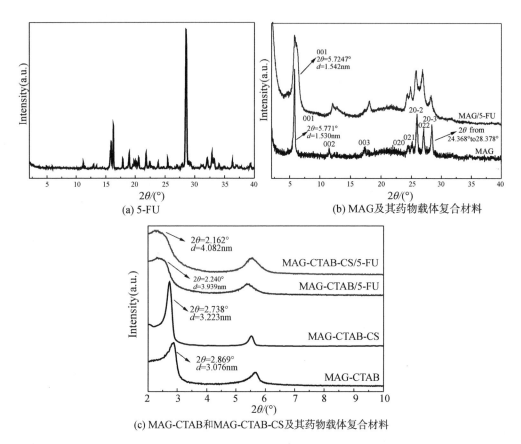

(a) 5-FU

(b) MAG 及其药物载体复合材料

(c) MAG-CTAB 和 MAG-CTAB-CS 及其药物载体复合材料

图 9-1　5-FU、MAG、MAG-CTAB 和 MAG-CTAB-CS 及其药物载体复合材料的 XRD 图

Na⁺ 形成离子键等；（4）经有机改性后的 MAG 层空间内的有机基质对有机药物 5-FU 也存在一定的分配作用，如与 CTAB 和 CS 分子骨架的烷基、氨基、羟基等活性基团形成氢键、静电作用或化学键等。通常，对于层状硅酸盐材料作为 5-FU 的药物载体，第（1）种机理主要是通过 5-FU 的浓度梯度差作为推动力进行的，但当载体材料层空间内外浓度达到平衡后，这种通过表观物理扩散吸附的机理将会停止；因此，在 5-FU 和载体材料反应进行一定时间后，主要的机理表现为后三种，即反应的继续进行依靠离子交换作用，形成氢键、化学键、离子键，静电作用或有机基质的分配作用等[7]。可以认为，MAG 和有机改性 MAG 与 5-FU 之间的作用机理同时兼有物理表观吸附作用、离子交换作用、静电力、氢键、化学键和有机基质的分配作用等方式，图 9-2 为载体材料 MAG 和 MAG-CTAB-CS 载上药物 5-FU 的机理示意图。

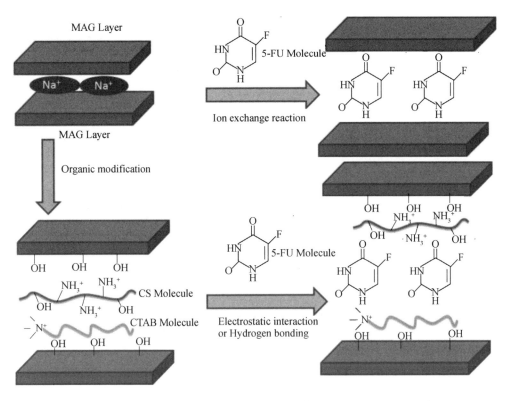

图 9 - 2　载体材料 MAG 和 MAG - CTAB - CS 载上药物 5-FU 的机理示意图

图 9 - 3 为药物 5-FU、载体材料和药物载体复合材料的红外光谱图。图 9 - 3a 为 5-FU 的红外光谱图，其中 1771 cm^{-1} 和 1725 cm^{-1} 处的吸收峰分别为环酰亚胺酮 结构—CO—NH—CO—中 C2 和 C4 处的 C $=$ O 键特征峰；1672 cm^{-1} 处为 C $=$ C 伸 缩振动吸收峰；1247 cm^{-1} 处表示 C—F 键的弯曲振动峰；1435 cm^{-1} 和 813 cm^{-1} 处分 别代表—CF $=$ CH—中的 C—H 键平面内和平面外的弯曲振动吸收峰；820 $\sim$ 550 cm^{-1} 之间的吸收峰为 C—F 的变形所致[9~13]。

对比图 9 - 3a 和图 9 - 3b，受 5-FU 在 1672 cm^{-1} 处 C $=$ C 伸缩振动吸收峰的影 响，位于 1627 cm^{-1} 处的 MAG 中 H$_2$O 的弯曲振动峰蓝移至 1635 cm^{-1} 处，且强度增 加了；5-FU 通过离子交换作用进入到 MAG 层间，由于 5-FU 中代表—CF $=$ CH—的 C—H 键平面外弯曲振动吸收峰（813 cm^{-1}）的存在，5-FU 上—C—H 的 H 容易与 MAG 表面 Si—OH 中的 O 形成氢键作用，导致吸收峰的蓝移[13]，而 MAG 结构中的 双环振动吸收峰（791 cm^{-1}）红移至 786 cm^{-1} 处，且强度明显增强；在 700 $\sim$ 550 cm^{-1} 之间 MAG/5-FU 的吸收峰强度增强和位置移动均是由 5-FU 中 C—F 键的变形 引起的，可见，药物 5-FU 确实被包裹在 MAG 中。

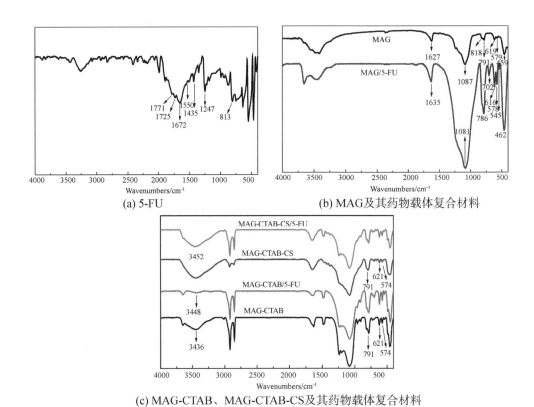

(a) 5-FU

(b) MAG及其药物载体复合材料

(c) MAG-CTAB、MAG-CTAB-CS及其药物载体复合材料

图 9 – 3　5-FU 和 MAG、MAG-CTAB、MAG-CTAB-CS 的 FT-IR 图

5-FU 与 MAG、MAG-CTAB 和 MAG-CTAB-CS 结合在一起，有机改性后的 MAG 对 5-FU 存在氢键、化学键和静电作用力等，引入的改性剂分子链对 5-FU 存在一定的分配作用。对比图 9 – 3c，两种改性后的药物载体复合材料在 3200 ~ 3700 cm^{-1} 处的羟基的宽峰均受到 5-FU 中 N—H 键的影响；受到属于 5-FU 在 813 cm^{-1} 处代表—CF =CH—中的 C—H 键平面外弯曲振动吸收峰的影响，791 cm^{-1} 处属于 MAG 结构中的双环的振动吸收峰的强度明显增强；在 699 cm^{-1} 处新出现了属于 5-FU 中不饱和键 C—H 的弯曲振动吸收峰；550 ~ 700 cm^{-1} 吸收峰强度增强是由 5-FU 中 C—F 键的变形所致。

5-FU 与载体材料结合在一起也可以用 SEM 直观地表征，图 9 – 4 为三种药物载体复合材料的 SEM 扫描电镜图。载药 5-FU 后，层状结构并没有被破坏，整个球状颗粒结构在 3 ~ 5 μm 之间，从图中可以清晰看到层板结构表面和层间均成功载有药物 5-FU 小晶体。有机改性 MAG 拥有更多的介孔结构，为 5-FU 提供良好的负载空间位点。

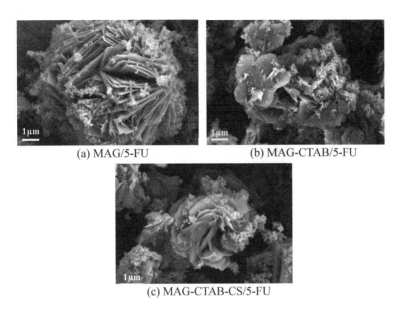

(a) MAG/5-FU   (b) MAG-CTAB/5-FU

(c) MAG-CTAB-CS/5-FU

图 9 - 4   三种药物载体复合材料的 SEM 扫描电镜图

9.1.3   药物载体复合材料的体外释放性能分析

笔者为了探讨 MAG/5-FU 等三种药物载体复合材料在体外的释放性能,将三种药物载体复合材料分别在 pH = 1.35 的 HCl 溶液模拟的胃液和 pH = 7.40 的磷酸盐缓冲液(PBS)模拟的肠液环境下进行体外释放实验。

图 9 - 5 和图 9 - 6 分别表示三种药物载体复合材料在人工模拟胃液、肠液下的药物累积释放量曲线和累积释放百分率曲线。

由图 9 - 5 可知,三种药物载体复合材料在模拟胃液和肠液下均具有缓慢释放的行为,并非出现"突释"现象,曲线呈缓慢上升趋势,5-FU 的释放行为总体上出现三个阶段:第一阶段为 0 ~ 6 h,属于释放速率较快的初始阶段,主要是负载在载体材料表面的 5-FU 的脱离,表面和层间内的 5-FU 与释放介质存在着浓度梯度作用,使得 5-FU 不断向释放介质扩散,速率较快;第二阶段为 6 ~ 24 h,释放速率逐渐下降;第三阶段为 24 h 以后,药物释放速率变得很慢,趋于平缓,缓释时间长于文献中报道的钙基蒙脱石[14]、沸石[15]和羟基磷灰石[16]等药物载体对 5-FU 的释放(分别为 6 h、1 h 和 10 h)。由于后面两个阶段主要是插层进入到载体材料层空间内 5-FU 的释放,这部分的 5-FU 会与释放介质中的 PO_4^{3-} 发生离子交换作用,离子的浓度和强度、5-FU 与 MAG 或有机 MAG 表面 Si—OH 的结合力以及与有机改性剂分子链之间化学键、氢键和静电作用力的断裂均会降低释放速率,同时载体材料的片层和介孔结构也具备良好阻隔作用,从而实现 5-FU 的缓释效果。

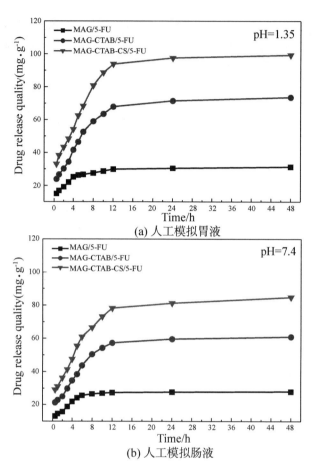

(a) 人工模拟胃液

(b) 人工模拟肠液

图9-5　三种药物载体复合材料在人工模拟胃液和肠液下的累积释放量曲线

　　三种药物载体复合材料的药物释放量和药物利用率大小顺序与载药量大小顺序一致，即 MAG-CTAB-CS > MAG-CTAB > MAG，说明在确定 5-FU 用量时，有机改性 MAG 可以减少载体材料的用量。

　　表9-1列出了三种药物载体复合材料在人工模拟胃液和肠液下释放 24 h 的累积释放量和累积释放百分率。得出以下特征：此类 5-FU 药物载体材料在酸性下的释放动力大于在碱性环境下，5-FU 在模拟胃液中的累积释放量和累积释放百分率均比肠液中大；在 24 h 释放时间里，有机 MAG 的药物载体复合材料释放量在 59～97 mg/g，而 MAG 仅约 30 mg/g；在药物利用效率方面，有机 MAG 的药物载体复合材料释放百分率在 45%～60% 之间，而 MAG 仅 30%，但高于钙基蒙脱石的释放百分率 23.05%[14]。

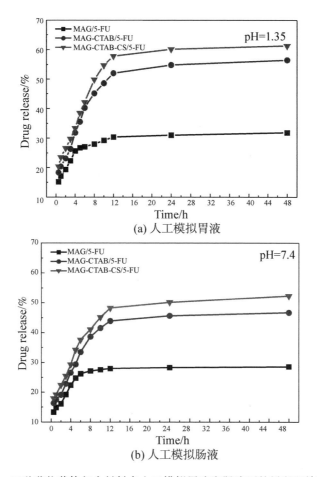

(a) 人工模拟胃液

(b) 人工模拟肠液

图 9-6 三种药物载体复合材料在人工模拟胃液和肠液下的累积释放百分率曲线

表 9-1 三种药物载体复合材料在人工模拟胃液(pH=1.35)和
肠液(pH=7.40)下释放 24 h 的累积释放量和累积释放百分率

	pH	MAG/5-FU	MAG-CTAB/5-FU	MAG-CTAB-CS/5-FU
Drug release quality/($mg \cdot g^{-1}$)	1.35	30.46	71.55	97.52
	7.40	27.75	59.59	81.34
Drug release rate/%	1.35	31.02	54.79	60.09
	7.40	28.26	45.63	50.12

5-FU 在释放过程中,机理比较复杂,有表面的药物因浓度差的推动作用而促进的扩散作用,层空间内的 5-FU 通过扩散作用、离子交换作用、化学键、氢键和

静电作用力等的断裂来保持缓慢释放，层板和介孔结构的阻隔作用也会降低 5-FU 释放速率。

9.2　麦羟硅钠石制备仿贝壳纳米杂化膜

近年来，受自然界生物的启发，利用新颖的合成技术和仿生原理制备出有机 – 无机纳米杂化结构的功能材料逐渐成为材料学、化学、力学、生物与生命科学等交叉学科研究的前沿热点之一[16~18]。贝壳材料因其独特的多层级"砖 – 泥"结构和超强高韧的力学性能而倍受研究者们的关注[17,19]。目前，广泛用于制备仿贝壳纳米杂化膜的方法包括旋涂法、浸涂组装法、浇铸组装法、冰冻模板法、化学浴沉积技术和电泳沉积法等[19]。代表"砖"结构的无机层状材料涵盖了蒙脱土（MMT）、纳米 $CaCO_3$、TiO_2、Al_2O_3、氧化石墨烯（GO）层状双金属氢氧化物（LDH）、层状陶瓷材料和 $Al(OH)_3$ 纳米片等，而代表"泥"结构的有机聚合物分子包含壳聚糖、羧甲基纤维素钠、聚乙烯醇、聚丙烯酰胺、聚丙烯酸酯和聚甲基丙烯酸甲酯等[17~24]。

笔者课题组选择具有良好吸附性能和离子交换性能的层状材料 MAG 作为仿贝壳膜的"砖"材料，选择具有良好生物相容性和极好成膜性质的环保材料 CS 作为仿贝壳膜的"泥"材料，通过溶剂蒸发沉降自组装法制备了仿贝壳环保纳米杂化膜，并分析了杂化膜的内部结构、力学性能、热性能、透明度和阻燃性能等。

不同于 MMT、TiO_2 和 LDH 等平行片层结构，由于 MAG 片层是具有一定挠度的花瓣状结构，当含量较大时，与 CS 分子链容易互相穿插杂化，组装成"互穿花瓣型"层状结构，所以利用 MAG 制备新型仿贝壳环保纳米杂化膜具有重要研究意义。由于硅烷偶联剂可以较好地改善无机 – 有机相的界面性质，使两组分分散更加均匀，并能增强二者之间的黏结能力，有效阻止裂纹扩展和吸收断裂能，因此选择硅烷偶联剂 KH550 来改善 MAG 与 CS 之间的穿插性能。因为 KH550 含有能与 MAG 表面 Si—OH 反应的硅氧烷基团，还有与 CS 分子上的羟基、氨基等反应的乙烯基、氨基和环氧基等活性基团，所以 KH550 的加入对于改善 MAG 与 CS 分子链之间的相容性、增强黏结力和阻止裂纹扩展等方面将起着非常重要的作用[25]。

9.2.1　制备互穿花瓣型结构仿贝壳纳米杂化膜

将 MAG 和去离子水利用磁力搅拌器剧烈搅拌、超声分散配制混合悬浮液，备用。将 CS 溶于 1%（质量分数）的冰醋酸水溶液中，通过搅拌得到均匀 CS 胶体溶液，备用。按质量比 CS：MAG = 9：1，8：2，7：3，6：4，5：5 将充分分散的 MAG 悬浮液逐滴缓慢加入匀速搅拌的 CS 胶体溶液中，在 60℃ 下剧烈搅拌 6 h，使得 CS 分子链通过静电吸附作用、氢键作用和离子交换作用等充分插层进入 MAG 层间或吸附于 MAG 玫瑰花瓣状片层表面，插层吸附反应完成后的混合杂化胶体溶液超声分散，得半透明的稳定杂化胶状，即 CS/MAG 杂化胶体。

向匀速搅拌的 MAG 悬浮液中逐滴滴加硅烷偶联剂 KH550，并在 60℃ 下剧烈搅拌；随后按质量比 CS∶MAG =9∶1，8∶2，7∶3，6∶4，5∶5 缓慢加入到匀速搅拌的 CS 胶体溶液中，继续剧烈搅拌，充分反应一段时间后超声分散，得 CS/KH550/MAG 杂化胶体。

将纯 CS 胶体 CS/MAG 和 CS/KH550/MAG 杂化胶体溶液缓慢均匀浇铸于平整的培养皿中，在真空烘箱中 40 ℃下进行通过溶剂蒸发沉降自组装，得到平整的纳米杂化薄膜材料。

由于被 CS 分子链插层进入的花瓣状 MAG 片层具有一定的取向性和规整性，加上 CS 本身具有的黏结作用，沉降自组装过程中杂化膜片层容易互相穿插、规则排列成层状结构。相对于浸涂层层组装、旋转涂抹组装、电泳组装、冰冻模板、化学浴和电泳沉积等技术，该制备方法更简单易行和更容易实现规模化生产[17,19,23]。

9.2.2 仿贝壳环保纳米杂化膜的结构及性能研究

采用 X 射线衍射分析、扫描电子显微镜、红外光谱对仿贝壳纳米杂化膜进行结构分析，并进一步研究了仿贝壳纳米杂化膜的力学性能、热性能、透明性及燃烧性能。

笔者为了验证被插层后的 CS/MAG 和 CS/KH550/MAG 杂化膜层间距增大，分别对 CS/MAG 与 CS/KH550/MAG 进行了小角度和大角度 XRD 图谱分析，结果如图 9 -7 所示。在图 9 -7a 中，对比 MAG、CS/MAG 和 CS/KH550/MAG 杂化膜的 001 衍射峰，依次向小角度偏移，说明杂化膜也形成了层状结构，且 CS/MAG 和 CS/KH550/MAG 杂化膜的层间距与 MAG 相比增大了，MAG 片层吸附大量 CS 分子链而插层将层间距撑大，在杂化膜中组装成有序的层状结构。但是，CS/MAG 膜仍有部分 MAG 的片层没有被插层，因此在 $2\theta = 5.771°$ 处仍具有较明显的衍射峰，而对于 CS/KH550/MAG 膜，KH550 的加入使插层更加完全，因此 5.771°处的衍射峰消失。

CS/MAG 和 CS/KH550/MAG 两种杂化膜中 CS 分子链插层进入 MAG 片层，撑大了层间距，显著破坏了 MAG 晶型。因为 KH550 水解后形成的硅醇基容易与 MAG 表面的 Si—OH 反应，改善 MAG 片层表面的亲油性，提高 MAG 在 CS 基体的分散性，增强二者黏结力，使其更好地连接[28]，因此加入 KH550 后层间距增加更明显，插层反应更完全。该结论可以从 XRD 衍射图 9 -7b 得以验证，CS/MAG 膜

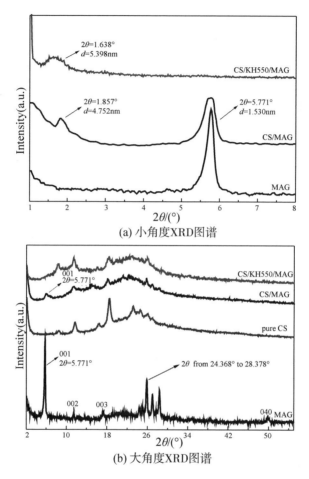

(a) 小角度XRD图谱

(b) 大角度XRD图谱

图 9-7　CS/MAG 杂化膜与 CS/KH550/MAG 杂化膜的小角度和大角度 XRD 图谱

在 $2\theta = 5.771°$ 处仍然存在较弱的 001 衍射峰，而 CS/KH550/MAG 膜没有，两种杂化膜分别在 $2\theta = 8.445°$、$11.757°$ 和 $18.362°$ 处出现纯 CS 分子链的衍射峰，而且 MAG 在 $2\theta = 24.368° \sim 28.378°$ 的五指衍射峰基本消失了。

当 MAG 含量少时，CS 插层较完整，但随着 MAG 含量的增加，CS/MAG 杂化膜的插层效果将下降。图 9-8 为不同质量比的 CS/MAG 和 CS/KH550/MAG 杂化膜的 XRD 图谱。当质量比为 CS:MAG = 9:1 时，CS/MAG 杂化膜在 $2\theta = 5.771°$ 处并没有出现衍射峰，在 $2\theta = 8.445°$、$11.757°$ 和 $18.362°$ 处出现了纯 CS 分子链的衍射峰，表明当 MAG 含量较少时，CS 被吸附进入 MAG 片层，层间距显著增大；但当质量比 CS:MAG = 7:3 和 5:5 时，杂化膜均在 $2\theta = 5.771°$ 处出现较弱的衍射峰，大部分 MAG 片层已被 CS 插层，只有少部分 MAG 层间距没有被撑大。

KH550 的加入改善了 MAG 的界面性质和亲油性，使得 MAG 在 CS 中分散得更均匀，插层反应更完整[25]。当质量比 CS：MAG=9：1，7：3 和 5：5 时，CS/KH550/MAG 杂化膜均未在 $2\theta=5.771°$ 处出现衍射峰，但出现相应的 CS 衍射峰，均说明了这一点。

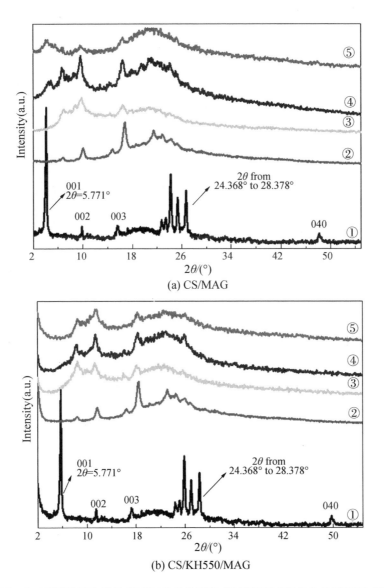

(a) CS/MAG

(b) CS/KH550/MAG

图 9-8　不同质量比例的 CS/MAG 杂化膜和 CS/KH550/MAG 杂化膜 XRD 图谱
注：图中曲线①纯 MAG；②纯 CS 膜；③～⑤分别表示质量比 CS：MAG=9：1，7：3，5：5。

　　图 9-9 为 CS/MAG 与 CS/KH550/MAG 杂化膜断面的 SEM 图。显然与前面 XRD 的分析结果杂化膜为层状结构相符合，两种杂化膜断面确实是由 MAG 片层和

CS 分子链堆叠形成的致密层状结构，这跟贝壳珍珠母材料的"砖-泥"结构相似[7,19,23,27]，但又有区别，因为 MAG 片层是具有一定弧度的"花瓣状"片层，当大量 MAG 片层与 CS 分子链交叉堆叠在一起时，它们会互相穿插缠绕杂化，花瓣片层之间互相穿插，故称之为"互穿花瓣型"层状结构，并非蒙脱土、层状双氢氧化物等平行层状结构。当杂化膜均由此类"互穿花瓣型"层状结构组成时，整个杂化膜受力将会受到 MAG 花瓣状片层的阻挠，片层拔出的难度将增大。

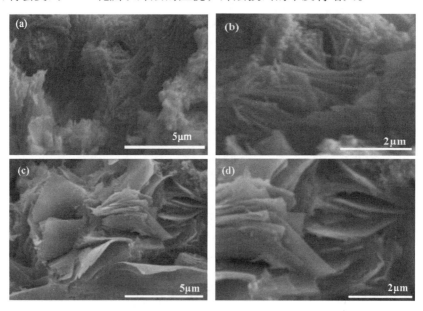

图 9-9　CS/MAG 杂化膜与 CS/KH550/MAG 杂化膜的断面 SEM 图

注：（a）、（b）为 CS/MAG 杂化膜 SEM 图，（c）、（d）为 CS/KH550/MAG 杂化膜 SEM 图。

CS/MAG 和 CS/KH550/MAG 杂化膜断面进行对比，后者的 MAG 片层穿插更完整和深入，被 CS 分子链插层更明显，从微观结构上说明加入 KH550 改善了 MAG 片层与 CS 的界面相容性，使得 CS 分子链插层更完全。仔细观察断面形貌发现，CS/KH550/MAG 杂化膜断面处具有更明显的 MAG 片层拔出现象，且片层拔出后的挠度和弯曲程度显然较 CS/MAG 膜大，表明在杂化膜拉伸拔出时受到了花瓣状 MAG 片层的阻挠，而且 MAG 片层与 CS 分子链之间有较强的界面黏结力，使得断面粗糙不平，KH550 的加入又进一步增大了 MAG 与 CS 分子链之间的作用力，插层更完整的 MAG 片层阻力更大，将显著提升杂化膜的力学性能。

红外光谱图中吸收峰频率的高低体现出 MAG 晶格中原子成键强度的变化，而吸收峰位置的偏移则反映了 MAG 固有晶格发生了扭曲，说明有分子进入 MAG 片层间，改变了 MAG 结构力的分布[27~29]。图 9-10 为 CS/MAG 与 CS/KH550/MAG 杂化膜的红外光谱图。

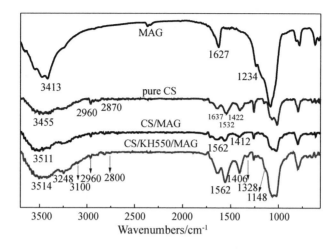

图 9 - 10 CS/MAG 杂化膜与 CS/KH550/MAG 杂化膜的红外光谱图

CS/MAG 杂化膜中 MAG 与 CS 之间具有较强的化学键、氢键和静电作用力，均可使 CS 和 MAG 很好地结合在一起[17,21,29,31]。由图 9 - 10 可知，对比纯 CS 膜，3455 cm⁻¹ 处属于 CS 中 N—H 键的伸缩振动峰在 CS/MAG 杂化膜中蓝移至 3511 cm⁻¹ 处，吸收峰宽度和强度增加，主要是受 MAG 片层 Si—OH 的影响，CS 中—NH₂ 易吸收 H⁺ 形成—NH₃⁺ 与带负电的 Si—OH 反应，形成化学键；—NH—的 H 与 Si—OH 的 O 也容易形成氢键作用[16~17]；由于 CS 分子链的插入导致 MAG 层间结合水的减少，所以 MAG 在 1627 cm⁻¹ 处属于结合水羟基的峰与 CS 在 1637 cm⁻¹ 处属于酰胺Ⅰ带的峰叠合在一起强度下降了；MAG 带负电片层与 CS 上质子化的—NH₃⁺ 的静电作用，导致 CS 位于 1532 cm⁻¹ 处的—NH₃⁺ 变形振动吸收峰蓝移至 1562 cm⁻¹ 处；以上这些吸收峰的变化均说明 MAG 与 CS 之间具有较强的作用力，二者很好地结合在一起。

KH550 的加入不但提高 MAG 与 CS 的相容性，改善插层界面状态，还可以与二者发生偶联反应，作为桥梁作用，形成较强的化学键、氢键和静电作用。对于 CS/KH550/MAG 杂化膜，除了上述 CS/MAG 杂化膜的变化外，在 3248 cm⁻¹ 处吸收峰强度增强，表明加入的 KH550 与 MAG 片层上—Si—OH 反应，MAG 片层亲水性减弱而亲油性增强，增强二者相容性[32]。在 2800～2960 cm⁻¹ 处出现的减弱光谱带，代表 KH550 中—CH₂ 的—CH 伸缩振动峰；位于 1562 cm⁻¹ 处吸收峰的增强，说明 KH550 的加入使 MAG 负电片层与 CS 上质子化的—NH₃⁺ 的化学键和静电作用更强，因为 KH550 水解成硅醇基，同时与 MAG 表面 Si—OH 和 CS 上的—NH₃⁺ 反应，形成偶联作用，而且 KH550 上的—NH₂ 也能与 MAG 上的 Si—OH 或 CS 上的—OH 形成氢键作用；在 1406 cm^{-1} 处强度增大，说明静电或氢键作用使属于—CH$_3$ 和—CH$_2$ 的 C—H 变形振动更明显；在 1328 cm^{-1} 处新出现一个属于 —Si—O—C— 基团特征峰，说明 KH550 确实与 CS 分子链形成化学键作用[25]；在 1148 cm^{-1} 处出现的肩峰属于 KH550 中 Si—O—Si 反对称伸缩振动和弯曲振动峰[2,25]。

图 9 – 11 为键结原理示意图，可清晰看出，CS/MAG 杂化膜通过化学键和氢键作用等结合在一起，而加入的 KH550 与 CS 和 MAG 形成的偶联作用使得 CS/KH550/MAG 杂化膜结合力更强，键结更复杂。

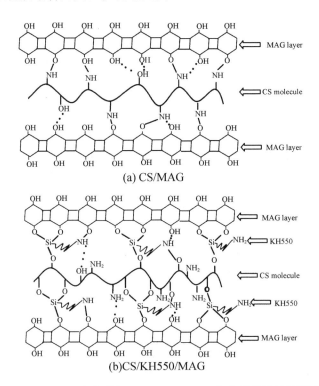

(a) CS/MAG

(b)CS/KH550/MAG

图 9 – 11　CS/MAG 杂化膜与 CS/KH550/MAG 杂化膜的键结原理示意图

为说明基于 MAG 的"互穿花瓣型"层状结构对 CS 薄膜的力学性能有增强作用，对其他聚合物分子也有增强作用，采用羧甲基纤维素钠（CMC）代替 CS，对比其力学性能变化，图 9 – 12 所示为杂化膜的力学性能和层板滑移受力机理示意图。当 CS：MAG ＝7：3 时，CS/MAG 和 CS/KH550/MAG 杂化膜的拉伸强度达到最大值，此时 CS/MAG 杂化膜的拉伸模量和拉伸强度分别达到 7.19 GPa 和 55.2 MPa，为纯 CS 膜的 4.16 和 2.72 倍；CS/KH550/MAG 杂化膜的拉伸模量和拉伸强度分别达到 9.10 GPa 和 78.6 MPa，为纯 CS 膜的 5.26 和 3.87 倍，已经达到了贝壳材料的拉伸强度范围（70 ~ 130 MPa）[17,19,23]。而此时 CS/MAG 和 CS/KH550/MAG 两种杂化膜的断裂伸长率仍能保持在9.6%和10.8%，说明基于MAG的"互穿花瓣型"层状结构可显著提升CS膜的力学性能，杂化膜不仅具备优异的拉伸强度，还能保持良好的韧性和延展性，符合仿贝壳材料的超强高韧特征。

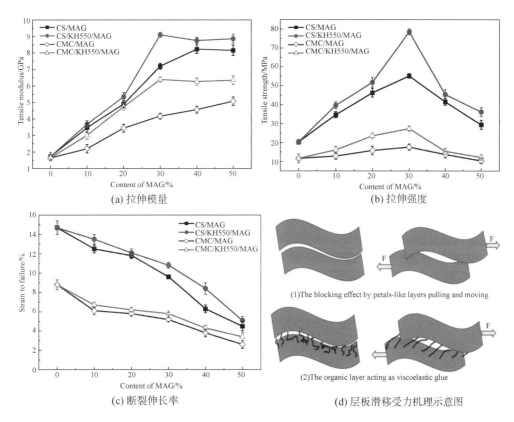

图9-12　CS/MAG、CS/KH550/MAG、CMC/MAG和CMC/KH550/MAG
杂化膜的力学性能和层板滑移受力机理示意图

对比相同MAG含量的CS/MAG和CS/KH550/MAG两种杂化膜的力学数据，加入KH550后杂化膜的拉伸模量、拉伸强度和断裂伸长率均有提升，表明KH550能较好地增强MAG与CS分子链间的作用力。从CMC/MAG和CMC/KH550/MAG的力学数据也能得到同样的结论，均表明基于MAG制备的"互穿花瓣型"层状结构对于其他聚合物也有增强增韧作用。

为了解释基于MAG的"互穿花瓣型"层状结构仿贝壳纳米杂化膜的优异力学性能，根据图9-12所示的层板滑移受力机理示意图，可以从以下三点理解：

（1）花瓣状片层拔移时的阻挠作用。杂化膜受拉伸应力时，MAG穿插的花瓣状片层结构在滑移拔出过程中容易形成"榫卯"互锁效应，具有一定挠度的片层间互相卡住阻碍拔出，结构稳定的 MAG 无机片层能改变受力传递方向，使杂化膜内部受力更加均匀，从而增强拉伸强度。

（2）有机基质的黏结作用。CS 或 CMC 等有机基质与 MAG 片层间通过化学键、氢键或静电作用力紧密连接在一起。当杂化膜发生塑性变形时，一方面，大量化学键、氢键的存在可以在 MAG 片层拔出滑动时破坏和重组，提高 MAG 片层的滑移阻力，有效保持杂化膜的"互穿花瓣型"层状结构，延迟断裂时间；另一方面，有机基质的黏结作用还能阻止裂纹的扩展，降低裂纹尖端应力场因子，增大裂纹偏移阻力，起到良好的增韧性能。

（3）硅烷偶联剂 KH550 的桥梁作用。KH550 的加入不仅提高 MAG 与 CS 的相容性，改善界面状态，还能与二者形成偶联，存在较强的化学键、氢键和静电作用力，作为 MAG 片层和 CS 或 CMC 的桥梁纽带，增强黏结作用，进一步提高杂化膜的力学性能。

因此，基于 MAG 的"互穿花瓣型"仿贝壳杂化膜的优异力学性能正是以上三点机理协同作用的结果。

基于 MAG 的"互穿花瓣型"层状结构增强了杂化膜的热稳定性，KH550 的加入可以使杂化膜热稳定性更高。这是因为，在"互穿花瓣型"结构杂化膜中，CS 分子链插层进入 MAG 片层内，具有良好热稳定性和阻隔性的 MAG 片层可以保护 CS 分子链在更高的温度下热降解；MAG 片层与 CS 分子链之间形成的化学键、氢键和静电作用力等均能提高杂化膜的热稳定性；加入的 KH550 不仅能提高 MAG 与 CS 间的相容性，改善界面性能使 CS 插层更完全，与 CS 和 MAG 偶联形成的化学键、氢键和静电作用力还能进一步提高杂化膜的热稳定性。

如图 9 - 13 的 TG、DTG 曲线所示，MAG 的分解主要分两个阶段：$30 \sim 250$℃表面吸附水和结合水的脱附，$250 \sim 800$℃ MAG 上 Si—OH 缩合反应，缩聚成硅氧烷所致。纯 CS 膜、CS/MAG 和 CS/KH550/MAG 杂化膜的失重均分为三个阶段：$30 \sim 200$℃主要为表观吸附水和结合水的脱除；$200 \sim 500$℃主要属于 CS 分子链和 KH550 的热分解；$500 \sim 800$℃时，纯 CS 膜的失重为分解产物的脱附，CS/MAG 和 CS/KH550/MAG 杂化膜的失重还包含 MAG 片层剩余硅羟基的缩合反应。

由于 MAG 片层的加入，CS/MAG 和 CS/KH550/MAG 杂化膜在 $30 \sim 200$℃阶段主要为通过表观吸附、弱氢键结合的吸附水和强氢键结合的结晶水的脱除，均比纯 CS 膜少。$200 \sim 500$℃阶段中，纯 CS 膜、CS/MAG 和 CS/KH550/MAG 杂化膜的最大失重温度分别为 274.3℃、285.5℃和 296.8℃，表明基于 MAG 的"互穿花瓣型"层状结构热稳定性较好，而 KH550 的加入进一步提高了杂化膜的热稳定性。

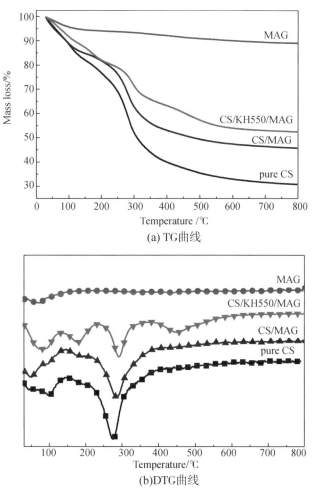

(a) TG曲线

(b)DTG曲线

图9-13 MAG、pure CS 膜、CS/MAG 杂化膜与 CS/KH550/MAG 杂化膜的 TG 和 DTG 曲线

图9-14 和图9-15 分别为不同质量比的 CS/MAG 和 CS/KH550/MAG 杂化膜的 TG 和 DTG 曲线图。随着 MAG 含量的升高，杂化膜的热稳定性增强。当质量比分别为 CS：MAG =9：1，8：2，7：3，6：4 和 5：5 时，CS/MAG 杂化膜的最高失重温度分别发生在 276.7℃、280.2℃、281.1℃、284.7℃和 285.5℃；CS/KH550/MAG 杂化膜的最高失重温度分别发生在 279.1℃、282.5℃、288.4℃、296.2℃和296.8℃。表明基于 MAG 的"互穿花瓣型"层状结构能较好地提高 CS 膜的热性能，且加入 KH550 制备的杂化膜热稳定性更好。

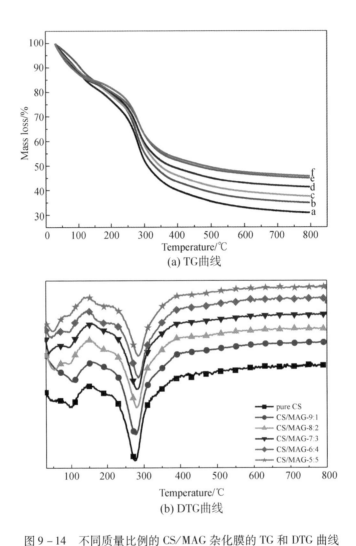

(a) TG曲线

(b) DTG曲线

图 9 - 14　不同质量比例的 CS/MAG 杂化膜的 TG 和 DTG 曲线

注：图(a)中，曲线 a 为纯 CS 膜，曲线 b～f 分别对应质量比 CS∶MAG =9∶1，8∶2，7∶3，6∶4，5∶5。

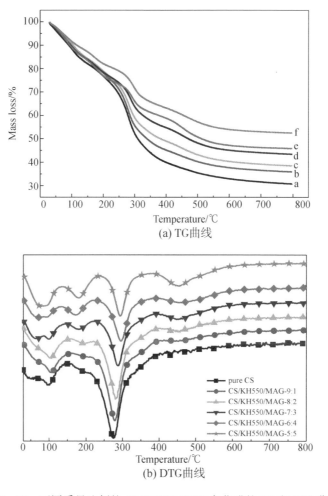

图 9 - 15 不同质量比例的 CS/KH550/MAG 杂化膜的 TG 和 DTG 曲线

注：图(a)中曲线 a 为纯 CS 膜，曲线 b~f 分别对应质量比 CS∶MAG = 9∶1, 8∶2, 7∶3, 6∶4, 5∶5。

笔者为考察杂化膜的透光性，采用紫外分光光度计对不同质量比的两种杂化薄膜进行透光性测试。如图 9 - 16 所示，纯 CS 膜对可见光区(400 ~ 760 nm)有37% ~ 88%的透过率，而 CS/MAG 和 CS/KH550/MAG 杂化膜对可见光区分别有 10% ~ 42% 和 15% ~ 50% 的透过率，即使加入较多的 MAG 纳米粉体，杂化薄膜仍然具有一定的透光性，这主要与 MAG 花瓣状片层结构在杂化薄膜中的取向性和规整性有关，取向度和规整度越高，透光性越好[17]。

KH550 的加入使杂化薄膜中 MAG 与 CS 形成"互穿花瓣型"层状结构的取向性提高，因此相同 MAG 质量比例的 CS/KH550/MAG 杂化膜可见光区透光率比 CS/MAG 杂化膜稍高。作为桥梁作用的 KH550 一边连接着 MAG 片层，另一边连接着 CS 分子链，形成偶联结构，使 CS/KH550/MAG 杂化膜层状结构的规整性比 CS/MAG 杂化膜更好，减弱了可见光穿过薄膜时的散射，所以具有更高的透光性。

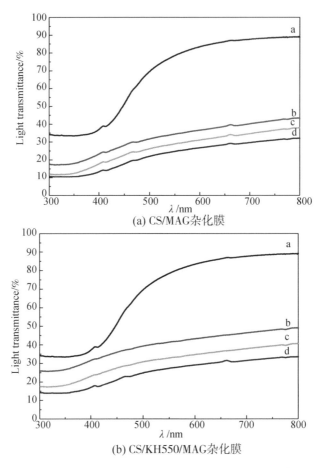

图 9 - 16 不同质量比例的 CS/ MAG 杂化膜和 CS/KH550/MAG 杂化膜的紫外 - 可见光透射光谱图
注：曲线 a 为纯 CS 膜，曲线 b ～ d 分别对应质量比 CS：MAG =9：1，7：3，5：5。

为探究杂化薄膜的燃烧性能，笔者测试了薄膜在酒精灯外焰的稳定性，并对燃烧后产物的形貌进行了对比。结果表明，基于 MAG 的"互穿花瓣型"杂化膜具有一定的阻燃性能，而且 KH550 的加入能提升杂化膜的阻燃性。当暴露在火焰中时，纯 CS 薄膜瞬间卷曲并迅速猛烈燃烧起来，燃烧火焰很大；而 CS/MAG 和 CS/KH550/MAG 两种杂化薄膜燃烧时杂化薄膜中表面部分 CS 逐渐碳化变黑，且未出现火焰。

纯 CS 膜燃烧后产物中间部分脱落并脆裂，CS/MAG 杂化膜表面具有燃烧过程中水汽脱除时形成的鼓泡，CS/KH550/MAG 杂化膜表面形成清晰的层状条纹，表明纯 CS 膜没有阻燃性，CS/MAG 杂化膜内部水较多，水汽溢出膜表面容易形成鼓泡，而 CS/KH550/MAG 杂化膜中 CS 和 MAG 片层穿插更充分和规整，形成偶联的化学键、氢键和静电作用力使互穿片层结构的自支撑能力更强。因此，此类"互穿花瓣型"结构的杂化薄膜在火焰中具有一定的稳定性和防火性能，且 CS/KH550/MAG 杂化膜比 CS/MAG 更高。

9.3 麦羟硅钠石作为模板剂使用

magadiite 是一种层状硅酸盐，因其具有良好的离子交换性、吸附性、层间膨胀性而被广泛应用于催化、吸附以及新型功能材料等领域。近几年来，也有将麦羟硅钠石作为模板剂来使用制备多孔材料。多孔材料由于其较大的比表面积、特殊的表面性质、孔径和孔隙率容易调节控制等特性，被广泛用作结构材料、载体材料、吸附材料和阻隔材料等。

9.3.1 以麦羟硅钠石为模板制备石墨烯型碳

石墨烯是具有六边形碳晶格和离域 π 电子的二维材料，具有独特的电性能、热性能和化学性质。离子液体(IL)作为碳的导向剂对石墨烯具有很好的剥离作用。IL 含有具有交联作用的功能基团，可以在无硬模板的情况下通过聚合或炭化作用很容易地转化到带有介孔的碳功能材料中。如果选择合适的模板，可以得到高表面积的石墨烯。

用蔗糖、糠基乙醇、嵌二萘、苯乙烯、各种烯烃、丙烯腈和含乙烯基化合物作为导向剂，以层状硅酸盐和黏土为模板制备中孔碳材料，碳棒可作为锂电池的阳极。然而，结果却得到大量的层状碳颗粒和少许石墨烯边界，所以需要找到合适的导向剂以层状硅酸盐为模板制备石墨烯型材料。

Fulvio 等[33]以层状硅酸盐 magadiite 为模板，用过渡金属氯化物 – IL 制备具有高表面积的碳纳米片。离子液体 Bmim[Br]，室温下是固体，当与某些金属盐混合时可形成共融液体。首先将 magadiite 渗透到过量的含有 $MnCl_2$、$NiCl_2$、$FeCl_3$ 和 $CoCl_2$ 的离子液体 Bmim[Br] 的共晶液(magadiite 与离子液体的质量比为 1 : 2.5)中。然后将混合物进行超声处理 12 h，将复合材料在 900℃ 下炭化，并用 $NH_4F \cdot HF$ 蚀刻硅酸盐。为了测试过渡金属对形成的碳材料的影响，还使用 Bmim[Br] 的无金属乙醇溶液作为碳源[33]。

图 9 – 17 提出了材料形成的一般机理，包括金属氯化物 – IL 插层 magadiite。插层过程直到将硅酸盐剥离成少量层的有机 – 无机纳米复合材料。在碳化过程中，金属 – IL 转移到碳材料中，与剥离的多层石墨烯材料的形态相似，并有一些额外的多孔颗粒。离子液体无交联部分，缺少稳定的中间聚合作用或形成的中间产物不稳定易分解，使得到的碳材料产率极低。由咪唑鎓盐 – IL 转换金属盐为碳的导向剂，magadiite 为模板可制备出具有中空结构和大表面积的石墨烯型纳米薄片，且产率较高。

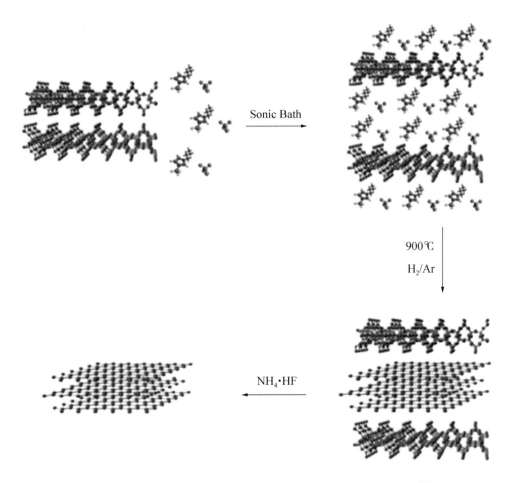

图 9 – 17　以 magadiite 为模板合成石墨烯型纳米薄片的一般机理图[33]

　　图 9 – 18 是不含硅酸盐的碳材料的 SEM 图。这些碳材料通过石墨烯型纳米薄片的堆叠形成微米尺寸的薄片颗粒。C/Mn-IL 为呈微米尺寸的石墨烯薄片，在 C/Mn-IL 薄片表面可观察到小的纳米颗粒。在其他材料中也可观察到纳米颗粒，它们的质量分数小于 35%。

　　图 9 – 19 为 C/Co-IL 和 C/Ni-IL 的 HRTEM 图，在图中可观察到纳米颗粒和石墨烯结构，在热处理和碳的石墨化过程中一些石墨区域与金属纳米颗粒的位置一致。图 9 – 20 是二氧化硅模板溶解后一些典型的混合碳材料的拉曼光谱。石墨烯晶格局部有序，所以很多样品的 G 带都窄，C/Fe-IL 样品还出现了另外两个带，属于石墨结构的 2D 和 D + G 模式。石墨烯片层结构的形成在本质上是无序的，在乱层碳材料中存在大量的缺陷。

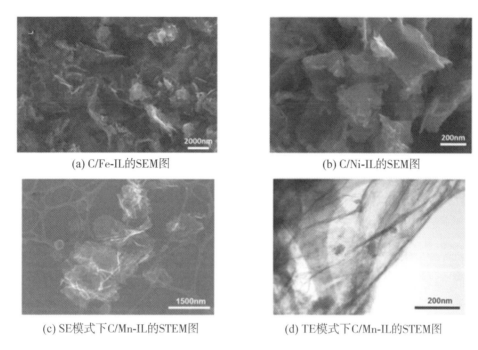

(a) C/Fe-IL的SEM图　　　　　　　　　　(b) C/Ni-IL的SEM图

(c) SE模式下C/Mn-IL的STEM图　　　　　(d) TE模式下C/Mn-IL的STEM图

图 9 – 18　C/Fe-IL、C/Ni-IL 和 C/Mn-IL 的 STEM 图[33]

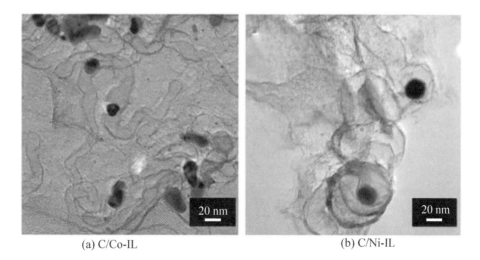

(a) C/Co-IL　　　　　　　　　　　　　　　(b) C/Ni-IL

图 9 – 19　C/Co-IL 和 C/Ni-IL 的 HRTEM 图像[33]

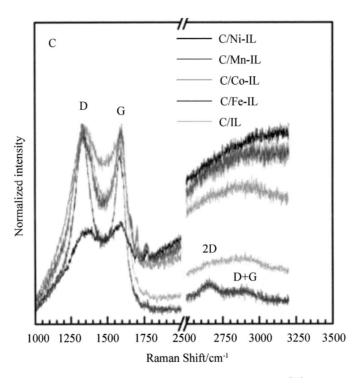

图 9 – 20　不同 IL 制备的碳材料的拉曼光谱图[33]

　　层状结构的颗粒间形成大的组织气孔，在 – 196℃ 吸附 N_2 的 Ⅱ 型等温线（图 9 – 21）有 H2 滞后回线，通常认为最终碳材料的总气孔体积和表面积要高于开始的 magadiite 模板。表 9 – 2 列出了 C/IL 和含金属的样品的参数，按 C/IL、C/Fe-IL、C/Co-IL、C/Ni-IL、C/Mn-IL 的顺序参数增加。C/Mn-IL 材料在独立的纳米层间和大量的含碳颗粒之间存在大量的中孔副产物，此外还有组织气孔和少量的微孔。C/Co-IL 的体积最大为 0.045 cm^3/g，所以它的吸附等温线在相对低的压力下，存在一小的冷凝阶段。这些少量的微孔可能是纳米薄片所固有的，也可能是由较小的无序碳颗粒聚集形成的。表明通过向 IL 中引入金属，石墨烯的产率与微孔碳材料相比增加。

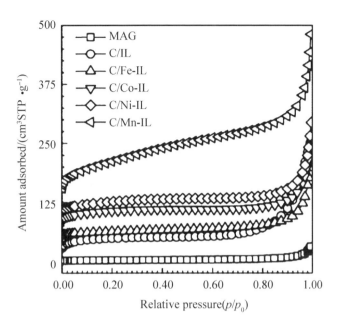

图 9 - 21　在 77K 下 magadiite 和二氧化硅蚀刻后的石墨烯型碳材料对 N_2 的吸附等温线[33]

表 9 - 2　各种离子液体在 900℃碳化后所得到的碳材料在 -196℃下 N_2 吸附分析的参数[33]

Sample	$V_{SP}^{a}/(cm^3 \cdot g^{-1})$	$S_{BET}^{b}/(m^2 \cdot g^{-1})$	$V_{mi}^{t\,c}/(cm^3 \cdot g^{-1})$	$S_{mi}^{t\,d}/(m^2 \cdot g^{-1})$	$S_{ext}^{t\,e}/(m^2 \cdot g^{-1})$
magadiite	0.015	10	0.001*	3*	7*
C/IL	0.163	90	0.033	77	13
C/Fe-IL	0.072	49	0.007	17	32
C/Co-IL	0.095	115	0.045	98	17
C/Ni-IL	0.094	100	0.030	67	33
C/Mn-IL	0.388	413	0.014	34	379

注：[a] 吸附等温线的单点孔体积，$p/p_0 = 0.92$。

　　[b] 使用 BET 方程在 0.05 ～ 0.20 的相对压力范围内计算的比表面积。

　　[c] 使用炭黑 STSA 方程在 0.5 ～ 0.6 nm（ * 表示使用 Harkins-Jura 厚度方程在 0.5 ～ 0.7 nm）厚度的 t 值范围内计算的微孔体积。

　　[d] 使用炭黑 STSA 方程在 0.5 ～ 0.6 nm（ * 表示使用 Harkins-Jura 厚度方程在 0.5 ～ 0.7 nm）厚度的 t 值范围内计算的微孔表面积。

　　[e] 使用 t-plot 方法计算外表面积。

9.3.2　以 H-magadiite 为模板合成新型的多孔碳氮化合物

　　多孔碳氮化合物具有高的硬度和稳定性，与半导体的特征相似。可利用层状

H-magadiite 为模板，用乙二胺通过热解聚合制备一种新型的多孔碳氮化合物。方法如下：用二氧化硅、氢氧化钠和去离子水合成 Na-magadiite，然后通过离子交换得到 H-magadiite。将 H-magadiite 分散在 60℃的甲苯溶液中，然后加入乙二胺，混合搅拌 3 天，加入碳四氯化物，在 90℃下搅拌聚合。然后将聚合产物过滤，用甲苯洗涤，再将其置于 N_2 流中在600℃下热解 5h。最后，在 HF 溶液中移除模板 H-magadiite 得到黑色粉末多孔碳氮化合物[34]。

Song 等[34]对样品进行了 X 射线衍射分析，图 9 - 22 是其 XRD 图像。H-magadiite（图 9 - 22 曲线 a）的 $2\theta = 7.56°$处对应于（001）面，夹层间距为 1.16 nm。乙二胺插层（图 9 - 22 曲线 b）使得层间距增加到 1.57 nm，对应的（001）面的 2θ 向低角度偏移。乙二胺插层 H-magadiite 混合物仍然维持着层状结构并且（001）面的排列顺序增强。纯的 H-magadiite 在 600℃ 下处理 5 h 仍维持层状结构但是层间距减小。图 9 - 22 曲线 d 是乙二胺、H-magadiite 混合物在 600℃下聚合 5h 得到的 H-magadiite-碳氮化合物的 XRD 图，其层间距为 1.21 nm，与纯 H-magadiite 在 600℃下处理 5h 后（层间距为 1.09 nm）相比相差 0.12 nm，表明层间存在碳氮化合物。$2\theta = 24.1、25.0、26.5°$处的三个峰分别对应于 H-magadiite 的（020）、（021）、（022）面，表明存在稳定的模板。所以，从 H-magadiite - 碳氮化合物中移除模板时，碳氮化合物在 XRD 图上 $2\theta = 25.6°$处出现一个宽的单峰，对应的层间距 $d = 0.35$nm。这些碳氮化合物粉末在小角度范围内没有 XRD 峰，可能导致重复的碳氮化合物有不规则的微孔。

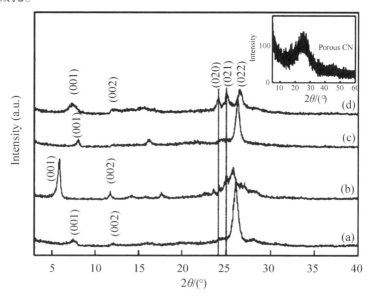

图 9 - 22　样品的 XRD 图[34]

注：（a）H-magadiite，（b）乙二胺插层 H-magadiite，（c）600℃下的 H-magadiite，（d）H-magadiite-碳氮化合物。

图 9 – 23 是碳氮化合物的 FT-IR 图谱，H-magadiite 在 779 cm^{-1}和 704 cm^{-1}处有两个典型的特征峰，分别对应于 Si—O—Si 的伸缩振动和不对称弯曲振动，模板被移除所以在图谱中未观察到这两个峰。图中在 1000 ~ 1700 cm^{-1}处有一强而宽的峰，可能对应于 C—C、C═C、C—N 和 C≡N 键，但是无法分辨出来。因为在某种程度上增加 N 的含量，由于 sp^2 C—N 的不对称振动，在 1598 cm^{-1}处会出现一个清晰的峰，同时在 2208 cm^{-1}处可观察到一吸收峰，可能归属于 C≡N。在 2865 cm^{-1}和 2923 cm^{-1}附近的峰归属于 sp^3 CH$_n$ 的振动。在 2955 cm^{-1}处观察到的峰可能归属于 CH 的 sp^3 和 sp^2 振动。N—H 的伸缩振动出现在 3300 ~ 3400 cm^{-1}范围内与 O—H 振动重叠，使得在 3300 ~ 3500 cm^{-1}处出现一吸收带。

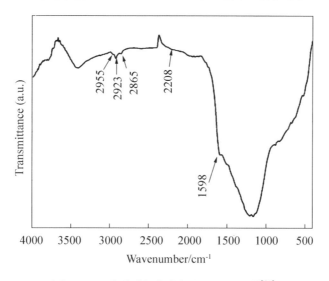

图 9 – 23　多孔碳氮化合物的 FT-IR 图谱[34]

图 9 – 24 是多孔碳氮化合物的 XPS 图谱，分析得出 $n(C):n(N):n(O) = 74.5:13.1:12.4$。但氧元素的测定很可能会受到环境(如碳氮化合物表面吸收的水分和 CO$_2$)的干扰。C$_{1s}$的峰反螺旋分别在 284.7eV、285.6eV 和 288.4eV 处形成三个峰，在 284.7eV 处的峰接近纯碳的标准峰(285eV)。由于气孔中存在 C—N 键，所以图中 285.6eV 处存在一个峰(属于 C—N 的 sp^2 键合)，N$_{1s}$谱图中在 398.6eV 和 400.4eV 处存在两个峰(分别属于 C—N 的 sp^3 和 sp^2 结合)，碳氮化合物中 C$_{1s}$和 N$_{1s}$峰的键能与不同的 CN$_x$ 材料一致。

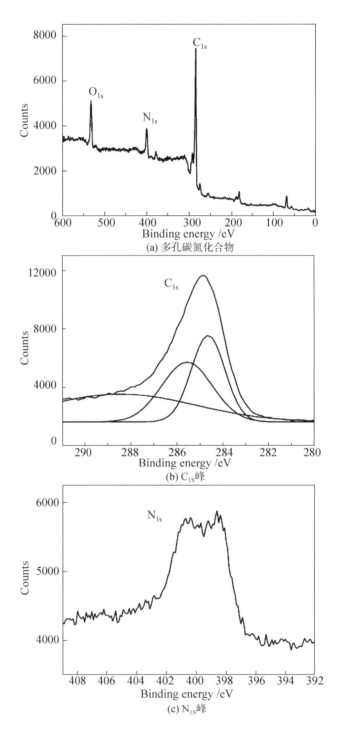

(a) 多孔碳氮化合物

(b) C_{1s}峰

(c) N_{1s}峰

图 9 - 24　多孔碳氮化合物与 C_{1s} 峰、N_{1s} 峰的 XPS 谱图[34]

图 9-25 是碳氮化合物的氮气吸附-解吸等温线，它属于典型的 I 型等温线，材料具有高的微孔性，所以在低压下吸附曲线急剧上升，BET 表面积和微孔体积分别为 $436m^2/g$ 和 $0.69 cm^3/g$。按照 HK 方法得到的中间气孔宽度为 $0.84nm$。此外，当压力比 p/p_0 在 $0.8 \sim 1.0$ 之间时，等温线迅速上升，与模板颗粒空隙形成的大孔数量一致，微孔与大孔共存，表明存在孔分层体系。

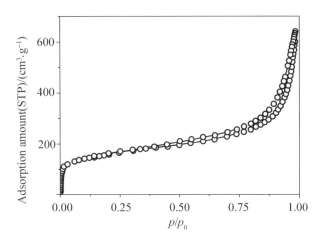

图 9-25　碳氮化合物的氮气吸附-解吸等温线[34]

9.4　麦羟硅钠石制备微孔材料

层状硅酸盐在国民经济建设中有着举足轻重的作用，特别是在石油化工、工程建设、环保、建筑、能源等领域有着广泛应用。随着现代工业对新型功能材料需求的不断上升，人们针对层状硅酸盐的特点，研制出了很多高附加值的新型功能材料，如多孔材料。多孔材料按直径大小可以分为微孔（小于 2 nm）、介孔（2 ～ 50 nm）、大孔（大于 50 nm）、超微孔（小于 0.7 nm）和宏孔（大于 1 μm）。其中结构性能最为独特的是无机微孔晶体材料，它具有规则的孔道结构和丰富的拓扑学结构，在吸附、催化、离子交换及主客体组装等领域有着广泛的应用，并且在药物缓释等生命科学领域也展现了很好的前景。

9.4.1　Na-magadiite-H$_2$O-(TMA)$_2$O 体系中的新型层状硅酸盐和微孔硅酸盐材料

magadiite 的夹层空间有活性硅醇基团，通过与有机氯硅烷反应，有机基团可以接枝到这些基团上改性夹层空间，从而形成新型层状硅酸盐——聚合物纳米复合材料。根据层状硅酸盐与长链烷基胺阳离子的相互作用，可以合成高规整度的多孔材料。表面活性剂可以从双分子层结构转变为圆柱形的类胶束聚集体，所以水硅钠石的硅酸盐层可以重新排列。四甲基铵盐（TMA$^+$）在水热体系中作为结构导向试剂，四甲基铵盐氢氧化物（TMAOH）也可用于合成水合硅酸盐。水热法混合 SiO$_2$-NaOH-H$_2$O-TMAOH-1，4-二氧己环可生成一种新型的螺旋形层状硅酸盐。该结构是由上下交错的杯状半方钠石壳体层组成，TMA$^+$被包含在杯状壳体内部，Na 和 H$_2$O 分子在两层硅酸盐之间。

Kooli 等[35]用去离子水和 TMAOH 溶液混合（质量比为 15%），混合物在聚四氟乙烯衬里的高压釜中加热，然后用丙酮洗涤并离心分离，将产物在 40℃下干燥得到最终产物。

在适当的水和 TMAOH 含量下，Na-magadiite 在相对较低的温度下（130～150℃）转化为新的层状硅酸盐（KLS2 相），但在较高温度下（160～180℃）则转化为微孔二氧化硅材料（FLS 相）。

有人提出形成 KLS2 相的反应机理为：第一步 TMA 阳离子插层 Na-magadiite，然后通过排除钠离子的 FLS 相转化为 KLS2 相。如果 1，4-二氧己环作为有机溶剂在反应混合物中，那么中间相是检测不到的。从 FLS 阶段到 KLS2 阶段，钠离子在后者完全再结晶中的影响并不清楚。然而，已经记录下了碱离子特别是钠离子在总体中的导向作用，在形成 KLS2 相的现有环境中钠离子是必需的结构导向剂。

在 170℃，magadiite 转化为 FLS 相。反应 1h 后 TMA$^+$插层进入 magadiite 层间，反应 2 h 后 TMA 插层 magadiite 消失形成无定型相。4 h 后检测到部分无定型态重结晶，9 h 后完全结晶，继续增加反应时间，FLS 相的结晶度增加，虽然反应混合物中存在钠离子，但它并不参与形成最终产物。

反应产物的相会受到很多因素的影响，如反应温度、结晶时间、TMAOH 含量、水含量、硅含量等。

为了研究反应温度对反应后产物的影响，Kooli 等[35]对 Na-magadiite 和与 TMAOH 在不同反应温度下的产物进行粉末 X 射线衍射分析，结果如图 9－26 所示。图中的峰对应于二氧化硅相。Na-magadiite 的层间距为 1.53nm，与天然 magadiite 一致。在较低的反应温度下（如 100℃），TMA 阳离子部分插层进入 Na-magadiite，并观察到层间距增加到 1.80 nm。在 130～150℃温度范围内，Na-magadiite 转变为 KLS2 相，它的孔与 1，4-二氧己环存在时形成的 KLS1 相时相似。温度继续增加达到 160～180℃时，形成 FLS 相，FLS 类似于 H-magadiite。此外，反应温度为 180℃时，可观察到石英相，这一相主要在较高的反应温度（190℃）下形成。表 9－3 给出了间距 d 和粉末 XRD 图像中 KLS2 和 FLS 相的主要峰的相对强度。

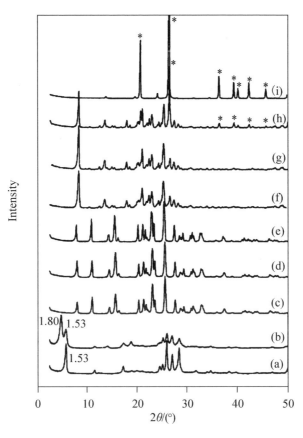

图 9 - 26 Na-magadiite 与 TMAOH 在不同反应温度下反应的粉末产物的 XRD 图像[35]

注：曲线 a 为 Na-magadiite ；曲线 b ～ k 分别对应的 Na-magadiite 与 TMAOH 的反应温度为：

（b）100，（i）130，（d）140，（e）150，（f）160，（g）170，（h）180，（i）190℃。

表 9 - 3　由 Na-magadiite 形成的不同相的粉末 XRD 数据[35]

KLS2		FLS		FLS（500℃）[a]	
$d/10^{-1}$nm	Rel. int.	$d/10^{-1}$nm	Rel. int.	$d/10^{-1}$nm	Rel. int.
11. 354	43	10. 179	100	9. 148	100
0. 818	58	8. 095	5	8. 330	8
6. 188	19	6. 867	7	6. 846	62
5. 741	66	6. 347	21	6. 120	15
5. 487	12	6. 154	7	5. 507	8
4. 401	44	5. 734	8	4. 599	10

KLS2		FLS		FLS（500℃）[a]	
$d/10^{-1}$ nm	Rel. int.	$d/10^{-1}$ nm	Rel. int.	$d/10^{-1}$ nm	Rel. int.
4. 207	45	5. 569	7	4. 449	22
4. 107	31	4. 823	21	4. 358	18
4. 039	12	4. 691	9	4. 103	16
3. 893	75	4. 354	16	3. 890	22
3. 864	71	4. 267	20	3. 821	24
3. 801	46	4. 133	52	3. 677	13
3. 506	100	3. 983	17	3. 432	51
3. 247	42	3. 897	33	3. 319	26
3. 131	17	3. 798	41	3. 247	21
3. 101	13	3. 645	10	3. 064	8
3. 060	23	3. 587	21		
2. 915	17	3. 528	17		
2. 877	25	3. 460	69		
2. 851	16	3. 297	33		
2. 742	23	3. 206	20		
2. 720	23	3. 103	14		
2. 506	6				
2. 420	15				
2. 182	11				

注： [a] FLS 相在 500℃煅烧。

为了研究结晶时间对产物的相的影响，Kooli 等[35]分析了 Na-magadiite 和与 TMAOH 在 150℃下反应不同时间得到的产物的粉末 X 射线衍射图像（图 9 – 27），图中的峰对应于二氧化硅相。粉末 X 射线衍射图表明，反应时间为 3 天时可形成 FLS 相；而只有在反应时间为 5 天时才会得到 KLS2 相；反应时间超过 5 天，KLS2 相不稳定；反应 10 天后，FLS 相的特征反射会以相对较弱的强度再次出现；30 天后，FLS 成为主要的结晶产物；延长反应时间至大约 60 天，KLS2 相消失，FLS 和石英相形成。

在更高的反应温度（如 170℃）下，更有利于 Na-magadiite 到 FLS 相的转化，一天即可实现，与 150℃时的反应温度相比大大缩短了反应时间。反应 10 天后可观察到石英相，在较高的反应温度下产物中石英相的比例增加，并且在相对较短的反应时间内即可检测到，如在 190℃时，反应一天就出现石英相。

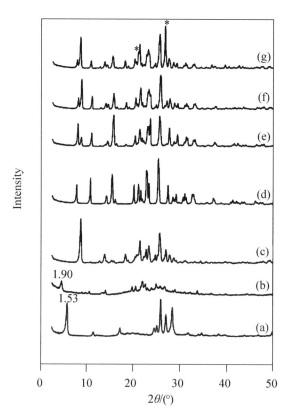

图 9-27　Na-magadiite 和 TMAOH 在 150℃下反应不同时间得到的产物的 XRD 图像[35]

注：曲线 a 为 Na-magadiite；曲线 b ~ g 分别对应 Na-magadiite 与 TMAOH 在 150℃下反应的时间为(b)1 天，

(c)3 天，(d)5 天，(e)10 天，(f)30 天，(g)60 天。

　　反应产物还受到 TMAOH 含量的影响，在 150℃下，增加 TMAOH 的含量超过 2.3g，有利于 Na-magadiite 到 KLS2 相的转化；TMAOH 的含量较低(1g)时，形成 FLS 相；增加 TMAOH 的含量达到 1.3g 时，FLS 相可以部分转化成 KLS2 相；TMAOH 的含量高于 3.5g 时，Na-magadiite 转化为方钠石相。TMAOH 的含量达到 5g 时，通过提高再结晶温度到 170℃，Na-magadiite 可转化为 KLS2 相(这是 FLS 相转化为 KLS2 相的结果)；TMAOH 的含量增加到 7.5g 时可得到石英相。而在 180℃时，TMAOH 的含量达到 5g，Na-magadiite 可转化为 FLS 相是独立的。

　　水的含量也会影响产物的相，在 150℃，水的含量在很窄的范围内(0 ~ 0.5g)时，Na-magadiite 可转化为 KLS2 相；水的含量增加到 5g，产物由 KLS2 相转化为 FLS 相；当水的含量超过 10g 时，Na-magadiite 的转化很难实现，仍然主要是结晶相。在 170℃的结晶温度下，水含量在较宽的范围内(0.5 ~ 10g)时，Na-magadiite 可转化为结晶相的 FLS，继续增加水的含量，TMA 阳离子插入 magadiite 层间，同时形成微量 FLS 相。

此外，产物还受到硅含量的影响，粉末 XRD 图像表明，当 Na-magadiite 的含量约为 1g，TMAOH 为 2.3g，H_2O 为 0.5g 时可形成 KLS2 相。Na-magadiite 的含量较低时可形成石英相，当混合液中 Na-magadiite 的含量达到 2g 时，检测出产物中主要为 FLS 相，只有微量的 KLS2 相。表 9 – 4 给出了在不同条件下得到的不同相中的 $n(Si)/n(Na)$ 和 CHN 分析。

表9 – 4　不同条件下得到的不同相的化学组分分析[35]

Samples[a]	$n(Si)/n(Na)$	$w(C)/\%$	$w(H)/\%$	$w(N)/\%$	$w(H_2O)^b/\%$
Na-magadiite	7.10				13.10
100℃ (5 days)	14.02	5.64	2.54	1.42	9.21
130℃ (5 days)	6.28	10.48	4.19	2.86	10.12
150℃ (5 days)	5.94	10.04	4.12	2.80	12.22
170℃ (5 days)	133.42	7.72	2.25	2.09	1.21
190℃ (5 days)	288.00	0.42	0.08	0.04	0.21
150℃ (1 day)	17.34	11.90	3.95	2.90	26.61
150℃ (3 days)	232.00	8.04	2.01	2.04	2.03
150℃ (5 days)	5.94	10.04	4.12	2.80	12.20
150℃ (10 days)	11.20	10.94	4.10	2.96	10.44
150℃ (30 days)	15.27	8.77	3.07	2.39	5.03
150℃ (60 days)	20.64	7.54	2.00	1.60	3.14

注：[a] 100℃ (5days) 指转换反应是在 100℃ 下进行并持续 5 天；

　　[b] 从 25 ～ 200℃ 的热重分析中分析推断得出。

$n(Si)/n(Na)$ 取决于形成相的种类，FLS 相中只能检测到微量的钠离子，KLS2 相中钠离子的含量与 FLS 相相比是很丰富的。此外，由于在 KLS2 重结晶阶段部分硅酸盐层溶解，所以 KLS2 相与 Na-magadiite、KLS1 材料相比，$n(Si)/n(Na)$ 较低。在设置温度为 150℃ 时，反应时间超过 5 天，$n(Si)/n(Na)$ 增加，表明较长的反应时间下参与反应的钠离子较少。随着重结晶温度从 130℃ 升高到 170℃，产物中的有机基团逐渐减少，在 190℃ 时有机基团显著减少。在 100℃ 下 Na 与 TMA 阳离子不完全交换，产物中的碳含量低。这些数据表明 KLS2 相比 FLS 相含有更多的 TMA 阳离子。TMA 阳离子不完全包含在合成材料中，从 KLS2 相和 FLS 相的 CHN 分析检测到 $n(C)/n(N)$ 大约为 4.5。

为了研究材料的热性能，Kooli 等[35] 分析了 Na-magadiite 和 TMAOH 在 150℃ 下反应不同时间合成的不同相的 TG 和 DTA 曲线，如图 9 – 28 所示。Na-magadiite 与 TMAOH 和水反应一天后，两次质量损失共 26.6%，这与释放物理束缚和插层水分子有关，同时 DTA 曲线分别在 50℃ 和 220℃ 处有两个吸热峰。TMA 阳离子氧化，温度高于 250℃ 时有第三次失重为 7.5%，这与 DTA 曲线上在 420℃ 的吸热峰和在 340℃ 处的平台有关。TMA 阳离子热分解，FLS 相的 TG 曲线上在 250～500℃ 的温度范围内有一次显著的失重为 14%，同时在 DTA 曲线上 460℃ 处出现一放热峰。由于分解的残留物缓慢解吸附，导致在温度高于 500℃ 时持续失重。FLS 相中 TMA 阳离子的分解温度高于 FLS1 相（在 420℃ 由 H-magadiite 制备生成）对应的过程，从室温到 250℃ 持续失重共失重 2%，包括物理吸附的水分子和一些结构水，这是含很少量水和有很窄小孔开口的疏水性高硅沸石的典型特点。在更高的温度（780～820℃）可检测到第四次失重，这与碳质残留物的氧化和放出二氧化碳有关。

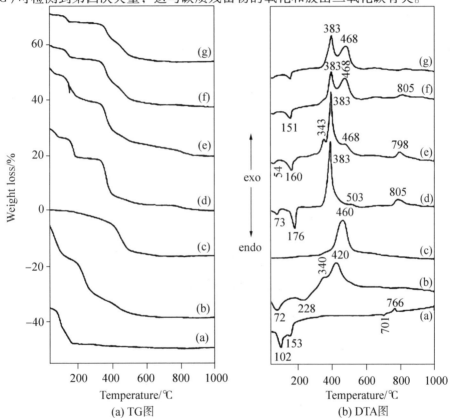

(a) TG图　　　　　　　　　　　(b) DTA图

图 9-28　Na-magadiite 和 TMAOH 在 150℃ 下反应不同时间合成的各相的 TG 和 DTA 图像[35]

注：曲线 a 为 Na-magadiite；曲线 b～g 分别对应反应的时间为（b）1 天，

（c）3 天，（d）5 天，（e）10 天，（f）30 天，（g）60 天。

从 DTA 检测到的前两次失重大约在 60℃ 和 160℃ 处，是两个吸热反应的最小值。放热峰在 383℃ 和 805℃ 处，对应于有机阳离子和碳质残留物的氧化。FLS 相中的 TMA 阳离子的氧化温度为 460℃，高于 KLS2 相的 386℃，表明 TMA 阳离子在两种材料中处于不同的环境。延长反应时间，失重与不同类型的水分子和 TMA 阳离子氧化有关。由于存在 FLS，在 468℃出现一新的放热反应，它的强度随着反应时间的增加而增加。同时，在 383℃处的放热峰的强度降低，表明有部分 KLS2 相转化成 FLS 相。

从化学组分和失重分析可得出 FLS 产物的经验公式为 $H_{0.065}SiO_{2.1}(TMA)_{0.135}\cdot 0.08H_2O$，KLS2 材料的经验公式为 $H_{0.4}Na_{0.17}SiO_{2.4}(TMA)_{0.22}\cdot 0.57H_2O$。

在不同温度下煅烧 FLS，消除与钠离子配位的水和低于 300℃时 KLS2 相的脱羟基作用，使层状结构瓦解得到无定型产物，其粉末 XRD 图像如图 9-29 所示，在 TMA 阳离子排除之前就出现了无定型态，FLS 的框架结构在 500℃煅烧后才稳定，层间距 d 向较低值偏移得到新的相。这与 TMA 阳离子的消除和 SiO 网络结构的晶格变形有关。部分 FLS 相在较高温度（如 700℃）下瓦解，形成无定型态的二氧化硅，煅烧温度为 800℃时形成方石英。表 9-3 给出了在 500℃煅烧 FLS 相的层间距和粉末 XRD 图像中主要峰的相对强度。

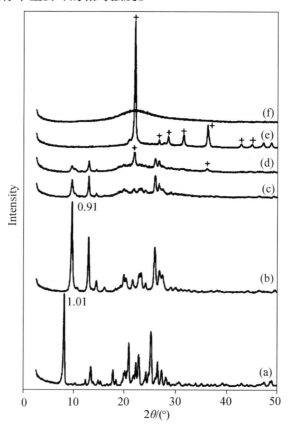

图 9-29　在不同温度下煅烧 FLS 和 500℃煅烧 KLS2 相的粉末 XRD 图像[35]

注：各曲线对应 FLS 煅烧温度：(a)合成温度，(b)500℃，(c)600℃，(d)700℃，
(e)800℃，(f)在 500℃煅烧 KLS2 相；"＋"对应的峰表示方石英相。

　　图 9 – 30 是 Na-magadiite 和 TMAOH 在 150℃下不同反应时间得到的相的大角核磁共振^{29}Si 图谱。Na-magadiite 呈现出两个一般的硅环境，在 -99.0×10^{-6} 的 Q^3 型 HOSi(OSi)$_3$ 或 Na$^+$[OSi(OSi)$_3$] 和在 -110.1×10^{-6}，-111.1×10^{-6} 和 -113.7×10^{-6} 处具有多重信号的 Q^4 型 Si(OSi)$_4$，两种信号的比率 Q^3/Q^4 为 0.35。反应 1 天后硅酸盐的层状结构没有发生改变，比率 Q^3/Q^4 与基体材料的一致。Na-magadiite 反应 3 天后得到的^{29}Si 谱与之相似，Q^3/Q^4 的比率为 0.26，在 FLS 相中 Q^4 型硅含量丰富，与初始的 magadiite 相比存在短程有序结构。当反应时间为 5 ～ 10 天，硅酸盐的层状结构完全改变，KLS2 相的大角核磁共振^{29}Si 图谱与 FLS 相的不同。在 Q^3 型硅中 KLS2 相含量丰富，所以 Q^4（-114.2×10^{-6}）信号强度降低而 Q^3（-104.0×10^{-6}）信号强度增加，KLS2 相的 Q^3/Q^4 比率为 3.93，与 HLS 和 KLS1 材料接近。KLS2 相的大角核磁共振^{29}Si 图谱中峰的锐度较强，与基体材料相比结晶度增加，表明溶解硅酸盐层在最终产物中形成 Si—O 模板或者 Si—O—H 链，使得 Na-magadiite 转化成 KLS2 相。由于存在两种不同的材料，反应时间超过 30 天，在大角核磁共振^{29}Si 图谱中仍然存在 KLS2 和 FLS 相两种特征信号，继续增加反应时间达到 60 天，FLS 相的信号强度增加，KLS2 的信号强度显著降低。

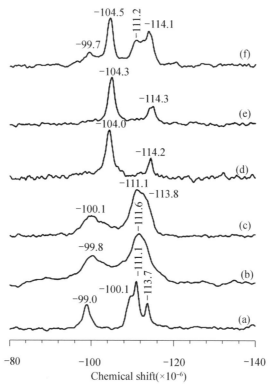

图 9 – 30　Na-magadiite 和 TMAOH 在 150℃下反应不同时间得到的相的大角核磁共振^{29}Si 图谱[35]

注：曲线 a 为 Na-magadiite；曲线 b ～ g 分别对应 Na-magadiite 与 TMAOH 在 150℃下反应的时间为(b)1 天，

(c)3 天，(d)5 天，(e)10 天，(f)30 天，(g)60 天。

红外光谱可以体现有关新相框架结构的信息，图 9 – 31 是 Na-magadiite 和 TMAOH 在 150℃下反应不同时间所得产物的 FT-IR 光谱。在插层过程中层状硅酸盐的结构没有改变，在 1487 cm⁻¹ 和 947 cm⁻¹ 处是两个与插层 TMA 阳离子相关的波段，magadiite 的吸收波段仍在 1500 ~ 400 cm⁻¹ 范围内，只是波段有所加宽，同时 $v(Si—O^-)$ 伸缩振动偏移至 1100 ~ 1050 cm⁻¹ 范围内。FLS 相（反应 3 天后得到）的 FT-IR 光谱与 FLS2 相的类似。在 1235 cm⁻¹ 和 1157 cm⁻¹ 处的信号归属于 Si—O—Si 的不对称伸缩振动，这是沸石中五元环的特征。由于在水热反应中形成了硅胶五元环，806 cm⁻¹ 处的峰归属于 $v_{sym}(Si—O—Si)$，而 602 cm⁻¹ 处的属于合成沸石的结晶峰。合成的 KLS2 相的 TMA 阳离子的特征波段在 1487 cm⁻¹ 和 952 cm⁻¹ 处，对比图 9 – 31 曲线 c 和 d 发现，在 952 cm⁻¹ 处的峰合并到所形成的 KLS2 相在 941 cm⁻¹ 处的第二个峰，后者归属于 Si—O—H 链中 Si—O 的伸缩振动。在 1157 cm⁻¹ 处的峰增强了，它连同在 1068 cm⁻¹ 处的峰属于 Si—O—Si 的不对称伸缩振动，Si—O—Si 链的伸缩振动对应于 760 cm⁻¹ 处的峰。在 650 ~ 550 cm⁻¹ 处的吸收峰对应于沸石结构中存在的四面体双环。在 548 cm⁻¹ 处的峰与在 456 cm⁻¹ 处的峰强度比率常作为定量判断沸石结晶度的依据。在 456 cm⁻¹ 附近的峰归属于 Si—O—Si 的弯曲振动。

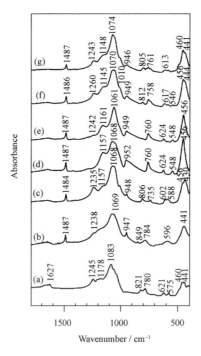

图 9 – 31　Na-magadiite 和 TMAOH 在 150℃下反应不同时间所得反应产物的 FT-IR 光谱图[35]

注：曲线 a 为 Na-magadiite；曲线 b ~ g 分别对应反应的时间为：(b)1 天，
(c)3 天，(d)5 天，(e)10 天，(f)30 天，(g)60 天。

反应 10 天所得到产物的 FT-TR 光谱与那些和 KLS2 相、FLS 相有关的总体特征相似。延长重结晶时间，FLS 相的特征峰明显增强，同时与 KLS2 产物有关的特征峰强度下降。

Na-magadiite 以颗粒形态组成硅酸盐层状结构，再交错生长形成类似花环的球形结节。FLS 相成核由针状晶或纤维状晶形成片晶，其具体变化过程为：150℃下反应 1 天后所得产物存在两相，一种与 TMA 阳离子插层 magadiite 有关，另一相是针状晶体，针状晶体长 50nm，反应 2 天后针状晶体长度减小、数量增多，重结晶 3 天，针状晶的行为完全消失形成片晶。然而，KLS2 相的形态包括许多尺寸为 1nm 的小立方晶粒相互堆积在一起，结晶时间延长至 30 天，原来堆积的晶粒消失，压实的与疏松的片晶相结合。合成的 KLS2 相是层状结构，钠离子与不同的 TMA 阳离子进行离子交换，随着烷基链中碳原子数的增加，TMA 阳离子膨胀，KLS2 相的层间距系统地增加。

图 9-32 是 Na-magadiite、KLS2 和 FLS 材料在 500℃下煅烧的典型氮气吸附等温线。Na-magadiite 和 KLS2 是无孔材料，煅烧 Na-magadiite 和 KLS2 材料的等温线形状在 IUPAC 分级中对应于 Ⅳ 型。FLS 材料是微孔材料，对于煅烧 FLS 材料，等温线的形状有一个滞后回线，对应于 Ⅰ 型，等温线的形状与沸石材料的相似。

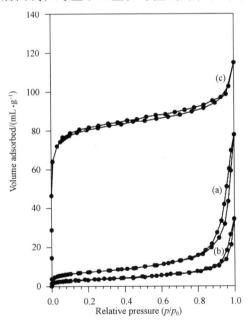

图 9-32 Na-magadiite、KLS2 和 FLS 材料在 500℃下煅烧的氮气吸附 – 解吸等温线[35]

注：(a) Na-magadiite，(b) KLS2，(c) FLS。

表 9-5 在 BET 方程的基础上列出了煅烧材料的比表面积(S_{BET})、对应的 BET 常数(C_{BET})和微孔体积。煅烧 FLS 材料的比表面积比煅烧 Na-magadiite 和 KLS2 材

料的大，很可能是由于层状结构的消失导致 KLS2 材料的表面积较小。对于 FLS 材料，由于存在微孔结构使得在煅烧的情况下表面积增加，煅烧 FLS 相的微孔体积接近 0.082mL/g。

表 9-5　在 500℃下煅烧不同阶段的比表面积和微孔体积[35]

Sample	$S_{BET}/(m^2 \cdot g^{-1})$	C_{BET}	Micropore volume/$(mL \cdot g^{-1})$	C_{BET}^{*} [a]	$S_{ext}/(m^2 \cdot g^{-1})$
Na-magadiite	25	139	—[b]	139	25
100℃ (5 days)	16	162	—[b]	162	16
150℃ (5 days)	12	132	—[b]	132	12
170℃ (5 days)	300	-235	0.082	100	92
180℃ (5 days)	193	-125	0.043	225	80
190℃ (5 days)	8	145	—[b]	145	8

注：[a] C_{BET}^{*} 是减去微孔体积后计算得到。

　　[b] 极小，可忽略不计。

9.4.2　H-magadiite 通过新型层状硅酸盐转化成结晶的微孔硅酸盐相

由 magadiite($Na_2Si_{14}O_{29} \cdot nH_2O$)和 $Na_2Si_8O_{17} \cdot nH_2O$ 制备的质子交换的硅酸盐的活性硅醇基团在插层表面，它可用于制备柱撑材料。铝同构取代的 magadiite 用水热法在四丙基胺(TPA)和四丁胺(TBA)的氢氧化钠溶液中在自身压力下 135℃ 的高压釜中可以重结晶形成 MFI-magadiite 和 MEL-magadiite 型沸石。这些层状硅酸盐可以转移金属离子，是合成金属硅酸盐的良好基体。H-magadiite 重结晶，在 TPAOH 溶液中与 Mn^+ 发生交换形成 Mn-硅沸石-1。在沸石体系中，TPA 和 TBA 阳离子是有效的结构导向模板，很容易纳入 magadiite 的层状结构空间。

用无定型氧化硅、TMAOH、NaOH、水和 1，4-二氧己环合成螺旋形态的四甲基铵硅酸钠水合物，其结构是由上下交错的杯状半方钠石壳体层组成。TMA 离子被包含在杯状壳体内部，Na 和 H_2O 分子在两层硅酸盐之间。TMA 离子用于合成 LTA 和 FAU 沸石的高质量单纳米晶，用 TMAOH、水和 H-magadiite 可制备新型的 FLS1 结构层状硅酸盐[36]。

H-magadiite 的层间距为 1.23nm，Na^+ 与 H^+ 交换后层间水损失，Na-magadiite 的层间距为 1.52nm。在高于 150℃ 的条件下用 TMAOH 和水处理，H-magadiite 的粉末 X 射线衍射图谱发生显著变化，H-magadiite 转变成新的 FLS1 相(FLS1 相在 150～180℃ 的温度范围内形成)，层间距为 1.02nm。当温度为 130℃ 时，TMA 阳离子插层进入 magadiite 层间，可得到层间距为 1.85nm 的新相。

在 150℃ 下缩短反应时间(少于 4 天)，TMA 阳离子插层进入 magadiite 层间，产物的层间距大约为 1.85nm。反应时间超过 4 天，部分 TMA 插层 magadiite 转化为

FLS1。当反应温度为 170℃ 时，H-magadiite 转化为 FLS1 相只需要几个小时。在 150℃ 下反应时间超过 5 天，H-magadiite 转化为 FLS1 相的 $n(Si_2O) : n(TMA)$ 达到临界值(形成 FLS1 相的 $n(Si_2O) : n(TMA)$ 为 4 : 1 到 6 : 1)。当 $n(Si_2O) : n(TMA)$ 低于 4 : 1 时，检测不到 FLS1 相，形成一种层间距为 1.5nm 的新相，当 $n(Si_2O) : n(TMA)$ 较高时，H-magadiite 主要转化为无定型二氧化硅相。

图 9 - 33 曲线(a)为 H-magadiite 的大角 NMR ^{29}Si 谱，其 $Q^3[HOSi(OSi)_3]$ 共振在 -101.3×10^{-6} 附近，多重 $Q^4[Si(OSi)_4]$ 线在 $-109 \times 10^{-6} \sim -114 \times 10^{-6}$ 范围内，与 Na-magadiite 相比 H-magadiite 的 Q^4 曲线较宽。在 150℃ 下反应 5 天得到 FLS1 相，它的大角 ^{29}Si NMR 谱图在 -99.93×10^{-6} 和 -111.6×10^{-6} 处存在两种信号分别归属于 Q^3 和 Q^4 型硅。所以，$[SiO_3OH]$ 和 $[SiO_4]$ 四面体单元比率为 2.3 : 1 时可形成 FLS1 相硅酸盐层。FLS1 相的 $Q^4 : Q^3$ 比率略高于硅质 RUB-15 相。

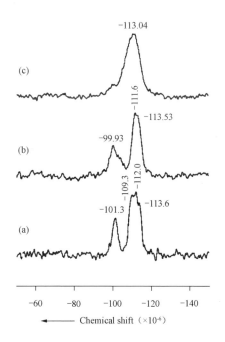

图 9 - 33　H-magadiite 和 FLS1 相的大角 ^{29}Si NMR 谱图[36]

注：(a)H-magadiite，(b)制备的 FLS1 相，(c)FLS1 相在 700℃ 下煅烧 10 h。

在 150℃ 下反应 5 天得到 FLS1 相，对其进行热重分析，发现有三个明显的失重范围：25 ～ 100℃(8.5%)、110 ～ 225℃(13.6%)和 280 ～ 610℃(8.5%)。第一次失重是由于吸附在颗粒表面的水的排除，第二次很可能是与 185℃ 处的吸热峰有关的包埋水的排除，第三次失重与 TMA 阳离子的热降解和 420℃ 处的放热峰有关。此外，在 745 ～ 820℃ 处有一次小的失重(1.3%)，可能是由于残留的 Si—OH 的损失。CHN 元素分析得 C、H、N 的质量分数分别为 11.8%、3.85% 和 3.15%，它们所对应的经验物质的量之比为 3.93 : 15.4 : 0.9，TMA 阳离子完好地结合在合成的 FLS1 相中。当 FLS1 相在空气中 300℃ 以上不同温度下加热 10 h，部分转化为新的相 FLS2。当在 400℃ 下 TMA 阳离子除去后 FLS1 可以完全转化为 FLS2 相。900℃ 以下 FLS2 相一直是稳定的，在较高的温度下煅烧与在 400℃ 下相比只有微小的改变，而在 910℃ 时检测到结晶度降低。在 900℃ 下其层间距从 1.02 nm 减小到 0.90 nm（图 9 – 34）。且通过 TGA 分析表明，FLS2 相中不存在有机成分，通过交联 FLS1 的硅酸盐层可形成 FLS2 相。FLS1 是重叠的层状，对 FLS2 相进行煅烧后，层被破坏，结晶形成 0.5 ~ 1.0 μm 的方形板。

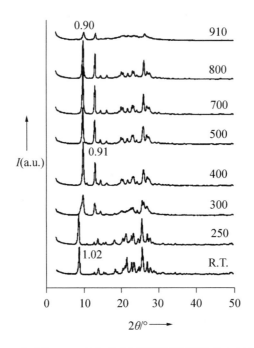

图 9 – 34   合成的 FLS1 相和其在不同温度下煅烧的 PXRD 图谱[36]

图 9 – 35 是新相和原始 H-magadiite 的红外光谱图。在 1300 cm^{-1} 和 400 cm^{-1} 处的峰归属于硅酸盐层 [SiO$_4$] 单元的伸缩和弯曲振动。FLS1 相的红外光谱在 1485、1406 和 740 cm^{-1} 处存在吸收峰，而对 FLS2 煅烧后这些吸收峰完全消失，它们归属于 TMA 阳离子。FLS1 相的红外光谱在 948 cm^{-1} 处的峰属于 Si—OH 或 TMA 阳离子的伸缩振动，在 1638 cm^{-1} 处的信号峰属于水分子的弯曲振动。对于 FLS2 相，只能检测到一个追踪信号。对于 FLS1 和 FLS2 相在 900 ~ 1250 cm^{-1} 处的信号峰归属于 Si—O—Si 的不对称振动和 Si—O 的拉伸振动。Si—O—Si 的对称伸缩信号在 800 ~ 600 cm^{-1} 范围内，而它的弯曲振动信号低于 500 cm^{-1}。

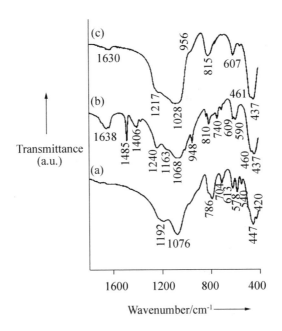

图 9 - 35　H-magadiite、FLS1 和 FLS2 的 FT-IR 图谱[36]

注：（a）H-magadiite，（b）FLS1，（c）FLS2。

图 9 - 36 是 FLS1 相和 FLS2 相的氨气吸附等温线。FLS1 是无孔材料，FLS2 相的吸附等温线与原始 Brunauer 分类中类型 I 的等温线接近，与多微孔沸石类似。

FLS2 相存在微孔，所以它的等温线中有一滞后回线。在 500℃ 下制备的 FLS2 相的表面积（S_{BET}）是 457 m^2/g，多孔体积为 0.170 mL/g。随着煅烧温度增加到 910℃，S_{BET} 的值降低到 93 m^2/g。FLS1 相的表面积是 90 m^2/g，FLS2 相的 S_{BET} 较大是因为在煅烧前形成的微孔被 TMA 阳离子堵塞。

总之，H-magadiite 和 TMA 阳离子在 150℃ 以上生成水合层状硅酸盐。煅烧产物可得到多种结构的三维空间结构、织构性能，生成一种表面积为 457 m^2/g 和硅的类型主要为 Q^4 的微孔硅酸盐材料。

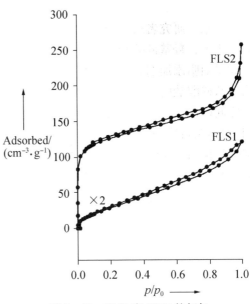

图 9 - 36　FLS1 和 FLS2 的氮气吸附 - 解吸等温线[36]

9.5　麦羟硅钠石的应用展望

9.5.1　麦羟硅钠石应用于摩擦润滑油

　　开发具有良好抗磨性能、高承载能力、对磨损表面的微损伤具有一定修复功能的新型润滑材料，满足新型装备的使用需求，减少机械零部件的摩擦磨损，是节能、节材、保护环境的重要措施。固体润滑材料的润滑机理是利用固体粉末、薄膜、整体材料以及固体添加剂与摩擦面发生物理、化学反应，生成固体润滑膜来减少摩擦副表面之间的摩擦磨损，保护表面免于损伤。作为一类新型润滑材料，固体润滑材料在性能上极大地突破了传统材料的使用极限。近年来，以层状硅酸盐矿物为主要成分开发磨损自修复材料的研究受到了摩擦学工作者的广泛关注。利用层状晶体结构的特点，拓展层状硅酸盐及其改性材料在润滑领域应用具有可能性。

　　层状硅酸盐是一类具有层状结构的固体润滑材料，它和石墨、二硫化钼的结构非常相似，具有良好的润滑性能，这主要是层状硅酸盐独特的层状结构使其具有优良的抗磨和减摩作用。蒙脱石是一种典型的含水的层状铝硅酸盐，每个单位晶胞由2个硅氧四面体中间夹带一层铝氧八面体构成，其层间常吸附一些可交换的阳离子。朱文祥等[37]制备了蒙脱土纳米添加剂，与基础油相比较，平均摩擦因数下降48.8%，对应的摩擦副试件失重减少45.5%。目前对层状硅酸盐在润滑油脂中的应用研究不太多，开展这方面的研究对于寻找新的润滑油脂添加剂有重要的理论意义和实际价值。

　　近年来，研究者对多种不同的层状硅酸盐加入润滑油中测试其性能，从一些试验情况来看，羟基硅酸盐矿物微粉添加剂还具有较好的自修复性能。对层状硅酸盐用作润滑油脂添加剂开展了一些研究工作，从结果来看也是比较理想的。magadiite作为层状硅酸盐的一种，具有层状硅酸盐典型的特征，它类似石墨的层状结构，层与层之间（即水平方向）是靠范德华力结合，范德华力比较弱，每一层内部（即竖直方向）是靠共价键结合。硅酸盐分子竖直方向和水平方向在同样外力作用下，水平方向容易移动，而竖直方向承受的外力要大一些，因此，该类添加剂具有优异的承载能力和较好的抗磨性能。层间容易发生相对滑动，用作润滑油脂添加剂时减小了摩擦因数，表现出优异的减摩抗磨作用。层状硅酸盐用作润滑脂添加剂所表现出摩擦学性能的同时，还具有热稳定性好、成本低廉、功能全面、使用无污染的优点，是一种具有巨大开发潜力的固体润滑材料。但是层状硅酸盐在这个方面的工作还是初步的、肤浅的，尚处于探索阶段，在今后的研究中，要深入研究magadiite层状硅酸盐各种改性方法和改性机理，为制备高性能层状硅酸盐添加剂提供理论基础。

9.5.2 麦羟硅钠石应用于洗涤剂

近年来，因含磷洗涤剂的污染问题，使用无磷洗涤剂已成为当务之急。在含磷洗涤剂中，其含磷的成分多是三聚磷酸钠，是作为助洗剂使用的。在当前的各类无磷助洗剂中，最有应用前景的是层状硅酸钠。层状硅酸钠层间的钠离子具有与钙离子、镁离子交换的能力，特别是与镁离子的结合能力明显好于4A沸石等洗涤助剂，并且具有较好的水溶性。

层状硅酸钠溶于水后，在水中钠离子很快被水中的钙、镁离子置换，生成细小颗粒分散在水中，不易沉淀在被洗织物表面上，进入排污系统成为水玻璃，对环境无害。其离子交换能力、去污作用及吸水后的流动性、比缓冲力等指标均好于一般的硅酸盐。结晶性层状硅酸钠产品既具有理智交换功能，又具有碱性和碱性缓冲效果。

洗涤助剂功能之一就是对水中钙离子、镁离子等金属离子起螯合或交换作用，将其封闭，使其失去作用，从而降低水的硬度，使表面活性剂更好发挥作用。洗涤助剂对钙离子、镁离子的交换力越大越好，国家标准要求钙离子交换力大于 285 mg $CaCO_3/g$，镁离子结合力大于 360 mg $MgCO_3/g$。层状硅酸钠对水的软化能力极强，原因在于层状硅酸钠是一种有序排列的聚合结构，在普通硬水中钠离子很快会被水中的 Ca^{2+}、Mg^{2+} 置换，同时稳定了硅酸钠的网络结构。magadiite 为典型的层状硅酸盐，有着规整的层状聚合结构，生产 magadiite 的原料主要为烧碱和二氧化硅，国内这两种原料非常充足，尤其是石英砂(二氧化硅的质量分数在 80% 以上)，地球上分布广泛，而且非常易得、廉价。因此采用层状硅酸盐为助洗剂来洗涤污水对江河湖泊的水质不会引起像磷酸盐所造成的水质富营养化问题，其本身也是一种无毒、无味的物质。magadiite 的生产工艺简单，原料易得，且本身对环境无污染，是一种绿色环保的试剂，作为无磷洗涤助剂有着非常可观的应用潜力和发展前景。

参 考 文 献

[1] 张彩云，鲁传华，方前锋，等. 蒙脱石作为 5 - 氟尿嘧啶药物缓释制剂载体的研究[J]. 非金属矿，2010，33(5)：40 - 42.

[2] Luo H, Ji D, Li C, et al. Layered nanohydroxyapatite as a novel nanocarrier for controlled delivery of 5-fluorouracil [J]. International Journal of Pharmaceutics, 2016, 513(1 - 2)：17 - 25.

[3] Chen C, Yee L K, Gong H, et al. A facile synthesis of strong near infrared fluorescent layered double hydroxide nanovehicles with an anticancer drug for tumor optical imaging and therapy [J]. Nanoscale, 2013, 5(10)：4314 - 4320.

[4] Ganguly K, Aminabhavi T M, Kulkarni A R. Colon Targeting of 5-fluorouracil using polyethylene glycol cross-linked chitosan microspheres enteric coated with cellulose acetate phthalate [J]. Industrial & Engineering Chemistry Research, 2011, 50(21)：11797 - 11807.

［5］ Wu J, Ding S, Chen J, et al. Preparation and drug release properties of chitosan/organomodified palygorskite microspheres ［J］. International Journal of Biological Macromolecules, 2014, 68(7): 107 – 112.

［6］ Liu R, Frost R L, Martens W N, et al. Synthesis, characterization of mono, di and tri alkyl surfactant intercalated Wyoming montmorillonite for the removal of phenol from aqueous systems ［J］. Journal of Colloid & Interface Science, 2008, 327(2): 287 – 294.

［7］ Barthelat F. Nacre from mollusk shells: a model for high-performance structural materials［J］. Bioinspiration & Biomimetics, 2010, 5(3): 035001.

［8］ Yang J H, Lee J H, Ryu H J, et al. Drug-clay nanohybrids as sustained delivery systems ［J］. Applied Clay Science, 2016, 130: 20 – 32.

［9］ Huang Q J, Zeng H Y, Zhang W, et al. Loading kinetics of 5-fluorouracil onto hydrotalcite and in vitro, drug delivery ［J］. Journal of the Taiwan Institute of Chemical Engineers, 2016, 60: 525 – 531.

［10］ Wang Z, Wang E, Gao L, et al. Synthesis and properties of Mg_2Al layered double hydroxides containing 5-fluorouracil ［J］. Journal of Solid State Chemistry, 2005, 178(3): 736 – 741.

［11］ Bellezza F, Alberani A, Nocchetti M, et al. Intercalation of 5-fluorouracil into ZnAl hydrotalcite-like nanoparticles: preparation, characterization and drug release ［J］. Applied Clay Science, 2014, 101(7): 320 – 326.

［12］ 张建莹. 5-氟尿嘧啶/壳聚糖纳米微球的制备及其药物性能评价［D］. 广州: 暨南大学, 2005.

［13］ Le P N, Nguyen N H, Nguyen C K, et al. Smart dendrimer-based nanogel for enhancing 5-fluorouracil loading efficiency against MCF7 cancer cell growth ［J］. Bulletin of Materials Science, 2016, 39(6): 1493 – 1500.

［14］ 王桂芳, 吕宪俊, 邱俊, 等. 氟尿嘧啶/蒙脱石复合物的制备及其释放性能［J］. 硅酸盐学报, 2010, 38(4): 678 – 683.

［15］ Datt A, Burns E A, Dhuna N A, et al. Loading and release of 5-fluorouracil from HY zeolites with varying SiO_2/Al_2O_3, ratios ［J］. Microporous & Mesoporous Materials, 2013, 167(3): 182 – 187.

［16］ Yao H B, Guan Y, Mao L B, et al. A designed multiscale hierarchical assembly process to produce artificial nacre-like freestanding hybrid films with tunable optical properties ［J］. Journal of Materials Chemistry, 2012, 22(26): 13005 – 13012.

［17］ 姚宏斌. 基于微/纳米结构单元的有序组装制备仿生结构功能复合材料［D］. 合肥: 中国科学技术大学, 2011.

［18］ Chen Q, Pugno N M. Bio-mimetic mechanisms of natural hierarchical materials: a review ［J］. Journal of the Mechanical Behavior of Biomedical Materials, 2013, 19(4): 3 – 33.

［19］ 孙娜, 吴俊涛, 江雷. 贝壳珍珠层及其仿生材料的研究进展［J］. 高等学校化学学报, 2011, 32(10): 2231 – 2239.

［20］ Kotov N A, Podsiadlo P, Shim B S, et al. Ultrastrong and stiff layered polymer nanocomposites and hierarchical laminate materials thereof: US 20110250427 A1［P］. 2011.

[21] 丁松燕. 荧光超支化聚合物/纳米粘土仿贝壳结构复合膜材料[D]. 合肥：合肥工业大学, 2014.

[22] Shu Y, Yin P, Liang B, et al. Bioinspired design and assembly of layered double hydroxide/poly (vinyl alcohol) film with high mechanical performance [J]. Acs Applied Materials & Interfaces, 2014, 6(17): 15154 - 15161.

[23] Wang J, Cheng Q, Tang Z. Layered nanocomposites inspired by the structure and mechanical properties of nacre [J]. Chemical Society Reviews, 2012, 41(3): 1111 - 1129.

[24] Yang H, Dong X, Wang D, et al. Effect of silane coupling agent on physical properties of polypropylene membrane reinforced by native superfine down powder [J]. Polymers & Polymer Composites, 2014, 22(6): 509 - 518.

[25] 史孝群, 肖久梅, 马文江, 等. 硅烷偶联剂在聚合物基复合材料增容改性中的应用[J]. 工程塑料应用, 2002, 30(7): 54 - 56.

[26] Dastjerdi A K, Rabiei R, Barthelat F. The weak interfaces within tough natural composites: experiments on three types of nacre [J]. Journal of the Mechanical Behavior of Biomedical Materials, 2013, 19(4): 50 - 60.

[27] 毕云飞. 层状硅酸盐 magadiite 的层板剥离[J]. 中国科学, 2010, 55(4 - 5): 391 - 395.

[28] Park K W, Jung J H, Seo H J, et al. Mesoporous silica-pillared kenyaite and magadiite as catalytic support for partial oxidation of methane [J]. Microporous & Mesoporous Materials, 2009, 121(121): 219 - 225.

[29] Bonderer L J, Studart A R, Woltersdorf J, et al. Strong and ductile platelet-reinforced polymer films inspired by nature: microstructure and mechanical properties [J]. Journal of Materials Research, 2009, 24(9): 2741 - 2754.

[30] 严幼贤. 基于纳米结构单元组装制备仿生层状复合结构材料及性能研究[D]. 中国科学技术大学, 2015.

[31] 张亮. 基于超支化聚合物的高强仿贝壳复合材料[D]. 合肥：合肥工业大学, 2015.

[32] Isoda K, Kuroda K, Ogawa M. Interlamellar grafting of γ-methacryloxypropylsilyl groups on magadiite and copolymerization with methyl methacrylate [J]. Chemistry of Materials, 2000, 12(6): 1702 - 1707.

[33] Fulvio P F, Hillesheim P C, Bauer J C, et al. Magadiite templated high surface area graphene-type carbons from metal-halide based ionic liquids[J]. J. Mater. Chem. A, 2012, 1: 59 - 62.

[34] Song S, Gao Q, Jiang J, et al. A novel kind of porous carbon nitride using H-magadiite as the template[J]. Materials Letters, 2008, 62(16): 2520 - 2523.

[35] Kooli F, Kiyozumi Y, Mizukami F, et al. Novel layered silicate and microporous silica materials in the Na-magadiite-H_2O-(TMA)$_2$O system[J]. New J. Chem. , 2001, 25: 1613 - 1620.

[36] Kooli F, Kiyozumi Y, Mizukami F. Conversion of protonated magadiite to a crystalline microporous silica phase via a new layered silicate[J]. Chemphyschem, 2015, 2(8 - 9): 549 - 551.

[37] 朱文祥, 周元康, 杨绿, 等. 纳米蒙脱土润滑油添加剂对金属摩擦副的摩擦磨损性能的影响[J]. 非金属矿, 2012, 35(4): 79 - 81.